基于太湖流域水生态区的水质基准研究与标准管理示范

常闻捷　王遵尧　刘红玲◎主编

·南京·

图书在版编目(CIP)数据

基于太湖流域水生态区的水质基准研究与标准管理示范 / 常闻捷，王遵尧，刘红玲主编. — 南京：河海大学出版社，2019.12

ISBN 978-7-5630-6195-2

Ⅰ. ①基… Ⅱ. ①常… ②王… ③刘… Ⅲ. ①太湖—流域—水质标准—研究 Ⅳ. ①X-651

中国版本图书馆 CIP 数据核字(2019)第 272374 号

书　　名　基于太湖流域水生态区的水质基准研究与标准管理示范
JIYU TAIHU LIUYU SHUISHENGTAIQU DE SHUIZHI JIZHUN YANJIU YU BIAOZHUN GUANLI SHIFAN

书　　号　978-7-5630-6195-2

策划编辑　江　娜

责任编辑　卢蓓蓓

特约编辑　李　阳

责任校对　彭志诚

封面设计　徐娟娟

出版发行　河海大学出版社

地　　址　南京市西康路 1 号(邮编:210098)

电　　话　(025)83737852(总编室)　(025)83722833(营销部)

经　　销　江苏省新华发行集团有限公司

排　　版　南京布克文化发展有限公司

印　　刷　虎彩印艺股份有限公司

开　　本　787 毫米×960 毫米　1/16

印　　张　16.5

字　　数　323 千字

版　　次　2019 年 12 月第 1 版　2019 年 12 月第 1 次印刷

定　　价　128.00 元

主　编： 常闻捷　王遵尧　刘红玲

编　委： 陆嘉昂　冯　彬　刘娇琴　胡开明

龚利雪　顾晓昀　许　玥　余佳恒

郭铭辉　王云燕　孙洁丽

前言

PREFACE

我国由于存在人口密集、土地开发强度高、产业结构不甚合理等情况，使得大部分水体承载了大量污染物的排放，水质状况不容乐观。为了保护和改善水环境质量，环境管理机构普遍将水质标准作为防治水污染的主要手段之一。我国在过去二十多年里建立了一系列水环境管理相关的法规和标准，形成了国家和地方两级水环境质量标准，主要是根据不同水域及其使用功能分别制定不同的水环境质量标准。长期以来，地表水功能区划是我国水环境管理的主要手段，而《地表水环境质量标准》(GB3838—88)是实施地表水功能区划的参考依据，我国的水环境质量按水域功能分区进行管理，根据不同功能区的要求制定相应的水环境质量标准。

当前执行的地表水环境质量标准主要参考了美国等发达国家的标准，缺乏环境基准的系统性研究，以及与我国具体水环境及生态特征相适应的水质基准的科学支撑。现行标准的划分不够细致，指标不够健全，尤其是针对区域生态系统中水生生物的指标严重缺乏，使得标准所依据的具体水域的指定功能和保护目标也同样不甚清晰。目前，我国的水质标准体系已有很大的进步，但与发达国家先进的水质标准体系相比，仍存在诸多不足之处，需要不断地发展和完善。而且我国地域辽阔，水质条件复杂，不同流域的水体有不同的特征和水质状况，全国实行同一套水质标准是不合适的。如《地表水环境质量标准》没有考虑太湖流域不同区域特征污染物浓度限值的分区差异，标准推荐值范围也未根据污染源的治理技术现状和水质、水生态的变化来科学地确定。这些问题的存在，使得现有的水环境质量标准体系，已远远不能满足太湖流域实际的水污染防治和管理需要。此外，环境管理区划也是太湖流域环境管理的手段之一，太湖流域现行的环境管理区划包括《太湖流域水功能区划》、《江苏省地表水(环境)功能区划》、《江苏省太湖流域水污染防治条例》中规定的“一、二、三级”保护区、《江苏省重要生态功能保护区区划》及《全国主体功能区划》等。但上述区划都并非基于区域水生态系统特征所建立，缺乏对区域水生态功能的考虑，也难以在其基础上建立体现区域差异的水质标准体系，不能满足面向水生态系统保护的水质目标管理要求。

本书正是在这一背景下完成的。首先，作者通过对太湖流域水文-水质-水生态的系统调查、水生态健康指数指标体系的建立、流域重要保护物种的研究，在太湖流域（江苏）划分了49个水生态区，通过对各生态区的生态功能与服务功能的判别，制定了三类四级水生态管控目标，初步构建了太湖流域（江苏）分区、分级、分类、分期水生态健康管理体系。其次，通过对太湖流域不同水生态区中主要污染物浓度分布和历史演变规律分析、水生态演变趋势调查和评估，以及易引起水质波动的主要污染物排放浓度和总量调控范围研究，开展实际水质条件下的典型特征污染物基准值校验。充分考虑示范区环境容量、社会经济条件、水体用途、水环境功能要求、水生态系统特征、技术水平、环境目标和环境改善需求等，采用统计分析、模型模拟等方法，开展水质基准向标准推荐值转化技术研究，提出示范区氨氮、镉、硝基苯三种污染物的水质标准推荐值。然后，按照“分区、分类、分级、分期”的管理模式，选择典型示范区，通过一段时间对水质标准推荐值的实施，监测和评价示范区内的水生态健康恢复情况，评估标准推荐值实施的经济、技术可行性，并据此对水质标准推荐值进行再修订、验证与反馈，调整并最终确定阶梯式水质标准推荐值。最后建立太湖流域水质标准框架，包括污染物控制区、控制指标及标准值、采样分析和监测要求、达标评价方法、反降级政策、混合区及上下游科学管理等规定，阐明与其他水质标准协调和衔接关系，从政策层面提出相应的保障方案，实现水生态系统健康发展和污染物总量减排双赢。最终为太湖流域水生态保护、地表水环境质量标准的制修订以及“水十条”的实施提供技术支撑。

本书是对国家水体污染控制与治理科技重大专项“太湖流域（江苏）水生态功能分区与标准管理工程建设”课题（编号：2012ZX07506001）研究成果的总结。感谢江苏省环境保护厅、南京大学、中国科学院南京地理与湖泊研究所、中国环境科学研究院、江苏省环境监测中心等单位领导与同行的帮助，在此一并表示感谢。

由于编者学术水平有限，书中难免存在差错、遗漏等诸多不足，敬请学术界同行与广大读者批评指正。

江苏省环境科学研究院
2019年7月

目录

CONTENTS

1 绪论

1.1 国内外水环境管理现状

1.1.1 国外水环境管理体制与措施

1. 美国

美国是一个水资源较为丰富的国家，拥有著名的苏必利尔湖、密歇根湖、休伦湖、伊利湖和安大略湖这北美五大湖泊，以及以密西西比河、科罗拉多河、密苏里河等为代表的众多河流。众所周知，20 世纪中叶是美国工业发展最为迅速的时期，因为工业企业的大量排放，导致了洛杉矶光化学烟雾、北美五大湖酸雨污染等事件，另外加之其他产业的发展及人口的增长加速了水环境的恶化。在意识到水污染的严重性后，政府通过建立健全水环境管理模式、制定水环境管理政策、完善相关法律法规等手段，经过半个世纪左右的时间，建立了相对完善的水环境管理制度，水环境质量得到显著改善。

1970 年尼克松总统发布《政府改组计划第三号令》，成立美国联邦环保局(US EPA)，联邦环保局是美国境内环境保护的最高一级管理机构，拥有优先权力和终决权力，直接参与对全国水资源的管理、监督和处罚，其主要职责包括：制定环境保护相关法律法规，制定基于技术的排放限值及颁发排污许可证，制定环境基准与标准，开展环境执法工作，监督和援助州计划的实施，批准流域规划、水质标准和日最大负荷管理计划(TMDL)，定期向国会报告水质状况，合理制定各级环境保护预算，开展环境科学研究与管理，培训州政府管理及技术人员，同时对所辖区域的环境保护工作实施监督。在美国，州作为水环境管理的基本单元，均设立了管理机构并拥有水资源的自主管理权，在联邦政府和州府的管理及运行经费支持下，负责本地日常的环境管理工作，包括排污许可证的管理、制定水质标准、制定水资源规划和 TMDL 计划，以及执行其他联邦法规等[1-3]。此外，联邦农业部自然资源保护局担负农业上水资源的开发、利用和环境保护的职责；联邦地理调查局水资源处负责全面收集、监测、分析和提供全国所有水文资料，在四大河流域设有办事处，为政府、企业、居民提供详细准确的水文资料，并为水资源开发利用提出政策性建议。在联邦政府的统一领导下各部门职责明确，既分工又协作，既相互配合又相互制约[4,5]。

早在19世纪美国便开展了水环境管理联邦立法工作，率先制定了《联邦水污染控制法》(The Federal Water Pollution Control Act)，该法与其他修正案共同构成了美国水污染防治的主要法律文件。由于《联邦水污染控制法》在控制水环境污染方面存在一定的局限性，1977年又制定了《清洁水法》(Clean Water Act)，最终成为美国水环境管理及污水排放的基本法规。《清洁水法》是美国最全面的水污染控制的联邦法律，所有水污染控制相关的政策均包含在其中。《清洁水法》中规定"任何人除非根据该法获得污水排放许可证，不得从点污染源向航行的水道中排放污水"。并指明，水环境管理的最终目标即"恢复和保持国家水体化学、物理和生物方面的完整性"。为了实现上述目标，《清洁水法》中声明了两项国家目标和五项国家政策。两项目标为：至1985年全面停止向通航水体排放污染物；至1983年在所有可能实现的地方实现水质保护的中期目标。五项国家政策为：禁止排放达到毒害数量的有毒污染物；为公共废物处理工程的建设提供联邦财政援助；为确保各州对污染源的有效控制，制定并实施区域性的废物处理管理规划；大力进行研究和示范，开发必要的技术，消除向通航水域、临界水体和海洋排放污染物的行为；尽快制定和实施非点源污染控制计划，通过对点源和非点源的双重控制实现国家目标。《清洁水法》是整个水污染控制的基础，其囊括了水质标准的制定、防止水质恶化的政策规定、水体监测和评价、每日最大总负荷、排放许可证制度、排放标准与监测、面源计划与管理、湿地保护以及各州水质认证等一系列实施过程。

美国水质管理以水质标准为基础，水质标准主要包括指定用途、水质基准、反退化策略和通用政策实施四个部分。水体的"指定用途"规定，州政府必须保证达到"可渔猎、可游泳"的国家水质保护目标，结合州内水体核心用途和下游水体用途，明确辖区内各个水体的具体用途。一旦这些用途被认定，就不允许被排除掉，除非经过"用途可达性分析"证明这些用途的确不可达[6]。水质基准的设定基于水体的"指定用途"，各州必须制定明确的定量或定性指标，以及设定具体的实施方法来保护这些"指定用途"。水质反退化政策是水质标准体系中的重要内容，目的是防止水质较好水体的恶化。即水质只能变好，不能变坏[7]。随着《清洁水法》的颁布，水质标准急需新的法规以适应这些法律条款要求。因而，联邦政府于1987年颁发了《水质标准法案》，增加了许多新的标准，如规定了有毒物质的标准，从而使水质标准成为污染控制技术的基础和流域管理的基本组成要素。其后经过不断的修改而更为完善。《清洁水法》中对水质标准的制定也做了详细的规定。但水质标准仅适用于《清洁水法》中定义的"美国的水体"，是针对满足"美国的水体"定义的地表水制定的，州和部落可以利用自己的权限，为其他的地表水采纳标准，为地下水设定目标[8-10]。

《清洁水法》的核心之一是点源须实施国家统一的、基于技术的排放限值，并通过国家污染物排放许可制度(NPDES)予以落实。该制度由联邦环保局或由联邦授权的州来进行管理，所有排入美国天然水体的点源，包括市政点源和工业点源必须获得由联邦或州颁发的排污许可证。达到基于技术的排放限值是污染源的最低要求，如果基于技术的排放限值不足以保护水质，那么排放需要达到基于水质的排放限值要求。环境监管部门对点源排放进行核查主要是对其执行许可证情况的核查[11]。

《清洁水法》中制定了日最大负荷管理计划，用以控制非点源的排放。该计划主要针对已经污染、尚未满足水质标准的水体制定单独的控制战略，规定在特定时间内对特定的污染物建立日最大污染负荷量，并分配到具体的污染源，以期达到水质标准。计划要求各州首先甄别出这样一些水体，即主要污染源已经被严格控制，并且执行了 NPDES 项目规定的污染控制技术，但受纳水体仍未达到指定水质标准的水体。为满足这样条件的受污染的河流、溪流和湖泊建立一个目录，并根据污染程度的严重性和指定用途对这些水体进行排序。对排在前面的水体根据时间表制定某项特定污染物的日最大负荷量，并分配到各个污染源。日最大负荷是指水体仍然能达到水质标准的条件下能承受的污染物的最大排放量。它可以被看作是一项帮助河流达到规定水质标准的污染物削减计划，计算结果会被写入范围内的点源排放许可证，其最终目的还是达到水质标准。

为了更好地保护高生态功能区，修复和恢复低生态功能区，美国环保局首先提出了水生态分区体系，根据地形、土壤、植被、土地利用等自然地理要素进行了水生态一级分区至四级分区的划分，其中，四级层次是在三级生态区基础上由各州进行划分，五级层次是区域景观水平的水生态区划分。该分区体系目前已经成为了美国河流管理的基础单元，用以进行河流生物监测和评价；制定河流、湖泊、近海的营养物基准，从而科学合理地控制营养物污染问题；对湿地特征进行描述以及评价人类活动对湿地的影响；对水生大型无脊椎动物和鱼类区系的分布特点与生存状况进行研究与保护[12, 13]。

2. 欧盟

欧洲是前两次工业革命的发源地，引领着人类社会发展、经济全球化、技术创新、国际关系多样化等巨大变革，而经济社会的高速发展逐步导致环境的变化。由于欧洲地小国多，且多为跨界河流，不同国家、区域面临的水环境问题各不相同，人类活动的影响给水环境保护带来较大压力[14-17]。1973 年欧盟着手实施第一个环境行动计划，该计划将环境议题纳入欧盟政策性领域并最终发展成为欧盟的中心发展目标。往后 40 多年，通过六个环境行动计划，欧盟的环境政策经历了从“提出环境保护目标”“纳入经济发展考虑”到“提出环境保护全面战略”“制定完整环境政策”的过程，其环境管理原则也从“预防污染”过渡到“可持续发展”[18, 19]。

20 世纪 70 年代欧盟开始第一批水立法工作，重点关注游泳、渔业、饮用等用水水质标准，以确保水体质量能够满足生产生活的要求。1976 年，欧盟颁布了《游泳水指令》，该指令针对欧盟地表水和海水浴场中影响人体健康的物质提出了强制性及指导性水质控制标准。1980 年颁布的《饮用水指令》建立了饮用水水质标准，为欧盟的饮用水提供了安全保障，将对环境和人类健康有影响的影响因子纳入考虑范围。

20 世纪 90 年代欧盟第二批水立法更加关注污染源头的控制，分别制定了市政污水、工业废水和农业退水污染物控制的标准和政策。1991 年颁布的《市政污水处理指令》要求各成员国所有城市、集镇和较大村庄都要分期分批建立污水收集和处理系统，保护水环境不受生活污水、农业退水及工业废水的影响；根据富营养状况、硝酸盐浓度及饮用水利用等情况，划定并保护不同水体敏感区域。《硝酸盐指令》要求确定硝酸盐敏感水域，并为这些水域制定行动计划，采取测土施肥、休耕等政策措施，鼓励生产者在非敏感区域自愿采用最佳农业耕作实践方式，控制农业施肥造成的水体硝酸盐污染。1996 年实施的《综合污染防治指令》提出了有关工业污染物排放标准，基于利用最佳可行技术防治工业设施处理环境水体、大气及土壤污染。

随着时代的变迁，新的环境问题不断涌现，原先的各项指令及政策难以解决新时代条件下的水环境问题。进入 21 世纪后，欧盟开始改革水管理政策，将实施流域综合管理、整合所有涉水政策、设定污染物排放限值、明确排放及质量标准、接受社会监督综合到一个集成的、简约的政策框架中，并在该框架内开发综合的、可持续的、一致的水政策。2000 年欧盟颁布实施了《水框架指令》(Water Framework Directive，WFD)，确立了水环境及资源全方位综合管理的政策，引导其水环境保护工作进入全新的阶段。

《水框架指令》以流域为尺度，相比前两批水立法的特定用途保护，其总体目标是保护水生态良好，进而从根本上满足生态保护及水资源和环境的可持续利用。该指令共包含 26 项条款和 11 个附件，按性质可分为 6 个部分：一是目的、目标等基本条款。明确了 WFD 指令的目的、适用范围、生效日期、不同水体及区域的水生态保护目标等。二是流域区域相关条款。要求开展流域区域特征评价、人类活动对环境的影响评估，制定流域区域水资源及环境保护的措施方案；登记、评估和更新各保护区，制定流域管理计划并定期评估和更新等。三是管理机制相关条款。成立管理委员会辅助欧洲委员会开展工作，成员国有责任向欧洲委员会上报指令实施过程中的相关问题，欧洲委员会有责任定期公布指令实施报告及实施进展报告，对 WFD 指令进行评估并提出必要的修订建议等。四是监测相关条款。要求对地表水、地下水及保护区的水生态、化学状况和水文状况进行监测，明确了不同水体的监测项目、所用的监测分析方法和技术规范的程序制定、监测方案实施的时限，成员国划分饮用水源水体，建立监测计划等。五是水污染防治相关条款。明确了点源与面源综合治理的方法，执行新颁布的地表水污染物排放控制标准，各成员国按照最佳实用技术、相关排放限值、最佳环境保护实践等综合方式控制进入地表水体的污染物；制定对水环境有显著危害的优先控制物质及优先控制危险物质名单，并提出控制建议、合理的削减比例、欧盟统一的排放限值及质量标准；实施防治和控制地下水污染措施，提出地下水良好化学状况标准，明确地下水中污染发展趋势的判定标准；加强饮用水源保护、防止水质恶化，以减少饮用水净化的步骤。六是经济相关条款。要求成员国在经济分析和污染者付费原则的指导下，考虑水服务费用的回收，以确保合理的水价机制能刺激消费者提高水的利用效率[20-22]。

《水框架指令》对欧洲整体水环境保护和管理发挥了巨大的作用，尤其在莱茵河、多瑙河等国际性流域治理等方面积累了丰富的经验，保持了相对良好的水环境质量，水生态状况逐步改善。WFD 强调水管理目标和原则的一致性、水管理方法的变化性、水管理做法的灵活性、水管理办法的多样性等，在跨界流域管理方面有着系统性、统筹性的管理机制，把由一个或多个相邻的流域和与之相关的地下水体及近岸海域构成的流域区域作为整体的系统，统筹考虑地表水、地下水、湿地与近岸海域等水体，针对各个方面制定了严格明确的流域管理步骤与程序[21, 23, 24]。

3. 日本

日本是一个位于东亚地区人口稠密的岛国，国内水资源以短程河流为主。采用集中协调与分部门行政的水资源管理体制。日本《环境基本法》第 16 条规定："政府应根据与大气污染、水体污染、土壤污染和噪声有关的环境条件，分别制定出保护人体健康和保护生存环境的理想标准"。日本基于该法制定的环境水质标准是为达到并保持公共水域的环境质量而制定的目标值，主要目标有两个：一是为了保护人体健康，二是为了保护生存环境。为达到第一个目标，日本对所有的公共水域设定全国统一的标准；对于第二个目标，将全国的河流、湖泊、水库和近海水域根据水域的用途进行分类，按照水域用途分类制定不同的标准。保护人体健康的水质标准共有 26 个项目，并规定 27 种污染物作为水环境质量预警监测指标；为保护生存环境，日本将全国的河流、湖泊（大于 1 000 万 m^3 的天然湖泊和水库）和近岸海域根据水域用途进行分类，分别设定标准限值，并对湖泊和近岸海域设定氮、磷标准值。

经过近 40 年的努力，日本建立了较为完善的水环境污染防治立法体系。1967

年在宪法基础上制定了环境基本法，即《公害对策基本法》，综合性法律主要有《水污染防治法》《湖沼水质保护特别措施法》等，另有建设计划、规划类法律如《城市规划法》《环境影响评价法》等均明确规定了水污染防治的条款。还制定了工业等专项法律如《关于在特定工厂建立公害防治组织的法律》《劳动安全卫生法》等法律法规，对工业企业污染治理和水环境保护也提出了明确的要求。经济责任等其他相关法律包括《企业负担公害防治事业费法》《公害防治国家财政特别措施法》等明确规定了环境污染的经济责任[25]。

1970 年日本颁布《水污染防治法》要求制定国家排放标准，目的是规范工业企业和商业设施向公共水域排放污染物的行为。受控的工厂和商业设施范围以内阁令的形式确定，其排放标准也分两类，一类是为了保护人体健康，另一类则是为了保护生存环境。根据其自然条件和社会状况，在某一水域采用国家统一的水污染物排放标准仍无法充分保障人体健康和生存环境时，该法律授权县级政府可以制定更为严格的追加排放标准；同时允许地方政府根据当地水域的特殊要求，制定地方排污限制标准。该法律赋予环境部、县和指定市的政府对企业或商业设施的水污染物排放情况实施检查和监督的权力。为掌握公共水域的环境质量状况，县或市政府负责组织对公共水域进行常规监测，并在此基础上建立水质自动监测系统。同时要求企业对其排放情况进行自行监测，以保证其排放满足排放标准的要求，企业的污水排放超过国家排放标准或地方更为严格的排放标准时，对企业进行相应处罚，并要求企业改进其生产工艺和污水处理设施。除这些措施外，该法还规定了责任承担制度，如企业对其排放的有毒污染物造成人体健康损害的应进行补偿[26]。此外日本是最早提出环境容量理论的国家，20 世纪 70 年代，日本开始引入总量控制的概念和方法，针对不能达标的封闭性或半封闭性水域，不仅要求实行污染物浓度限制，而且要采取污染物总量控制措施。在此基础上，日本相继出台了一系列法规，包括《濑户内海环境保护特别措施法》《关于有明海及八代海再生的特殊措施法》和《湖沼水质保护特别措施法》等。日本环境部每 5 年为需要重点控制的水域设定污染物减排目标以及达到目标的具体时间，相关县级政府提出该区域的污染物排放削减计划。

4. 英国

英国水资源较为缺乏，泰晤士河流域人均水量仅为 275 m^3。英国实行以流域为基础的水资源统一管理。目前实行的是国家对水资源按流域统一管理与水务私有化相结合的管理体制。英国设有国家水资源委员会，政府水资源管理部门主要有国家环境署、饮用水监督委员会、水服务办公室、水事矛盾仲裁委员会。英国主要从制定法规、改革水务管理体制、增加必要投资以建立污水处理厂等方面对其水环境进行管理。水环境管理由政府的有关部门分别承担，起宏观控制和协调作用，负责制定和颁布有关水的法规政策及管理办法，监督法律的实施。

英国早在1930年就按照《土地排水法》建立了排水委员会，并授予其排水、发电、防洪等方面的权力，1948年改名为河流委员会，又增加了渔业、防治污染和河水量测等职能。1963年《水资源法》又将河流委员会改为29个河流管理局和157个地方管理局。同时设立国家水委员会，它是政府有关各部部长们的咨询机构，并协助指导各水务局的工作。1973年议会通过了《水法》，《水法》对英国水管理体制进行了重大改革，即按流域将先前的部门和单位进行合并和改组。1974年，将英格兰和威尔士划分为10个区域，成立了10个水务局。每个水务局对本流域的水资源、供水、排水、污水处理、防洪、航行、渔业、水上娱乐等事业进行统一管理，即每个水务局对本流域与水有关的事务全面负责、统一管理，水务局不是政府机构，而是法律授权的具有很大自主权、自负盈亏的公用事业单位，可以从事其认为是有助于履行职责的任何事情。1986年，政府宣布通过立法使水务局转变为股份有限公司，其目的是使水务局可不受政府对公共部门的财政限制和干预，全面负责提供整个英格兰和威尔士地区的供水及排污服务[27]。1989年水务局实现私有化，将水务局一分为二，一部分组成属私人的水公司，负责供水和污水处理以及供水和污水处理设施的建设等，另一部分则组建为国家河流管理局，水公司在价格、服务水平、排污等方面受该局的管理，这样的一种机构设置开创了现代流域管理的新模式。

英国于1974年颁布《水污染控制法》，授权水务局执行。该法律对水源、河流、湖泊、海湾的保护及对污水的控制和处理提出了全面系统的措施，要杜绝任何工业与民用废水直接向内河及沿海水域排放，处理后的废水须经有关机构认可后才能排放。1991年，英国对《水资源法》进行了修订，规定全国河流管理局是管理全国水资源和防治水污染的机构。该机构不隶属于任何政府部门，下设10个管理机构，它们拥有英格兰、威尔士地方水行政机关的全部职权，负责对各自管辖的河流进行统一规划和管理[8]。英国在流域层面实施的是以流域为单元的综合性集中管理，在较大的河流上都设有流域委员会、水务局或水公司，统一流域水资源的规划和水利工程的建设与管理，直至供水到用户，然后进行污水回收与处理，形成一条龙的水管理服务体系。

5. 法国

法国位于欧洲西部，南濒地中海，西邻大西洋，面积55万km^2，人口约6 500万，森林面积约占领土面积的1/3，是西欧面积最大的国家。主要河流有卢瓦河、罗纳河、塞纳河、加龙河、马恩河及莱茵河，河川年径流量为1 800亿m^3。地下水较丰富，水质良好，年平均降雨量800 mm，植物蒸发量500 mm，人均年水量为3 000 m^3。降水时空分布较均匀。法国是欧洲利用地下水最多的国家之一，60%的人口供水和30%的灌溉用水取自地下。

法国的中央水资源管理机构包括国家水务委员会和部际水资源管理委员会。国家水务委员会隶属于法国环境部，其主要职责是为全国性水资源管理和分配规划的制定提出意见，并对国家有关水资源管理方面的各项政策法规文本的起草提供咨询。部际水资源管理委员会由环境部、交通部、农业部、卫生部等有关部门组成，没有常设机构，不定期召开会议，主要负责制定江河治理的大政方针，以及协调各有关部门发生的纠纷等等。法国水管理体制共包括国家级、流域级、地区级和地方级四个层面。国家级的水管理部门是国土规划与环境保护部，其职能是制定全国性水管理法律法规和政策，定期召开部代表会议，提出中长期目标，审定流域水资源开发规划和各省水质改善目标，监督各流域机构的工作等。流域级的管理机构包括流域委员会和流域水管局。法国水管理是以水文流域为单元进行的，在涉及地表水与地下水、水量与水质管理方面，效果明显[28]。

随着工业的快速发展和城市化进程的推进，水资源需求量迅速增长，水污染不断加剧，按行政区划进行水资源管理的模式已不能满足新形势下的水资源管理需求。1964 年法国颁布《水法》对水资源管理体制进行了重大改革，不再对水资源按行政区划进行管理，而是开展以流域为核心的组织管理。《水法》将全国按水系划分为六大流域，在各流域建立流域委员会和水管局，统一规划和管理水资源，在保护环境的前提下，实现流域水资源的高效开发利用。法国水资源管理的核心是以水文流域为单元，将水资源的水量、水质、水工程、水处理等进行统筹管理。不仅管理地表水，也管理地下水，既从数量上管，又从质量上管，充分考虑生态系统的平衡，体现了对流域水资源的可持续利用和区域经济社会可持续发展的理念。1992 年法国对《水法》进行了修改、补充和完善，颁布了新《水法》，明确提出了以自然水文流域为单元的流域管理模式，以实行各种用途水的平衡管理以及各种形式水（地表水、地下水、海水、沿海水）的统一管理。新《水法》提出水的开发利用必须遵从于流域和子流域尺度的规划文件，即流域水资源开发与管理总体规划和子流域水资源开发与管理框架[29]。

法国的流域水环境管理实行的是“综合-分权”管理，各流域均有单独的流域委员会和水理事会。法国全国水体划为六大流域，流域级水资源管理机构包括流域管理委员会和水利管理局。设立了 6 个流域委员会和 6 个水管局，流域委员会成员由各级地方政府代表（40%）、用水户与协会代表（40%）和国家代表（20%）组成，以确保各利益相关者之间的协调及代表性[30, 31]。流域委员会相当于流域范围内的“水议会”，它通过定期召开会议，引导流域水政策的方向。水管局是一个国家公共管理机构，相当于流域委员会的执行机构，在流域内必须执行流域委员会的指令，财务独立，有自己的财政收入，其管理范围涵盖地表水、地下水、沿海水以及领海。其职责权限更为广泛，包括准备和实施委员会制定的政策和规划，向水资源使用者收取“用水费”和“排污费”以及通过补贴、贷款等各项鼓励措施促进污染防治措施的建设和水资源保护等。其接受环境部的监督，负责流域水资源的统一管理，而且在管理权限和财务方面完全自治。

1.1.2 我国水环境管理主要措施

1. 水环境标准

为了控制水污染、保护和改善水环境质量，环境管理机构普遍采用水质标准作为防治水污染的主要手段。水质基准和水质标准是构成水环境管理体系的两个重要组成部分，水环境质量基准是指一定自然特征的水生态环境中污染物对特定对象(水生生物或人)不产生有害影响的最大可接受剂量(或无损害效应剂量)、浓度水平或限度，它是基于科学实验而获得的客观结果，不具有法律效力。水质基准是制定标准的科学基础，决定了水质标准本身的科学性和适用性。水环境质量标准是以水环境质量基准为理论依据，在考虑自然条件及社会、经济、技术等因素的基础上，经过一定的综合分析所制定的，由国家有关管理部门颁布的具有法律效力的管理限值或限度[32-35]，一般具有法律强制性。基准与标准相互依存却又有所区别，基准是制定标准的理论基础，而标准是进行环境规划、环境评价、环境影响评估、应对环境突发事件以及环境污染控制等一系列工作的重要手段[36-38]。

水质标准的作用是保障实现各种使用功能的水质标准和保护水生态系统的要求。我国水环境管理体系在过去二十多年里建立了一系列相关的法规和水质标准，形成了国家和地方两级水环境质量标准，主要是根据不同水域及其使用功能分别制定不同的水环境质量标准。依据所控制对象主要有：地表水环境质量标准、海水水质标准、渔业水质标准、农田灌溉水质标准、景观娱乐用水水质标准、地下水质量标准、饮用水标准等共计 20 余项。

长期以来，地表水功能区划是我国水环境管理的主要手段，且发挥了重要作用。而《地表水环境质量标准》是实施地表水功能区划的参考依据。我国的水环境质量是按水域功能分区进行管理的，根据不同功能区的要求制定相应的水环境质量标准。《地表水环境质量标准》依据地面水域使用功能和保护目标划分为五类功能区。我国发布的《海水水质标准》按照海域的不同使用功能和保护目标，将海水水质分为四类。各类功能区有与其相应的水质基准和各种用水水质标准，总体上体现高功能区高要求，低功能区低要求。

从指标数量来看，现行的《地表水环境质量标准》(GB 3838—2002)和《生活饮用水卫生标准》(GB 5749—2006)分别涉及 109 个和 106 个检测项目[39]，它从整体上克服了以前标准存在的污染物指标少的问题，缩小了我国水质标准与国际标准的差距。但我国水质标准制/修订过程中，由于缺乏水质基准的基础研究，我国水质标准中的污染物检测项目和标准值的制定主要参照发达国家的标准或基准。与美国和世界卫生组织的水质标准或基准相比，有些项目的标准值过严。另外，对某些特有污染物项目限值的制定依据不足，例如，我国生活饮用水中银的标准限值是依据美国饮用水标准中的限值制定的，缺乏有关这些污染物基准的相关研究成果，不能切实保证这些标准值的科学性。也存在不同水质标准中相同保护目标的标准值衔接性不够等问题。因此，我国水质标准的制/修订有必要结合我国和国际上水质基准的最新研究成果，确定比较合理的标准值[40-42]。

我国水环境基准相关研究起步较迟，已建立的这些水环境标准体系基本上都是参考美国、日本、苏联、欧洲等国家或地区的水质基准值和标准值来确定的，未考虑我国水生态系统的区域性特征，这在很大程度上影响了我国水环境质量标准建立的科学性。近年来，湖泊水环境污染事件频发，在应对这些重大水环境污染和人体健康影响等事件时，已明显暴露出我国对水环境质量演变特征与过程方面的认识不足，在污染物生态与健康效应等方面的基础储备不够。已经制定的水环境质量标准反映客观规律不充分，导致国内环境保护工作一直存在着“欠保护”和“过保护”的问题。“过保护”一般来说对生态系统有益无害；但“欠保护”不能保证人体健康和生态系统的持续安全。为了有效地治理水环境污染事件和保护人们的健康安全，针对性地建立基于本地特征水质基准的水环境质量标准体系势在必行。

2. 总量控制

水污染总量控制制度是长期以来我国水环境管理实施的重要手段之一。该制度在 20 世纪 70 年代初期起源于美国、日本，并逐渐发展成为有效的水环境保护管理方法，主要是在水环境污染严重、需要重点保护的区域内，为确保环境目标的实现，依据环境质量标准，充分考虑该区域的经济发展水平，确定出相应的环境允许量，然后通过技术、经济可行性分析和排污控制优化方案比较，确定各排污单位的污染物允许排放量，进行有效的排污控制[43, 44]。总量控制应当包含三个方面的内容，一是排放污染物的总重量，二是排放污染物总量的地域范围，三是排放污染物的时间跨度。因此，总量控制是指以控制一定时段内一定区域中排污单位排放污染物的总重量为核心的环境管理方法体系[45]。

目前，总量控制工作已成为国内外环境管理工作的热点，并已被证明是环境管理的有效手段。国外的总量控制制度从 20 世纪 70 年代就已经开始，典型的国家主要为美国、日本。20 世纪 60 年代末，日本为改善水和大气环境质量状况，提出了污染物排放总量控制问题。在 1971 年开始对水质总量控制计划问题进行了研究。1973 年制定的《濑户内海环境保护临时措施法》中首次在废水排放管理中引用了总量控制，提出以 COD 指标限额颁发许可证。并于 1978 年 6 月修改了部分水污染防治法，以 COD（化学耗氧量）为对象，开始了总量控制工作。到 1984

年，日本将总量控制法正式推广到东京湾和伊势湾两个水域。20 世纪 70 年代，美国联邦环境保护局提出水污染物总量控制，从 1972 年开始在全国范围内实行水污染排放许可证制度，并使之在技术路线和方法上不断得到改进和发展。1972—1976 年实施的第一轮排污许可证阶段中提出的 TMDL（Total Maximum Daily Loads）计划最具代表性，在 TMDL 的理论、方法、模型、基准、标准、实例方面进行了大量的研究，为全面推行总量控制计划打好理论基础。该计划经过 20 多年的改进和发展，逐步形成了一套完整系统的总量控制策略和技术方法体系，成为美国确保地表水达到水质标准的关键手段。并于 1983 年 12 月正式立法，实施以水质限制为基点的排污总量控制。其他国家如瑞典、苏联、韩国、罗马尼亚、波兰和欧洲经济共同体成员国等也都相继实行以总量控制为核心的排污许可证制度。

相比而言，我国的总量控制管理起步较晚。我国的水环境管理是以对污染源排污口排除污染物进行浓度控制开始的，这一管理办法，着重考虑了行业特点、污染源的治理及技术经济可行性，而对污染源与环境质量之间的关系考虑甚少，不要求控制污染物的排放总量，也不考虑区域环境的自净能力。由于工业废水排放量逐年增加，污染物数量、种类随之增多，且水处理设施效果较差，致使区域水环境质量并无大的改善，某些地区甚至有恶化的趋势。随着环境管理工作不断深入，我国逐步认识到仅对污染源实行排放浓度控制，是无法达到确保环境质量改善的目的的。浓度控制往往把企业的注意力集中到排污口的达标排放上，个别企业甚至采取混合排放、稀释排放等手段使污染物浓度达标。因此，推行从单一排放口污染物浓度控制逐步过渡到污染物总量控制成为解决我国水环境问题的新方法。我国水污染总量控制研究始于 20 世纪 70 年代末，以制定第一个松花江 BOD 总量控制标准为先导，开创了对总量控制的探索实践和研究。“六五”期间，以沱江为对象，进行水环境容量、污染负荷总量分配的研究和水环境承载力的定量评价。1985 年，上海市开始试行污染物排放总量控制这项新制度，在黄浦江上游水资源保护地区实行了以总量控制为目的的排污许可证制度。在其后，徐州、厦门、金华、深圳、常州、重庆等一批城市陆续推广这项管理办法，都取得了显著的成果。“六五”期间的工作，为水环境容量的应用奠定了良好的理论基础；“七五”期间提出容量总量控制、目标总量控制及行业总量控制的概念。应用实践上，先后开展水环境综合整治规划、水污染综合防治规划、污染物总量控制规划、水环境功能区划和排污许可证试点工作，总结成果出版了一系列影响深远的专著。1988 年 3 月，国家环保局关于以总量控制为核心的《水污染排放许可证管理暂行办法》和开展排放许可证试点工作通知的下达，标志着我国开始进入总量控制、强化水环境管理的新阶段。“七五”期间的工作构建了中国水污染物总量控制的初步框架。“八五”期间是进一步深化阶段，在长江南京段、渭河咸阳段、白洋淀水域等 30 余个水域，以总量控制规划为基础，进行排污许可证发放和水环境保护功能区的划分实践。“八五”期间的工作标志着中国总量控制工作正式展开。“九五”“十五”期间，是全面深化阶段。1996 年，全国人大通过《国民经济和社会发展“九五”计划和 2010 年远景目标纲要》，把污染物排放总量控制正式定为中国环境保护的一项重大举措，提出“要实施污染物总量控制，抓紧建立全国主要污染物排放总量指标体系和定期公布制度”。原国家环保总局根据筛选污染物总量控制因子的 3 个主要原则，确定“九五”期间废水、废气和工业固体废物实行排放总量控制的 12 种污染物，其中废水污染物控制因子 8 个，正式将污染物排放总量控制指标列为环境保护的考核目标。进入“十五”，国家环境保护总局根据水环境质量和水污染物结构变化实际情况和发展趋势，在国家环境保护“十五”计划指导思想和目标中对水污染物总量控制因子进行了调整，针对水污染的控制，将国家、流域的宏观目标总量控制管理与基于控制单元水质目标的容量总量控制管理相结合。重点确定 COD 和氨氮为主要污染物总量控制因子，并提出“十五”期间的削减任务和控制计划指标量，同时继续严格控制工业废水中重金属、氰化物、石油类等污染物总量水平。“九五”“十五”期间的工作承前继后，为总量控制更加全面深化创造了良好条件。“十一五”期间，国家将总量控制目标作为约束性指标首次列入国家五年计划，标志着全国总量控制乃至整个环境保护进入了一个新阶段。

近年来，由于国家对污染控制力度的加大，总量控制得到了重点关注，发展迅速，提出了许多新规划方案、总量分配方法，对政策框架也进行了很多研究，总量控制取得了一些进展。首先，实行总量控制，强化了对环境的管理，将污染物排放严格控制在环境保护部门规定的范围内，目标明确，职责清楚，把影响环境、排放污染物的各种开发、建设和生产活动纳入统一管理的轨道，便于环保部门根据不同情况采取灵活的管理办法，实行重点水域重点保护，重点污染源重点控制，加速环境管理目标的实现；其次，实行总量控制，把污染物排放总量与环境质量目标有机地结合起来，允许有限制地排放，按照各个企业所处位置、水环境容量大小及技术经济条件等确定各个企业允许排污量和应削减的污染物量，有宽有严，以便充分利用自然环境的净化能力。实行总量控制，打破了人们对污染物实行浓度控制的习惯认识，排污总量成为管理目标，使污染物从浓度达标排放转变为在规划目标总量控制原则下控制排放总量，必然促使企业把注意力从排污口转向企业内部，转向产生污染物的各个环节，如通过改革工艺及技术产品结构降低原辅材料消耗、进行废弃物综合利用、提高水的循环利用率、挖掘改造现有处理设施等方面，削减污染物的排放总量，区域水环境质量必将得以改善。实行总量控制，将点源治理和区域治理相结合，总体规划，综合整治，使污染治理投资方向明确，利于区域环境质量的改善，同时，也有利于降低区域污染治理费用，力求以比较少的费用取得较好的环境效益、经济效益和社会效益，改变了以往浓度控制污染源大小不分、环境影响轻重不分的平均投资弊病。总量控制的管理方式具有针对性和灵活性，为今后排污许可证的实施和排污权交易的顺利进行奠定了基础，但实施总量控制仍然没有达到控制污染源、改善水环境质量的显著效果。主要存在以下问题：由于我国的基准、标准体系的相对滞后，与其密切相关的设计水文条件、功能区等存在一定的模糊和不确定性，总量控制缺乏水质基准和标准的有效控制，涉及的法律责任不明确、政策法规不健全、管理机构不统一，缺乏相应的技术规范，总量分配也没有体现“公平、效率、可行”的分配原则；总量控制目标是水质达标，排放标准控制目标是污染源达标，我国尚未全面实现污染源达标控制，总量控制与排放标准控制相脱节，对污染物达标的削减技术研究不够；总量控制的发展涉及面很广，需要技术、经济、政策等诸多方面研究，我国总量控制方案未能够与社会、经济发展综合考虑，在技术方面现有基于浓度控制的环境监测手段不能满足总量控制的需要；实际工作成果科技含量不高，而科研成果偏于理论，难以具体实现于现实工作中。因此，我国应集中科研力量，针对我国不同地区、不同水资源条件下的水环境保护工作，整编一套完善的、科学的、脉络清晰、条理分明、实际操作性强的工作规范，并且加强水质基准和标准的研究，完善水环境质量基准的体制机制；在技术方面，加强对污染物达标的削减技术研究，分析总量控制方案与现有的支持技术之间的相互关系，促进企业技术的进步，为新企业的发展提供机遇，同时必须加强环境监测网络和环境监测能力建设以适应总量控制的要求；在行政、法规框架方面，中国可以更多地借鉴美国 TMDL 计划制定和实施经验，开发研究与中国污染物总量控制制度相结合的 TMDL 计划，科学合理地在点源与非点源、各个污染单位之间分配污染物允许排放量；经济上，以最小的成本获得最大的减排效果，还需要更深入的研究。

3. 排污许可制度

排污许可制度是基于容量总量控制的一项重要的环境法律制度，也是点源排放控制的最基本、最核心的手段。一般指具有法定环境保护管理权限的行政机关根据有排污意愿的公民、法人或其他组织的申请，经依法审查准予其从事符合法定条件和标准的排污活动的行政行为。排污许可作为一项行政行为，最终以排污许可证的形式表现出来，这也是许多国家在环境监督管理领域中较为普遍采用的管理制度。瑞典最早实行排污许可制度，其对环境保护所起的作用得到很多国家的认可，西方经济发达国家纷纷效仿，将排污许可制度作为污染防治的重要手段并已经制度化、程序化、规范化。欧盟主要以综合污染防治作为支柱法规，基于最佳可行技术约束各成员国污染物排放量；日本的排污许可是根据不同行业和设施规定各种污染物的控制标准值，结合生产工艺和污水处理技术，最终决定污染物排放控制量；美国实行"基于水质标准"与"基于技术标准"相结合的排污许可体系。

排污许可制度也是我国环境保护基本法律制度之一。20 世纪 80 年代中期，天津、苏州、扬州、厦门等十余个城市在排污申报登记的基础上，向企业发放水污染物排放许可证，并开始试点推广。1988 年原国家环保总局发布了《水污染物排放许可证管理暂行办法》，这是早期中国水污染物排放许可证制度实施的主要法律，其中详细规定了水污染物排放的申报登记，确定了本地区污染物排放总量控制指标，以及排污许可证的审核、发放、监督与管理制度。同时期的《中华人民共和国水污染防治法实施细则》第九条规定，对企业事业单位向水体排放污染物的，实行排污许可证管理。1995 年国务院发布的《淮河流域水污染防治暂行条例》第十九条规定，淮河流域持有排污许可证的单位应当保证其排污总量不超过排污许可证规定的排污总量控制指标。2000 年国务院修订的《中华人民共和国水污染防治法实施细则》第十条规定，地方环保部门根据总量控制实施方案，发放水污染物排放许可证。2005 年 12 月国务院发布《关于落实科学发展观加强环境保护的决定》，提出"要实施污染物总量控制制度，推行排污许可证制度，禁止无证或超总量排污"。在 2006 年 4 月召开的第六次全国环境保护大会上，温家宝总理在讲话中明确提出"要全面推行排污许可证制度，加强重点排污企业在线监控，禁止无证或违章排污"。2008 年 2 月修订的《水污染防治法》明确规定："国家实行排污许可制度，禁止企业事业单位无排污许可证或者违反排污许可证的规定向水体排放废水、污水。"明确将排污许可证作为加强污染物排放监管的重要手段，标志着我国排污许可制度的发展进入新的阶段[46-53]。

近年来，我国排污许可制度进入全面实施阶段。《水污染防治法》以及新修订的《环境保护法》都对排污许可制度作了原则上的规定。2015 年 4 月，国务院发布的《水污染防治行动计划》(简称"水十条")明确提出全面推行排污许可、加强许可证管理等相关具体要求[54, 55]。2017 年原环境保护部发布《固定污染源排污许可分类管理名录》，针对 82 个行业(含 4 个通用工序)实行持证排污管理及排污许可证核发工作，文件要求，截至 2020 年，所有行业应当取得排污许可证的排污单位必须持证排污。自此，排污许可制度开始全面推行，并逐步建立与完善了覆盖所有固定污染源的企业排污许可制度。

由于我国对排污许可制度的探索研究起步较晚，在实施过程中存在管理和制度上的诸多问题：a. 保障排污许可制度实施的前提是完备的制度设计和制度保障，目前我国排污许可制度存在法律体系不完善、处罚力度弱以及公众参与不充分等问题，仅仅停留在发证阶段，没有与其他程序进行系统的规范，无法保证污染物排放有效控制，改善区域环境质量作用有限。b. 由于地域或排污单位排放污染物的不同，在实施这项制度过程中，对排污单位的管理和要求往往出现不统一或不一致的现象，并且缺乏设计规范的监测方案，存在点源排放监测频次低、监测数据代表性差等问题，加之没有有效的数据记录、核查机制，使数据质量无法保证，以上均影响到了排污许可制度的确定性。排污许可制度的实施也缺乏信息公开和公众参与。c. 适用范围不完善。我国的排污许可制度仅适用于企业事业单位，并不包含个体工商户和农业经营户，对污染源和污染物的范围规定也不完善。因此目前我国应当加快建设排污许可制度技术规范，确立其法律地位。在制度建设与执行监督上，加快制定排污许可管理条例，完善配套的有关规定，建立司法独立、意见一致的环境法庭及裁决机构，专门审理环境保护案件，监督相关法律法规的执行，对违法者进行严格处罚，积极推动公众广泛参与及监督，提高管理效率，进一步加强污染源监测和排污监督。建立信息管理平台，完善信息的收集、处理和公开机制，建立和完善监测核查机制。

4. 河长制

2007 年夏季，无锡市因太湖蓝藻暴发引发了严重的水污染，造成的供水危机引起了全国乃至全世界的关注。由于各种污染源排入河道最终导致了饮用水源地的污染，无锡市委市政府痛定思痛，创新性地提出由各级政府的党政重要领导担任辖区内主要河道的河长，负责督办控源减排、截污治污，这是“河长制”的起源。蓝藻事件发生后无锡市政府制定了《无锡市河(湖、库、荡、氿)断面水质控制目标及考核办法(试行)》，明确要求将 79 个河流断面水质的监测结果纳入各市(县)、区党政主要负责人(即河长)政绩考核[56]。2008 年，《中共无锡市委无锡市人民政府关于全面建立“河(湖、库、荡、氿)长制”，全面加强河(湖、库、荡、氿)综合整治和管理的决定》对探索性实践了将近一年的河长制做出明确规范，从组织架构、目标责任、措施手段、责任追究等多层面提出系统要求，并要求在全市范围推行河长制管理模式。自 2008 年以来，为推进太湖水污染防治，江苏省政府办公厅下发《关于在太湖主要入湖河流实行“双河长制”的通知》，规定太湖流域 15 条主要入湖河流全面实行双河长制，每条河流由省、市两级领导共同担任河长，省政府领导和省有关厅局负责人担任省级层面的河长，地方层面的河长由河流流经的各市、县政府负责人担任，不断完善河长制相关管理制度。2010 年，无锡市实行河长制管理的河道(含湖、库、荡、氿)就达到 6 000 多条(段)，覆盖到村级河道。苏州市出台《苏州市河(湖)水质断面控制目标责任制及考核办法(试行)》，依据属地管理原则，实行由市委市政府领导与断面水质情况挂钩的办法，对纳入国家和省太湖流域“十一五”目标考核、小康社会水域功能区和重要水体的 90 个功能区水质控制断面开展责任制考核，明确断面水质改善目的。至 2015 年，全省 727 条省骨干河道 1 212 个河段绝大部分落实了河长、具体管护单位和人员，基本实现了组织、机构、人员、经费的“四落实”[57]。

河长制的形成起到了以点带面的示范效应，全国各地纷纷效仿。昆明市成为首个明确河长制法律地位的城市。2008 年以来昆明实行滇池流域内的 35 条入湖河道和一条出湖河道“河(段)长负责制”，由市级四套班子领导担任河长，河道流经区域的党政主要领导担任河段长，对辖区水质目标和截污目标负总责，实行分段监控、管理、考核、问责，并建立“一湖两江”保护区。2010 年施行的《昆明市河道管理条例》，将河长制、各级河长和相关职能部门的职责纳入地方法规，使得河长制的推行有法可依，形成长效机制。2014 年，浙江省委、省政府全面铺开“五水共治”(即治污水、防洪水、排涝水、保供水、抓节水)，河长制被称为“五水共治”的制度创新和关键之举。为了进一步推广实施河长制，2016 年底，中央全面深化改革领导小组、中共中央办公厅和国务院办公厅相继通过、印发了《关于全面推行河长制的意见》，标志着河长制已从当年应对水危机的应急之策，上升为国家意志，进入“河长制”推进的新阶段[58, 59]。

河长的主要责任包括组织编制并领导实施所负责河流的水环境综合整治规划，协调解决工作中的矛盾和问题，抓好督促检查，确保规划、项目、资金和责任“四落实”，带动治污深入开展。河长制的突出特点在于把责任落实到党政的主要领导身上，由各级党委、政府主要负责人担任“河长、湖长、库长”，把河流、湖泊、水库等流域综合环境控制等责任主体和实施主体明确到每位负责人身上，以确保水域水质按功能达标。河长制的本质是行政问责制，即指对现任各级行政主要负责人在所管辖的部门和工作范围内由于故意或者过失，不履行或者不正确履行法定职责，以致影响行政秩序和行政效率，贻误行政工作，或者损害行政管理相对人的合法权益，给行政机关造成不良影响和后果的行为，进行内部监督和责任追究的制度。通过实行河长制，可以实现部门联动，发挥地方党委、政府的治水积极性和责任心，全面加大河道整治与管理的力度，使河道的水质水环境得到了显著改善。

总结各地河长制实践，在河道管理方面主要取得以下成效：一是促进掌握了主要河湖基本情况，找到了打开水环境治理困局的金钥匙。实施河长制后，由地方党政主要领导担任河长，河长再将任务责任层层分解到河段长，主要领导站到了河流防治责任的最前端，责任很明确，推责无弹性。为了进一步弄清情况、研究对策，许多地区组织开展了较大规模的河道状况调查研究，许多河长亲临一线了解情况。有些地区建立了“一河一档”，制定了“一河一策”。“一档”指包括河道基本状况、水质情况、水环境与水生态情况等在内的档案资料；“一策”指包括如何开展综合整治、如何实施长效管理、河道水质与水环境改善的序时进度等在内的策略措施。通过河长的协调和督促作用，对河湖的综合整治力度进一步加大。建立河长制的地区形成了河道综合整治的机制，取得了比较明显的成效。二是提供了落实地方政府对环境质量负责的具体制度，促进落实了长效管理。河长制的实施，建立了很具体的地方首长对河湖水环境负责的监督考核制度。推行河长制的地区积极明确长效管理措施，落实长效管理经费，加强长效管理队伍建设，强化行政督察与社会监督，在推行河长制的地方，不仅建立了相关的行政督察机制，而且形成了社会监督机制。三是解决了多龙治水互不协调的老大难问题，形成了治河合力。河道的综合整治和管理涉及多个部门，有水利、环保、城建、国土、农业、林业、交通、电力、气象、市政等等，相互协调很难。实施河长制后，由地方党政领导任河长，党政领导出面，具有协调的权限和权威，可以较好地解决部门之间的协调合作，在加强河道的整治与管理上做到协调一致、通力合作。四是调动了公众参与河流环境防治的积极性。河长制不仅让辖区乡（镇）、村、居委会干部加入到管理队伍，各地还利用印发《河长制宣传手册》、河长标志牌公布河长手机号码、环保 12369 热线、手机随手拍、举报有奖等形式，让广大群众参与进来。通过举办群众代表参与巡河督查等活动，增强社会与公众保护河湖的意识，鼓励公众积极参与河长制的实施，在公众参与前提下不断完善河长制实施的监督考核机制[60-62]。

河长制经历近十多年的发展，取得了一定的成绩，但仍然面临着一些难题需要破解。一是职责非法定。目前只有少数地区如昆明以地方法规、无锡以政府令的形式赋予河长职责，使得这项工作被不少地方认为还是一项运动性工作，具有临时性、突击性的特点，不少河长缺乏内在持久动力。二是河（段）“虚位”现象不同程度存在，考核机制欠科学。从河长工作实际来看，一般都是布置的多，下去巡河的少，个别河长甚至对自己负责的河流情况不甚了解，污染状况不清楚；有的河长宏观把握能力不强，不思大局，缺乏必要的工作手段和协调推进能力，形不成河长制工作的“拳头”。三是协同机制失灵。尽管很多地方致力于破除“多龙治水”的积弊、营造全社会参加的氛围，但是条块割据、边界模糊、以邻为壑、公众缺位等沉痼目前很难从根本上解决，协同机制失灵的现象依然普遍存在。四是资金投入不足。在整治河流时，涉及的治理内容比较多，如生态修复、养殖企业污染治理、企业废水治理、城乡污水处理等，治理任务重、工作量大，因此在进行系统治理时所需资金投入会比较大。但现实中因为投入的资金量不足，导致很多治理工作难以开展。

因此，全面推行河长制应该更加关注三个方面的建设。一是必须建立健全有利于全面推行河长制的法律法规体系，为河长制的实施提供规范和支撑。从法律规定上赋予地方政府及其职能部门相应的权利和手段，推进环境治理的跨区域跨部门协同机制的法定化。二是流域规划要统筹布局，河长要明确自己负责的河流在流域内的定位；考核指标要科学合理，河长应责权统一。必须建立系统化的协调机制，充分发挥各职能部门的作用，明确实施的保障条件，要合理确定工作考核指标与水质考核指标的关系，做到河长责权的一致。三是要进一步完善政府—市场—社会协同作用的水治理体系。强化公众参与和第三方服务，破解政府失灵难题，建立社会共治体系[63-65]。

1.2 水质基准与标准概述

1.2.1 水质基准的概念

水环境质量基准（Water Quality Criteria）是指一定自然特征的水生态系统中污染物对特定对象（水生生物或人）不产生有害影响的最大可接受剂量（或无损害效应剂量）、浓度水平或限度[66, 67]。水质基准是制定水质标准的科学依据与理论基础，以及评价、预测和控制与治理水体污染的重要依据。

根据自身的制定特点，水质基准可以被分为两大类，一类是毒理学基准，一类是生态学基准。前者是在大量科学实验和研究的基础上制定出来的，根据保护目标的不同，分为人体健康基准和水生生物基准；后者是在大量的现场调查的基础上通过统计学分析制定出来的，包括营养物基准和生态完整性评价基准[68]。从保护对象来分，大致可以分为保护水生生物水质基准和保护人体健康水质基准。近年来，考虑到污染物在食物链中的生物累积作用，逐渐将水环境以外的相关生物（如野生生物）纳入水质基准的保护对象[69]。另外，按照水体不同的使用功能，水质基准又可以分为饮用水水质基准、农业用水水质基准、休闲用水水质基准、渔业用水水质基准以及工业用水水质基准等。水质基准涉及的水体污染物包括重金属、非金属无机污染物、有机污染物，以及一些水质参数，如 pH、色度、浊度和大肠杆菌数量等。水质基准的推导过程综合考虑了各种相关因素，基准值会受到许多环境要素的限制，如水体、硬度、温度、pH 以及溶解性有机质等。概括来说，水质基准具有 3 个显著的特点：科学性、基础性和区域性[70, 71]。

1.2.2 水质标准的内涵

水环境质量标准（Water Quality Standard）是以水环境质量基准为理论依据，在综合考虑自然条件和国家或地区的人文社会、经济水平、技术条件等因素的基础上，经过综合分析所制定的，是由国家有关管理部门颁布的水环境中的目标污染物的管理阈值或限度，具有法律效力。水质标准是在国家一定区域环境内，为保护江河湖库等地面水域、地下水和海洋水环境免遭污染物危害，保护饮用水水源和水资源的合理开发利用，保护人群健康，维护水生生态系统良性循环及促进生产发展而制定的[72]。

随着经济社会的高速发展，全球水环境正面临着各种污染的严重威胁。目前，我国的水质标准已有很大进步，但与发达国家先进的水质标准体系相比，仍存在诸多不足之处，需要不断地发展和完善。美国《清洁水法》中规定水质标准由指定用途、水质基准和反降级政策三部分组成。水质标准体系分基准和标准两个层次，其中关于水生生物、人体健康和营养物的水质基准由美国环保局公布，水质标准由联邦环保局参照各州水质基准和本州的水体功能制定；在我国，则由国家统一制定水质标准，地方政府负责落实和应用[73,74]。我国水环境质量标准起源于 20 世纪 80 年代，主要是根据不同水域及其使用功能分别制定的，经过多年发展和修订，已逐渐形成一个相对完整的标准体系。现有水质质量标准有 5 类，分别为：地表水环境质量标准、海水水质标准、渔业水质标准、农田灌溉水质标准、地下水质量标准。从限值本身来看，我国水质标准的许多限值都直接参考了发达国家或组织的水质基准或标准限值。如《生活饮用水卫生标准》《地表水环境质量标准》部分指标的标准限值与美国国家饮用水标准及世界卫生组织的水质推荐值相同[75]。

1.2.3 水质基准及标准管理的研究背景

水质基准是水质标准制定的基础性工作和参考指标，是对水体中的污染物或其他有害因素阈值的限定，是制定水质标准的科学依据；而水质标准是环境保护工作有效进行的参照标准。国外很多国家或机构已建立了相对完整的水质基准方法体系，而我国在水质基准研究上起步较晚，水质标准在建立之初基本上参考国外和世界组织的水质标准，没有依据国情开展自己的水质基准研究，现有的水质标准无法完全真实地反映我国水环境保护需求，导致了我国环境保护工作一直存在着保护不平衡的问题。保护不够可能对人体健康或生态系统造成危害，过度保护虽然不会损害生态系统，但会增加环境保护的成本，影响社会与经济的发展。因此我国亟需在国家层面上开展适合中国区域特点的水质基准体系研究，为水质标准的制定、修订和环境管理提供科学依据。随着我国经济的飞速发展和法律制度的逐步完善，建立更科学的水质标准和法规也成为我国亟待解决的问题。

1.3 水质基准、标准研究的问题与需求

我国制定了如地表水、地下水等水环境质量标准，在建立水环境标准体系方面开展了大量研究工作，但对构建我国水环境基准体系还缺少系统研究，基本是在国外水质基准研究方法的基础上摸索前进[76]。虽然开展了一些实验研究，但研究方法主要参照借鉴国外发达国家，无论在方法的应用上，还是在方法的适应性方面，仍有一些科学问题不明确，环境基准研究的滞后已成为制约我国环境标准科学性、环境有效管理及民生保障行动的瓶颈。从国内外水质基准的发展趋势来看，建立

符合我国区域特征和实际国情的水质基准体系是未来一段时间内水环境管理的重要任务，结合目前发展情况，主要还存在以下几个方面问题与研究需求。

① 积累各类污染物的本土水生态毒理学基准数据。目前我国水环境标准主要是参照美国、欧盟、日本等水质标准值来制定的，对基准在标准体系中的作用缺乏足够研究和数据积累。基准重点是需要针对大量污染物开展毒性数据的相关实验，包括生物毒性数据、人体健康毒性数据、流行病学数据等[77]。考虑到我国的水环境污染状况以及水生生物水质基准保护目标，可采用包括急性水质基准和慢性水质基准的双值基准。急性水质基准是为保护水生态系统和水生生物免受突发性水污染事件中高浓度污染物短期内的急性毒性效应作用；慢性水质基准是为保护水生态系统和水生生物免受长期暴露于低浓度污染物中导致的慢性毒性效应作用。考虑到水质标准通常是参考水质基准来制定，在制定水质标准时，也可以分别制定短期和长期的标准，从而满足环境保护领域的应急和长效管理需求。

② 加强水质基准理论和方法学研究。我国在水质基准方面的研究基础相对薄弱，以发达国家的经验，水质基准或标准的制定、修订不仅仅是化学物质项目的增补和限值的变化，方法学的改进才是基准及标准制定、修订的原则依据。正是因为缺乏具有可操作性的水质基准方法学，导致现有水质标准也只能参照发达国家的基准和标准制定，科学依据不充分。因此，须开展水质健康基准方法指南的研制工作，在科学理论的指导下，加强对其理论和方法学的不断探索、补充和完善，围绕水质基准存在的关键科学问题进行系统研究，根据标准化的方法学指南制定修订标准。水环境基准值是通过一系列科学研究得出的结果，采用不同的试验生物、不同的研究方法或不同的毒性指标得出的基准值不同。应在充分调研国际水质基准制定方法的基础上，开展我国保护人体健康水质基准制定方法学研究，综合我国目前水环境质量现状、毒理学、暴露评价及健康效应研究基础及数据储备情况，对暴露途径、健康结局、健康危险度水平及相关步骤和方法作出具体规定，增强基准研究可比性和制定技术可行性[78]。

③ 科学筛选建立水质基准及标准污染物清单。不同区域污染源和污染状况的差异性，不同保护目标相应标准的差异性，环境介质暴露途径的差异性，不同国家科技处理能力与经济文化水平的差异性等决定了标准项目的纳入不能简单地借鉴发达国家的标准。应建立不同标准项目的筛选原则，科学增减指标项，在风险经济平衡的条件下，最大限度保护人体健康。例如我国饮用水标准中未将病毒列为监测指标，而美国饮用水标准中要求灭活 99.99％的病毒，病毒是具有高致病性的微生物，对人体健康有巨大的危害。因此，我国水质标准污染物项目应充分考虑地表水环境质量和人群水环境暴露的实际特点及目前水处理技术的可行性。我国目前虽然对饮用水源地及暴露参数开展了一些调查研究，但关于地表水的整体污染

水平、食物链和人体暴露水平及健康影响状况等方面仍需开展大量研究。基准污染物项目的筛选、调整、限值设定应紧密结合我国水环境污染背景和健康风险特点，整合我国目前地表水、地下水、饮用水源地水、生活饮用水水质状况及人群暴露的全部监测及调查数据资料，并进行有针对性的补充性调研工作，最终明确提出我国建立水质健康基准及水质标准所涉及的污染物清单。

2 水质基准的发展历程

2.1 国外水质基准的研究

2.1.1 美国水质基准的研究与发展

1. 美国水质基准的发展历程

美国水质基准研究主要经历了三个阶段。第一阶段起始于20世纪初，Marsh发表《工业废水对鱼类的影响》一文，这是美国最早关于污染物对水生生物影响的研究[79]。随后Powers开展了一些金鱼的毒性实验[80]，Shelford发表了许多有关废气成分对鱼类毒性效应的科学数据[81]，1937年Ellis描述和记录了许多物质对水生生物的毒性效应数据，涉及114种化学物质的致死浓度[82]，并提出了水生生物检测中所用标准动物的选用依据。类似的水质基准研究只是通过实验得到并公布一些污染物的生物毒性效应数据。1952年，美国加利福尼亚州水污染控制委员会发布了《水质基准》文件[83]，州政府将水体用途划分为8类，详细介绍了水体主要污染物的浓度与效应关系，这是首次州和州际单位发布的水质基准与应用文件。1963年《水质基准》进行了更新，针对特定时间和暴露条件下污染物对鱼有害程度的不同，按照递增顺序排列各浓度值，得到一个可以预测水质组分对受纳水体产生有害效应的浓度范围。

第二阶段是从国家层面开始研究推广水质基准。1968年美国内政部国家技术委员会发布了首个国家水质基准《绿皮书》[84]，将浓度-效应水平改为能够保证保护水生态环境质量和指定水体用途可持续性的推荐浓度。1974年联邦环保局联合国家科学院和工程院共同根据最新的科学研究成果编制形成了《蓝皮书》[85]，其为联邦环保局首次正式发布的水质基准文件。《蓝皮书》公布后部分州、相关组织与科学家对文件的具体内容提出了合理建议，在充分研究的基础上，1976年联邦环保局又出台了《红皮书》[86]等一批水质基准文件。其中《红皮书》包括金属元素、非金属无机物、农药、非农药类有机物和其他水质参数等53个项目的基准，每一个基准的论述都由推荐基准值、该污染物或水质参数的介绍、支持推荐基准的依据和参考文献组成。

随着80年代基准研究方法学的突破，第三阶段的水质基准以保护水生生物和保护人体健康为目的，基准修订出现质的飞跃。1980年联邦环保局先后发布《保护水生生物水质基准推导技术指南》和《保护人体健康水质基准推导技术指南》，1986年联邦环保局发布《金皮书》[87]，给出了包括同分异构体在内的137种物质的基准值，增加了金属锑、铊以及30多种含氯有机物，其中大部分项目的基准是根据1980年颁布的《人体健康基准推导方法学文件》以及1985年的《推导保护水生生物及其用途的定量化国家环境水质基准的指南》进行修订的。文件首次提到了“水生生物基准”和“人体健康基准”，水生生物基准分为淡水急性、淡水慢性、海水急性和海水慢性4个基准值；人体健康基准针对“摄入水和水生生物”和“仅摄入水生生物”设立2个基准值。此后随着科技的突破和研究的深化，国家对水生生物基准和人体健康基准不断进行更新修订[88]。1999年的《国家推荐水质基准—修正》[89]文件中水质基准的变化较大，包括157种污染物，其中10种是感官效应基准，大部分物质的基准值都是根据最新的方法学重新计算的。2002年《国家推荐水质基准2002》发布后取代了之前联邦环保局发布的所有基准文件，其修订了1999年基准中50%以上的保护人体健康的水质基准，涉及158种污染物基准和23种感官质量基准[90]，之后的2004年基准仅是在此基础上做了个别物质基准值的改变。2006年《国家推荐水质基准2006》包括了120个优控污染物基准、47个非优控污染物基准和23个感官效应基准[91]。2009年颁布的水质基准文件更新了167项污染物的淡水急性、淡水慢性、海水急性、海水慢性和人体健康基准值[92]。之后联邦环保局对镉、硒等污染物进行水生生物基准值的修订[93-95]，2015年又更新了人体健康基准[96]。

美国《清洁水法》中规定水质标准由水质基准、指定用途和反降级政策三部分组成。水质基准表面上只是一张推荐性的数值表，实际上包含很多科学成果，是需要随时更新的。目前，联邦环保局共提出了165种污染物的基准，包括保护水生生物的水质基准、保护人体健康的水质基准、防止水体富营养化的营养物基准和生物基准等，其中涉及106项合成有机物、30项农药、17项金属、7项无机物、4项基本物理化学特性和1项细菌。根据基准的特点，水质基准划分为两大类，一是毒理学基准，即在大量科学实验和研究的基础上制定出来的，根据保护目标的不同，分为人体健康基准和水生生物基准；二是生态学基准，即在大量的现场调查的基础上通过统计学分析制定出来的，包括营养物基准和生态完整性评价基准等。基准作为水质标准的组成部分，总是建立在指定用途的基础上。因此，联邦环保局以及各州和部落制定直接适用于指定用途的水质基准。美国水质基准和标准的制定过程中具有充分的灵活性。根据《清洁水法》304(a)的要求，联邦环保局定期发布指导建议来帮助州和授权部落建立水质基准。允许各州制定其各自的基准以保护指定用途或反映当地代表性状况;用不同方法制定基准,只要方法具有保护性和科学依据;在指定用途和生态区域基准之间发生矛盾的地方,进行用途可达性分析并推敲指定的用途;各州可灵活地采用数值型基准保护指定用途,或用合适的方法和程序解释叙述型基准以保护指定用途的水质。

2. 美国水质基准方法学

根据保护对象的不同,美国的水质基准主要可分为保护水生生态系统的基准和保护人体健康的基准,前者又可分为水生生物基准、生物学基准、营养物基准、沉积物基准等;后者可分为人体健康基准、病原微生物基准、休闲娱乐用水水质基准等。

(1) 保护水生生物水质基准的方法学

《红皮书》根据淡水和海水分别给出了基准值,并初步建立了保护水生生物水质基准的推导方法:第一,选用慢性毒性实验中的无效应水平或产生毒性效应的临界值等作为基准值;第二,如果污染物对实验生物的毒性受多种因素的影响,如碱度、溶解度和实验物种等,确定这些物质的基准要选择当地土著敏感水生物种的96 h-LC_{50}乘以一定的应用因子得到;第三,淡水生物和野生动物的汞基准是由美国食品管理局规定的暂时允许量除以富集因子得出。

20 世纪 80 年代初联邦环保局首次发布了保护水生生物水质基准的推导方法,即《推导保护水生生物及其用途的水质基准指南》,随后进行了更新并发布了《推导保护水生生物及其用途的国家定量水质基准指南》,这是一种比较成熟的推导水生生物水质基准的方法学。指南中要求在制定基准时收集大量的毒性实验数据,包括动物急性毒性数据和慢性毒性数据,至少涉及 3 门 8 科的生物物种,以及至少 3 个不同科的急性-慢性比率;水生植物毒性数据需要用淡水藻类或者维管束植物所做的至少一个可接受的实验结果;生物富集性数据至少选用一种淡水物种来确定生物富集系数,然后依据所获得的数据分别推算最终急性值、最终慢性值、最终植物值和最终残留值,最后通过这些值得出基准最大浓度和基准连续浓度[97]。该方法目前仍在广泛使用。

从《金皮书》开始水生生物基准都是以两个值——基准最大浓度和基准连续浓度表示的,其中基准最大浓度是 1 h 内不得超过的值,而基准连续浓度是 96 h 内不得超过的值,并且规定了超标浓度发生的频率是不多于平均每三年一次。这是在考虑了急性和慢性这两种不同的毒性效应以及废水排放的波动之后得出的较为科学、合理的数值。根据美国 1985 年《水生生物基准技术指南》,推导水生生物水质基准的方法主要有评价因子法、物种敏感度分布曲线法、生态毒理学模型法以及毒性百分数排序法。

(2) 保护人体健康水质基准的方法学

最初的水质基准研究仅是对一些毒性效应数据的描述，之后改为一系列浓度效应关系，都没有形成统一的水质基准推导方法。《红皮书》中水质基准的推导没有涉及太多的参数，仅根据实验或现场观察得到的科学数据推导得出基准值，其推导方法大致可分为以下几点：一是根据感官质量鉴定，当化学物质在水体或食物中的含量超过一定临界浓度时会产生品质、气味、颜色的恶化等，如铜在饮用水中的含量超过 1.0 mg/L 时可能会产生令人讨厌的气味，结合铜可作为人体微量营养元素，确定铜的饮用水基准为 1.0 mg/L。二是有些物质的基准是根据动植物或人体的实验结果以及合理的参数假设，结合一定的应用因子得到的。三是参考其他权威机构发布的标准限值，如通过调查显示大部分水样中铅的浓度都低于美国公共卫生局的规定值 50 μg/L，故用此值作为基准。四是部分物质的基准值是根据其毒理学效应的临界值得出的，选择临界值或者取临界值乘以一定的应用系数作为基准，如钡的水质基准即为安全浓度的二分之一。

1980 年的《一致性法令水质基准文件的健康效应评价草案》中阐述了保护人体健康水质基准的指南和方法[98, 99]。该方法 3 个毒性终点包括致癌效应、非致癌效应和感官效应。致癌效应是无阈值效应，而非致癌效应是通过评估人体在接触环境污染物后所导致的健康危害和剂量-效应关系，将流行病学资料和动物的剂量-效应数据结合起来推导水质基准的方法。推导致癌物的水质基准时，要利用线性多级模型，从高剂量到低剂量外推致癌效应，随后依据动物数据对危害性进行评估。非致癌物的基准推导依据不对人类产生有害影响的浓度估计值，主要依据每日允许摄入量和动物研究所获得的无可见有害效应的数据来推导。

1998 年联邦环保局制定了《水质基准方法学草案：人体健康》[100]，2000 年发布的《推导保护人体健康水质基准方法学》[90]沿用至今，是目前较为普遍使用的推导保护人体健康水质基准的方法指南，其规定了对于人体健康水质基准值的推导主要包括综合评价毒理学、暴露评价和生物累积评价三个方面。在致癌风险评价中，定量化致癌风险的低剂量外推法取代了线性多级模型。在非致癌风险评价中，倾向于使用更多的统计模型推导参考剂量，比如基准剂量法和分类回归法。在暴露评价中，水和鱼类消耗的最新研究也为建立各区域更合理的消费模式提供了依据，在暴露评价中采用了更多的方法来考虑多种来源的人体暴露，使用相对源贡献来表示非水源暴露和非经口暴露。采用生物累积系数评价生物累积效应，以反映生物从所有可接触源中吸收的污染物量，代替了 1980 年方法学中仅反映通过水源吸收的生物浓缩系数或生物富集系数。同时美国环境保护局也发布了详细评价生物累积系数的指南[101, 102]。

2.1.2 欧盟水质基准的研究与发展

欧盟是除美国之外较早建立水生生物水质基准体系的地区之一，相关水质基准的研究和管理政策的制定始于20世纪70年代。1978年欧洲内陆渔业咨询委员会在美国《红皮书》的基础上对水质基准下了初步定义，随着认识和研究的不断深入，对水质基准的定义从集中于对渔业的保护逐渐发展为对生态系统结构和功能的保护，欧洲各国也都发布了相关技术指南和文件支持水质基准的研究。2002年欧盟制定了《水框架指令实施战略》，其中针对过渡水体及海岸水体的参照状态问题提出了指导意见和方法，主要从水生态保护角度涵盖了部分生物指标，并没有系统地考虑营养物管理相关指标。水质基准和标准在各国水环境管理中都发挥着重要的作用，不同国家和国际组织对水质基准有不同的描述和分级，也分别提出了一些具有等同性或相似性的概念，如欧盟用于化学品管理的预测无观测效应浓度以及OECD的最大可接受浓度。欧洲也着力建立较为完善的水生生物水质基准体系，欧盟水质基准主要关注污染物的慢性毒性，以慢性毒性为基础的预测无效应浓度作为污染物水质基准的主要依据，从而达到保护水生生物的目的。水质基准与风险评估密不可分，欧盟2003年发布《风险评价技术指导文件》，给出了水生环境、陆生环境和海洋环境等生态系统的风险评估方法，提出了预测无效应浓度的推导方法。

欧盟成员国荷兰于2001年颁布了《关于推导环境风险限值的指导方针》，目的是保护水生生态系统中所有的生物免受不利影响。水质基准由风险限值推算获得，风险限值包括对生态系统严重危险浓度、最大允许浓度和可忽略浓度三个指标，对应的水质基准也分为三个层次，即干预值（污染已达到需人工干预恢复，自然无法恢复的程度）、最大容许浓度以及目标值。该方法考虑了二次毒性及污染物在水和沉积物中的平衡分配，确定最终的风险限值[103]。2007年荷兰又颁布了最新的《环境风险限值推导指南》，在之前的基础上，按照保护水平将环境风险限值分为四个等级，即无效应浓度、最大允许浓度、严重风险浓度和生态系统最大可接受浓度。无效应浓度表示某一浓度对生态系统的效应可以忽略不计；最大允许浓度是指能够保护生态系统中所有物种免受有害效应的浓度；当污染物浓度超过严重风险浓度时，生态系统功能将遭受严重影响；生态系统最大可接受浓度是荷兰水质标准设置框架中的一个新的指标，即保护水生态系统免受短期高峰浓度暴露导致的急性毒性效应的作用的浓度[104]。

2.2 国内水质基准研究

由于过去对于环境保护工作的重视不够，我国迟迟没有针对水环境质量基准与标准开展过生态毒理学和环境健康学方面的系统研究，尤其关于水质基准的研究相关报道较少。1981 年有学者先后翻译整理了美国水质基准《红皮书》《金皮书》，并以《水质评价标准》出版发行[105]。20 世纪 90 年代张彤等学者[106, 107]对美国等其他国家保护水生生物水质基准的制定方法等进行概括和论述。2004 年夏青主编出版的《水质基准与水质标准》一书中介绍了美国水质基准的研究，收录了相关的基准文件、基准制定技术指南等，并且在论述中国《地表水环境质量标准》(GB 3838—2002)中一些项目的标准制定依据时，引用了大量世界其他国家的水质基准、标准和毒理学文献[39]。这些书籍和文章对我国接下来开展水质基准研究和水质标准制定起到了重要作用。2010 年孟伟、吴丰昌等根据中国生物区系特征和水质基准案例研究情况，综合各国的水质基准研究方法，出版了《水质基准的理论与方法学导论》，对水质基准研究中的具体问题进行了阐述，这也是我国第一部关于水质基准理论方法学的系统论述[70]。"十一五"以来国家通过实施水体污染控制与治理科技重大专项，针对不同区域生物特征及流域水生态环境特征，对我国水质基准进行了系统性研究。2017 年生态环境部出台了《淡水水生生物水质基准制定技术指南》《人体健康水质基准制定技术指南》，其中规定了淡水水生生物、人体健康水质基准制定程序、方法与技术要求，也标志着我国水质基准研究步入了崭新的阶段。

在对国外水质基准成果充分吸收、总结和概括的基础上，我国科研人员在不同污染物的水质基准研究方面开展了较为深入的研究。张彤等参照美国《推导保护水生生物及其用途的国家水质基准技术指南》，根据我国水生生物区系，选取了 4 个门和 7 个科共 8 种代表性水生生物进行毒性实验研究，推导了丙烯腈、硫氰酸钠和乙腈的水生态基准[108-110]。周忻等参考美国 2000 年发布的方法学，以 1,2,4 -三氯苯的环境水质基准推导为例论述了非致癌有机物保护人体健康水质基准的推导方法[111]。安伟等采用正态分布累积函数和幂函数，根据拟合的数学模型确定了壬基酚对 Americamysis bahia 种群多代安全暴露浓度为 1.87 μg/L，这个基准浓度要低于多代暴露实验所获得的壬基酚的个体水平上的慢性繁殖毒性的安全浓度 12 μg/L[112]。闫振广等通过对我国 43 种水生生物的急性和 14 种水生生物的慢性生态毒理学数据进行分析，计算了我国淡水水生生物的镉基准，基准最大浓度和基准连续浓度分别为 2.1 μg/L 和 0.23 μg/L，与美国的淡水水生生物镉基准值存在一定差异[113]。一年后作者又对镉基准进行了修正，采用"重新计算法"推算了我国典型流域的镉生物基准，镉急性和慢性基准分别修正为 1.81 μg/L 和 0.21 μg/L，此外利用"水效应比值法"推算了珠江流域、长江流域、太湖流域和辽河流域等区域镉基准，流域及区域的镉急性基准值全部大于国家急性基准值，但大部分镉慢性基准都严于国家慢性基准[114]。在流域尺度上，雷炳莉等筛选了太湖流域广泛存在的水生生物物种并收集了相应的基础毒性数据，采用蒙特卡罗构建物种敏感度分布曲线和生态毒理模型方法预测了五氯酚、2,4-二氯酚和2,4,6-三氯酚3种氯酚类化合物对太湖水生生物的急性基准浓度和慢性基准浓度[115]。吴丰昌等对硝基苯、锌、铜的毒性特征开展了深入研究，选择不同的淡水水生生物，采用评价因子法、毒性百分数排序法和物种敏感度分布法推导了保护淡水水生生物的水质基准，硝基苯急性基准值为0.572 mg/L，慢性基准值为0.114 mg/L，研究表明我国主要地表水体中硝基苯不存在潜在的生态风险[116]；锌的基准最大浓度和基准连续浓度分别为89.7 μg/L和34.5 μg/L[117]；用物种敏感度分布法得出的保护95%物种的铜的短期危险浓度和长期危险浓度分别为30.0 μg/L和9.44 μg/L[118]。系列研究对解决我国目前水质标准可能在一定程度上的"欠保护"问题具有一定的参考价值。武江越等针对优控多环芳烃菲进行了9种水生生物的急性生态毒理学实验及3种慢性生态毒理学实验并推导了菲的基准阈值，分别为0.033 mg/L和0.012 mg/L，另外，本土与美国物种敏感性分布不存在显著性差异，可以使用美国水生生物毒性数据来推导我国菲水生生物基准阈值[119]。沉积物质量基准是水质基准的重要组成部分，祝凌燕等基于相平衡分配法，探讨了天津某水体4种重金属和2种有机氯农药的沉积物质量基准[120, 121]。

2.3 中外水质基准比较与问题

以美国、欧盟为代表的发达国家和地区建立了较为成熟的水质基准方法体系，从水生生物基准到沉积物基准、营养物基准、生态完整性基准及人体健康基准等在内的系统基准类别，从叙述性基准到数值型基准，从建立单值基准到设立双值基准，从简单的评价因子法到更加科学的物种敏感度分布法，水质基准的研究日趋完善。但不同国家对水质基准的研究也略有差异。就保护目标而言，有单一层次保护目标的基准体系，如美国、德国、英国、法国将水质按功能分为不同等级，等级之间设定水质限值的基准体系。同一保护目标的基准又可以有单一或多种表达方式，如德国、加拿大、澳大利亚和新西兰等为单值水质基准，美国、英国为双值水质基准，基准分别代表对年均值和瞬时最大值的限制水平。而基准的推导方法也各不相同，法国、德国、英国、丹麦、西班牙、加拿大等国家普遍使用评价因子法作为基准推导方法，美国一般采用毒性百分数排序法，荷兰、澳大利亚、新西兰等多使用物种敏感度分布法。我国水质基准基本借鉴国际上普遍认可的物种敏感度分布法对污染物展开研究，进而推导出污染物的水质基准值。近年来，在国家科学技术部"国家科学"等项目的支持下，启动了湖泊水质基准的系统研究，开展了针对我国特有生物区系和水环境污染特征的硝基苯类、重金属等污染物水质基准的理论和方法研究，初步得到适合我国水环境特征的水质基准值。但相比发达国家来说，我国在水质基准方面的研究基础相对薄弱，缺乏具有可操作性的水质基准方法学。

就国内外水质基准研究现状来看，现行的美国国家水质基准修订于2009年，主要由保护水生生物的水质基准和保护人体健康的水质基准组成，共有190项基准值，其中包括120项优先控制污染物基准、47项非优先控制污染物基准和23项人体感官基准。目前正修订铅、银和硒的水生生物基准，虽建立了生物毒性数据库，但还有很大一部分的环境污染物没有充足、有效的毒性实验数据而缺乏相应的基准值。欧洲、日本、韩国等国家和地区也针对地区的差异性制定了符合自己发展和需求的水质基准体系。污染物毒性数据是水质基准研究的关键，而我国在污染物毒性数据的获取方面，基本是参考国外的数据库以及文献数据资料来获得基准所需要的毒性数据，仍旧没有建立本土的毒性数据库。在毒性测试方法方面，我国目前也只有大型溞、斑马鱼等的急性毒性测试标准方法，缺乏其他物种的标准测试方法和慢性毒性测试方法。总体来说，我国水质基准研究还处于发展阶段，缺少适合我国区域特点的水质基准理论和方法体系，以及制定水质基准所需的生物急、慢性毒性实验、生态风险评价和环境行为等方面的基础数据，因此建立适合我国国情的水质基准理论体系任重而道远。

3 水质标准的发展历程

3.1 国外水质标准的研究与发展

3.1.1 美国水质标准的发展历程

美国水环境标准制定和实施最早的法律依据是1948年国会制定的《联邦水污染控制法》。1965年，国会通过一项名为《水质法》的《联邦水污染控制法》修正案，首次采用以水质标准为依据控制水污染，并且该水质标准是由州政府来颁布和实施的。1977年著名的《清洁水法》采用了以污染控制技术为基础的排放限值和水质标准相结合的管理方法，改变了过去纯粹以水质标准为依据的管理模式。其实美国并没有全国统一的水环境质量标准，在前一章中我们也提到了美国水质标准体系分基准和标准两个层次，其中关于水生生物、人体健康和营养物的水质基准由美国环保局公布，水质标准由联邦环保局各州参照水质基准和本州的水体功能制定。《清洁水法》也在第303条中规定了各州可以根据实际情况制定不同区域的水质标准。目前最新的水质基准是2009年美国环保局发布的《国家推荐的水质基准》，共提出了165种污染物的基准，包括水生生物水质基准、人体健康水质基准、营养物基准、沉积物质量基准、细菌基准、生物学基准等，其中涉及合成有机化合物106项、农药30项、金属和无机化合物24项、基本的物化指标4项和细菌1项，这些基准一般用数值或描述方式来表达，为美国各州制定水质标准提供了科学依据。

《清洁水法》中规定水质标准由指定用途、水质基准和反降级政策三部分组成。指定用途是依据水体预期的使用功能进行分类的，主要的水体指定用途包括公共供水(如饮用水水源)、鱼类和野生生物的繁衍[如水生生物(温水性、冷水性)栖息地]、娱乐用水、渔业用水、农业用水、工业用水、航运等。几乎所有的水体都有多项指定用途，所有水体都应满足基本的可供游泳和鱼类生存的功能。水质基准是指环境中污染物对特定对象不产生有害影响的最大剂量或浓度，包括定量和定性两种类型，它一方面限定了单一污染物或指标在环境中存在的水平，另一方面描述了满足水体所有指定功能的水质状况。反降级政策旨在防止水体现有状况良好的水质恶化，维持水体现有用途所需的水质水平。分三级保护措施：一级要求保护水体的现有功能。禁止任何可能导致水体水质低于保持现有用途所需的水质标准要求的活动，以确保当前水体的用途和水质水平得到维持和保护[122]。二级要求维持和保护高品质水体。当水体水质优于满足鱼类、贝类和其他野生生物繁殖及人类水下和水上娱乐活动所需的水质时，要禁止任何可能导致水质降低的活动，确保水体现有水质得到维持和保护。三级是对国家优质水资源的保护。对于重要的国家资源如国家公园、州立公园、野生动物保护区等的水体，以及具有独特的娱乐或生态价值的水体，其水质必须得到维持和保护，禁止任何导致水体水质恶化的行为。在国家规定的三级政策之外，一些州设定了额外等级以满足和适应其实际情况与需要，如印第安纳州将水资源定义为 2.9 级，包括具有独特或特殊生态学、娱乐或美学意义的水体，执行要求严于 2 级、略松于 3 级；密西西比州的水质基准与联邦规章要求一致，对于 1 级水域，通过州政府针对排放的 NPDES 许可发布过程实施反降级政策[123]；肯塔基州和俄克拉荷马州设有关于已改善的水体的条款，指明任何已改善的水体，其水质均不得降级[124, 125]。

饮用水水质与人类健康直接相关，制定各项水环境质量标准的最终目的也是为了保护人类健康及生存环境。美国是世界上最早制定饮用水水质标准的国家之一。1914 年公共卫生署制定了《饮用水水质标准》，当时的标准只有细菌学两个指标。后来经过数次修订，先后增加了感官性状、无机物等方面的指标，加严了部分细菌学指标。1962 年颁布的水质标准中首次反映了污染物对水体污染及其对健康的影响，合成洗涤剂、氯仿、重金属和放射性物质出现在标准内容中[126]。在美国饮用水水质标准的发展史上，具有里程碑意义的是 1974 年国会通过的《安全饮用水法》，该法案专门为保障居民饮用水安全而制定，其适用于所有用户连接管达到 15 个以上或服务人数超过 25 人的供水系统。《安全饮用水法》赋予国家环保局制定饮用水水质标准的权力。1975 年国家环保局首次发布具有强制性的《国家饮用水一级标准》，1979 年发布非强制性的《国家饮用水二级标准》。为了适应不断发展变化的环境污染问题，《安全饮用水法》1996 年修正案建立了污染物识别与筛选策略，建立起动态更新的优先污染物筛选制度，确保饮用水从源头到末梢的全过程管理。基于该要求，美国饮用水一级标准制定了两个浓度值，即污染物最大浓度目标值和污染物最大浓度值。污染物最大浓度目标值的确定只考虑在该浓度下不会对人体产生任何已知的或可能的健康影响，该限值作为目标值，不要求强制执行。而污染物最大浓度值是强制性指标，在制定时要考虑成本-收益分析、最佳可行性技术和检测分析方法等因素[127]。国家一级饮用水标准的制定主要有三个步骤：确定污染物、设定优先权和制定标准。首先决定对哪些污染物进行管控，制定污染物候选名单，按照先后顺序制定相关程序，开展饮用水健康危害、工艺处理效果和分析方法等相关研究;其次是设定污染物管控的优先级别,基于污染物候选名单对未制定标准的污染物进行监测,以评估候选污染物在水体中的存在情况,从而帮助制定新的标准;最后是制定标准,结合污染物基本数据和第二步中的健康危害数据做出管控决定,制定最大污染物浓度或处理技术以及监测要求。2006 年发布的生活饮用水水质标准分为两大类,每类指标分为有机物、无机物、放射性核素及微生物四小类。标准中包括强制执行的一级饮用水规程指标 98 项,其中有机物 63 项,无机物 22 项,微生物 8 项,放射性核素 5 项;非强制性二级饮用水规程指标 15 项,主要是指水中会对人体容貌(皮肤、牙齿等)或对水体感官(色、嗅、味等)产生影响的污染物[128]。2012 年再次修订了饮用水水质标准,一级强制性标准有 97 项,二级非强制性标准共 15 项,与之前的标准相比,增加了 1 项硝酸盐和亚硝酸盐指标,3 项涕灭威类农药指标,将三卤甲烷和卤乙酸细化分别用 4 项和 3 项具体的指标代替。将微生物指标纳入饮用水水质标准体现了美国对微生物的人体健康风险高度关注,其中隐孢子虫、贾第鞭毛虫、军团菌、病毒等指标在其他国家水质标准中并不常见,反映了美国对致病微生物的研究深入、细致[129, 130]。

3.1.2 欧盟水质标准的发展历程

欧盟《地表水环境质量标准》(Directive2008/105/EC)是由欧盟理事会根据欧盟《水框架指令》要求制定的地表水环境质量标准,其理念是打破属地界限,以流域为基础进行水质管理,规定河流从源头到入海口是一个流域系统,该标准对 33 项优控污染物制定出标准限值[131]。欧洲国家普遍采用这种“综合性流域管理”的水资源管理模式,根据《水框架指令》,这种模式统筹考虑流域规划与实现生态目标和水资源的可持续利用。《水框架指令》提出对所有地表水都应纳入“良好生态状况”和“良好化学状况”的一般性保护中,为确保地下水免遭所有形式的污染,履行人为因素最小化的准则。就地表水而言,由于生态多样性实行因地制宜的治理标准,允许生物群落的少许偏离,并由更新标准的机制以及危害性化学物质优先处理方法确定的新标准来判断是否达到良好的化学状况。

欧盟饮用水水质指令(80/778/EC)最早发布于 1980 年,该指标相对完整,是欧洲各国制定本国水质标准的主要依据。检测项目包括微生物指标、毒性指标、一般理化指标、感官指标等,大部分项目既设定了指导值又制定了最大允许浓度。1998 年欧盟通过了新指令 98/83/EC,指标从 66 项减少至 48 项,其中微生物学指标 2 项,化学指标 26 项,感官性状等指标 18 项,放射性指标 2 项。新指令更加强调指标值的科学性和与世界卫生组织《饮用水水质准则》中规定的准则值的一致性。与 80/778/EC 相比,新增指标 19 项,删减 36 项,17 项指标的标准值发生变化。欧盟于 2015 年对 1998 年颁布实施的《饮用水水质指令》中附录Ⅱ和附录Ⅲ进行修订，要求2017年各成员国的法律、法规、行政规章必须符合指令要求。该指令主要有微生物指标、化学物质指标和指示指标三类，共48项。其中制定了单一农药和农药总量两项指标限值，分别为0.1 μg/L和0.5 μg/L。欧盟指令中指标的数量最少，但是其限值十分严格。各成员国家还可以针对各自的水质调查结果增加特征指标。欧盟的生活水质标准与美国的相比，主要差别在于项目分类、项目成分及指标量值，欧盟标准中的有机物数量相对较少[132]。

3.1.3 日本水质标准的发展历程

为控制水环境的不断恶化，日本以《水质污染防治法》为基础，制定了一系列水环境保护法规与标准。1971年首次发布了环境水质标准，水质标准分为保护人体健康和保护生存环境的标准。为达到第一个目标，日本对所有的公共水域设定全国统一的标准；对于第二个目标，将全国的河流、湖泊、水库和近海水域根据水域的用途进行分类，按照水域用途分类制定不同的标准。保护人体健康的水质标准共有26个项目，标准限值是基于通过饮水和食用鱼类、贝类对人体健康的潜在影响而制定的。此外，还规定了27种污染物作为水环境质量预警监测指标。预警监测指标是指可影响人体健康的物质，但根据对公共水域的监测结果，判断这些物质没有必要对其立即设定水环境质量标准。对于预警指标，需要中央和地方政府在考虑污染物的理化性质及使用情况的基础上开展系统有效的监测，以便掌握污染物在公共水域中的变化情况，采取适当的措施控制对水体可能造成的污染，积累监测数据作为国家数据库的一部分，并根据积累的数据情况调整应列入水环境质量标准中的污染物项目。为保护生存环境，日本将大于1 000万 m^3 的天然湖泊和水库，以及近岸海域根据水域用途进行分类，分别设定标准限值；为了防止富营养化，对湖泊和近岸海域设定氮、磷标准值。为了保护水生生物，对河流、湖泊设定了总锌标准限值均不得超过0.03 mg/L；近岸海域满足一般水生生物生存的水中总锌含量不得超过0.02 mg/L，特殊水生生物的不得超过0.01 mg/L。同时，针对不同水体和分类，分别设定了氯仿、苯酚和甲醛的水生生物生存预警监测值。

水环境质量标准项目的修订，由日本“中央环境审议会水环境部会”在不同时期，根据公共用水水域常规监测结果、化学风险物质检出情况及日本生产、输入、输出的化学产品产生污染物的情况，参照世界卫生组织饮用水指导方针的修订情况、国内外水质质量标准、日本国内饮用水水质质量标准，并参考学术研究成果和病理、病毒实验等的数据开展讨论，对环境质量标准进行修订，包括增减项目、修订标准限值和调整分析方法等。1971年水质环境标准设定以来，根据人们对环境的认识、对各种化学物质性质的了解及环境中化学物质的存在状态，水质标准已经修订了16次，其项目、分析方法等内容也有相应的增加和变更。1971年制定8个健康项目、5 个生活环境项目的环境质量标准;1975 年增加 PCB 项目;1993 年健康项目由 8 个增加至 23 个,生活环境项目增加了海域的氮和磷,同年,还增加了 25 个项目的"必要监视项目"类的监测;1999 年增加硝酸氮和亚硝酸氮、氟和硼;2003 年增加保护水生生物的质量标准项目;2009 年增加了健康项目中的二噁英项目。日本的地表水环境质量标准的变迁在时间序列的发展历程与日本的经济发展阶段、污染状况、分析技术的进步及污染防治理念的加深和扩展紧密相关,"必要监视项目"和"需要调查项目"体现了防患于未然的环保理念[133-137]。

3.2 国内水质标准的研究与发展

我国的水环境质量标准是根据不同水域及其使用功能分别制定不同的标准。在过去 40 年里,为了保护江河湖库等地面水域、地下水和海洋水环境免遭污染物危害,保护饮用水水源和水资源的合理开发利用,保护人体健康,维护水生生态系统的良性循环,我国相继建立了地表水环境质量标准、海水水质标准、渔业水质标准、农田灌溉水质标准、地下水质量标准等一系列水质标准以及饮用水标准,并进行过多次修订。虽然这些标准在我国的水环境管理工作中发挥了重要的作用,但面对当前阶段我国依然严峻的水环境形势、富营养化依然严重的湖泊,面对不断涌现的新型污染物、受损严重的水生态系统、饮用水安全等一系列问题,当前的水质标准还无法完全满足水环境管理的要求,迫切需要有科学依据的能够真正保护人类生存环境的水质标准研究成果。

1. 地表水环境质量标准

长期以来,地表水环境质量标准是我国环境质量标准体系的重要组成部分,是我国水环境管理的重要执行依据。1983 年,我国首次发布了第一个水环境质量标准《地表水环境质量标准》(GB 3838—1983),该标准按地表水适用类型将环境水质分为 3 级,共 20 项标准项目,基本为一些综合性指标,初步对地表水的水质进行量化。但随着经济技术和科学技术的不断发展,经过十年的实施,逐渐发现水质标准与区域水体功能联系不够紧密、级别偏少、不能适应多种功能类别的要求等问题。因此 1988 年首次修订了《地表水环境质量标准》,为我国实行水域水质分类管理、污染源区分排放去向分级控制创造了条件,成为划分水环境功能保护区、推行污染物排放总量控制的法律依据和技术依据。该标准将水质分级管理改为分类管理,把全国水域分为 5 类使用功能,不同功能水域执行不同的标准,具有季节性功能的水域可分季划分类别,实施"高功能水域高标准保护,低功能水域低标准保护"的战略思想,地表水环境质量标准依次分为 5 类,共 20 项标准,并首次规定了相应的测试标准,根据国际上 20 世纪 80 年代对非离子氨的水生生物基准的最新研究成果,制定了非离子氨的标准，规定了氨氮的检测值。另外规定了污染水体的危害程度根据水质本底特征、硬度修正方程、水域使用功能和特征水生生物进行综合分析，强调水质单因子评价，水质水期平均值单项超标即表明使用功能受到损害。其实施以来对我国水环境起到一定的保护作用。

鉴于1988年修订的标准中缺少对有机化学物质的控制标准，十年后再次对水质标准进行了修订，即《地表水环境质量标准》(GHZB 1—1999)。本次修订从保护饮用水水源地和渔业用水的角度出发，对地表水中主要有毒化学物质进行控制，设置了“地表水有机化学物质特定项目”。新标准与原标准相比，将标准项目划分为基本项目和特定项目。基本项目适用于全国江河、湖泊、运河、渠道、水库等具有使用功能的地表水水域，满足规定使用功能和生态环境质量的基本水质要求。特定项目适用于地表水水域特定污染物的控制，主要是湖泊富营养化控制。有机化学物质指标由各级人民政府环境保护行政主管部门根据本地环境问题确定，作为基本项目的补充指标。基本项目共计31项，增加了粪大肠杆菌群、氨氮和硫化物等指标，同时对水温、凯氏氮、总磷、高锰酸盐指数、化学需氧量5个项目的标准值进行了修订。苯并[a]芘和甲基汞指标变为特定项目，以控制地表水Ⅰ类、Ⅱ类、Ⅲ类水域有机化学物质为目的，选取特定项目共40项，以控制湖泊水库富营养化为目的，增加特定项目4项，总计44项。标准中有机物质特定项目的限值仅适用于Ⅰ、Ⅱ、Ⅲ类水域，对自然保护区、饮用水水源地等高功能水域，提出更可靠的保护要求，标志着当时我国的水污染控制重点逐步从防治黑臭转向对人体健康和水生生物的有效保护，同时此次修订促使水环境标准强调对有机化学物质的毒性毒理风险评价、生物监测、处理工艺和监测方法等技术的研究。此次标准的修订为我国加强湖库水体富营养化的控制提供了保障，为界河、界湖水质有机污染研究提供了有利的依据[138]。

2002年我国再次对《地表水环境质量标准》进行了修订，修订后的标准项目共109项，其中基本项目24项，集中式生活饮用水地表水源地补充项目5项，集中式生活饮用水地表水源地特定项目80项。由地表水环境质量标准基本项目、集中式生活饮用水地表水源地补充项目和集中式生活饮用水地表水源地特定项目组成。《地表水环境质量标准》基本项目适用于全国江河、湖泊、运河、渠道、水库等具有使用功能的地表水水域；集中式生活饮用水地表水源地补充项目和特定项目适用于集中式生活饮用水地表水源地一级保护区和二级保护区。集中式生活饮用水地表水源地特定项目由县级以上人民政府环境保护行政主管部门根据本地区地表水水质特点和环境管理的需要进行选择，集中式生活饮用水地表水源地补充项目和选择确定的特定项目作为基本项目的补充指标。在关于标准项目类型设置方面，2002年版本从健康风险防范的角度出发，强化对地表水饮用水水源地水质的保护，将“地表水有毒化学品控制特定项目”修订为“集中式生活饮用水地表水源地项目”。与修订前相比，在地表水环境质量标准基本项目中增加了总氮 1 项指标，删除了基本要求和亚硝酸盐、非离子氨及凯氏氮 3 项指标，将硫酸盐、氯化物、硝酸盐、铁、锰调整为集中式生活饮用水地表水源地补充项目，修订了 pH、溶解氧、氨氮、总磷、高锰酸盐指数、铅、粪大肠菌群 7 个项目的标准值，增加了集中式生活饮用水地表水源地特定项目 40 项(有机化学物质 30 项，无机物 12 项，消除了原标准的 2 个项目)，删除了湖泊水库特定项目标准值。新标准吸取了国外水质基准和标准的研究经验，符合中国自身的国情，使我国水质标准体系得到不断的完善；此外为新时期我国水环境质量的保护和管理提供了重要的依据和保障。

2. 饮用水水质标准

我国最早开始尝试饮用水相关的标准研究要追溯到 1927 年，当时上海制定了《上海市饮用水清洁标准》这一地方标准，成为我国的第一部饮用水水质标准，直至 1950 年，上海市人民政府颁布了《上海市自来水水质标准》。新中国成立后，卫生部拟订了自来水水质暂行标准草案，随后在北京、上海等 12 个大城市试行《自来水水质标准暂行标准》，共有 16 项指标，其中微生物指标 3 项，对细菌的规定以不发生病毒和传染病为主要目标。1956 年国家建设委员会和卫生部正式发布实施《饮用水水质标准》(草案)，这是新中国成立后第一部关于生活饮用水管理的技术标准。该标准的水质指标包括 4 个方面 15 个项目，物理指标为透明度、色度、嗅和味 3 项；细菌指标为细菌总数、总大肠菌群 2 项；化学指标为总硬度、pH、氟化物、酚、剩余氯 5 项；有害元素指标为砷、铅、铁、铜、锌 5 项。1959 年发布的《生活饮用水卫生规范》，是对《饮用水水质标准》和《集中式生活饮用水水源选择及水质评价暂行规则》进行的修订与合并，共 17 项指标。1976 年卫生部组织制定了我国第一个国家饮用水标准——《生活饮用水卫生标准》(TJ 20—76)，共有 23 项指标，比原来增加了 6 项，其中微生物学 3 项，感官性状及一般化学 12 项，毒理学 8 项。1985 年，卫生部将《生活饮用水卫生标准》(GB5749—85)指标修订增加至 35 项[139-141]。

2006 年卫生部颁布了《生活饮用水卫生标准》(GB 5749—2006)并沿用至今，该标准在规定我国饮用水水质要求的基础上，充分考虑了我国的实际，提出符合当前的经济和技术水平的卫生指标和要求，同时又力求尽可能瞄准国际先进水平。标准中水质卫生要求的指标数共有 106 项，其中微生物指标为 6 项(水质常规指标为 4 项，非常规指标为 2 项)，毒理指标为 74 项(水质常规指标为 15 项，非常规指标为 59 项；无机化合物指标为 21 项，有机化合物指标为 53 项)，感官性状和一般化学指标为 20 项(水质常规指标为 17 项，非常规指标为 3 项)，消毒剂指标为 4 项，放射性指标为 2 项。此外，标准还对水源水质、集中式供水单位、二次供水、涉及生活饮用水卫生安全产品提出了卫生要求，对水质监测及水质检验方法做出了规定。新标准中增加了指标数量，严格微生物、重金属、消毒副产物等要求；统筹考虑，统一城市、乡村的饮用水标准；水质指标分级，规定水质监测要求，在充分考虑我国国情的基础上，努力做到与国际接轨。由此可见，我国饮用水水质标准的更替速度快，项目逐渐增多、标准越来越严、要求越来越高，对人体健康越来越有利[142]。

3. 地下水质量标准

地下水是分布最为广泛的水资源之一，随着我国经济社会的发展，工业排污、生活垃圾渗漏、农用地施肥、过度开采等各种人类活动对地下水环境造成了污染。直到 20 世纪 90 年代我国开始意识到地下水污染防治的紧迫性，为了保护和合理开发地下水资源、防止和控制地下水污染，1993 年我国出台了《地下水质量标准》(GB/T 14848—93)，该标准规定了地下水的质量分类、地下水质量监测、评价方法和地下水质量保护，适用于一般地下水，不适用于地下热水、矿水、盐卤水。依据我国地下水水质现状、人体健康基准值及地下水质量保护目标，参照生活饮用水、工业、农业用水水质最高要求，该标准将地下水质量分为 5 类，Ⅰ类主要反映地下水化学组分的天然低背景含量；Ⅱ类主要反映地下水化学组分的天然背景含量；Ⅲ类以人体健康基准值为依据，主要适用于集中式生活饮用水水源及工、农业水；Ⅳ类以农业和工业用水要求为依据，除适用于农业和部分工业用水外，适当处理后可作生活饮用水；Ⅴ类不宜饮用，其他用水可根据使用目的选用。该标准涉及指标 39 项，包括感官指标、一般化学指标、卫生学指标和放射性指标等，并对各类水质中的水质指标进行了最大允许值的界定。

在地下水标准实施的二十多年来，随着我国地下水污染日益加剧和研究不断的深入，《地下水质量标准》(GB/T 14848—93)在使用过程中逐渐发现存在一些问题。有学者指出标准中有机污染物指标缺乏、部分指标值不合理、综合评价方法存在缺陷等问题[143]。我国调查研究发现地下水中也存在有机污染物的情况，在珠江三角洲[144, 145]、长江三角洲[146, 147]以及淮河流域[148, 149]等地区开展的地下水污染调查也显示，致癌、致畸、致突变等污染物在地下水中有不同程度的检出。因此修订地下水质量标准势在必行，应根据我国的实际水质现状，调整已有指标的相应限值，增加地下水中比较普遍检出的有机污染物指标，尤其是严重影响人体健康的致癌、致畸、致基因突变等有机物指标，并制定相应的指标限值，以基本反映我国地下水质量状况，科学评价地下水环境质量，满足我国地下水污染防治管理工作需要以及保障人体健康。基于前期的研究基础与相关学者的建议，2017 年国家修订了《地下水质量标准》(GB/T 14848—93)，参照《生活饮用水标准》将地下水质量指标划分为常规指标和非常规指标，结合我国实际将原标准的 39 项指标增加至 93 项，其中有机污染物指标增加了 47 项，所确定的分类限值充分考虑了人体健康基准和风险。修订后的标准可以作为我国地下水资源管理、开发利用和保护的依据。

4. 海水水质标准

依据联合国海洋环境保护科学问题联合专家组的定义，海水水质基准指的是根据海域用途、海洋生态系统、人类健康等要求，在一定时空范围内，各种海洋环境介质中客观上可被允许的污染物浓度或含量的科学指标体系；而海水质量标准则指在海水水质基准的基础上，综合考虑社会、经济、技术发展水平、环境保护需求和国家环境政策等因素，在一定时空范围内，海水中允许的污染物浓度或含量的法定指标体系[150-152]。相比美国等发达国家，我国近海海水水质基准及标准研究相对滞后，1982 年我国才颁布了第一个《海水水质标准》(GB 3097—1982)。该标准是为了贯彻《中华人民共和国环境保护法(试行)》中“防止和控制海水污染，保护海洋生物资源和其他海洋资源，维护海洋生态平衡，保护人体健康”的要求而制定的我国第一部海水水质标准。按照海水的用途，标准将海水水质分为三类：第一类适用于保护海洋生物资源和人类的安全利用，包括盐场、食品加工、海水淡化、渔业和海水养殖等用水，以及海上自然保护区；第二类适用于海水浴场及风景游览区；第三类适用于一般工业用水、港口水域和海洋开发作业区等。共有 25 项水质指标，其中考虑了底质对海水水质和植物生长的影响，适用于中华人民共和国管辖的一切海域的海水水质管理。其次还规定了工业废水、生活污染水和其他有害废弃物禁止直接排入规定的风景游览区、海水浴区、自然保护区和水产养殖场水域。在其他海域排放污染物时必须符合国家和地方规定的排放标准；沿海各省、自治区、直辖市环境保护机构，按照海洋环境保护的需要，规定保护的水域及其水质类型；在沿海和海上选择排污地点和确定排放条件时，应考虑所规定保护的海域位置的特点、地形、水文条件和盛行风向及其他自然条件等防护规定。

海水水质标准是社会经济与自然环境相互妥协的结果，需随着国家环境政策的变动和经济技术的发展而不断变化。1997 年我国对海水水质标准进行修订，颁布了《海水水质标准》(GB 3097—1997)且沿用至今，新标准在原标准基础上将海水水质调整为四类，第一类适用于海洋渔业水域、海上自然保护区和珍稀濒危海洋生物保护区；第二类适用于水产养殖区、海水浴场、人体直接接触海水的海上运动或娱乐区，以及与人类食用直接有关的工业用水区、第三类适用于一般工业用水区、滨海风景旅游区；第四类适用于海洋港口水域、海洋开发作业区。水质指标增加至 35 项，删除了底质、无机磷 2 项指标，增加了粪大肠菌群、生化需氧量、非离子氨、活性磷酸盐、六价铬、镍、苯并[a]芘、阴离子表面活性剂以及放射性核素(^{60}Co、^{90}Sr、^{106}Rn、^{134}Cs、^{137}Cs)9 项，并将指标油类改为石油类，有机氯农药改为六六六、滴滴涕、马拉硫磷、甲基对硫磷 4 项，并对水温、溶解氧、COD、重金属等 15 项指标做了修订。

3.3 中外水质标准比较与问题

近 30 年里我国先后建立并修订了一系列相关的水质标准，为我国水质评价与水环境管理提供了较为科学的依据。但与发达国家相比，我国水质标准尚处在不断探索与更新的阶段。现行标准主要是以水化学和物理指标为主，根据不同水域及其使用功能分别制定的[153]，与世界卫生组织水质准则和美国水质标准或基准限值不仅在指标项目方面有所区别，而且在指标限值方面也有差异。我国现行标准增加了较多国外基准表中没有给出推荐值的污染物项目，如优先控制污染物金属银，非优先控制污染物金属铝，有机农药类污染物包括对硫磷、马拉硫磷和内吸磷，以及消毒副产物氯化物等项目在美国国家饮用水水质标准、美国环境保护局保护人体健康水质基准和世界卫生组织水质准则中都没有给出推荐值。并且对于某些优先控制污染物，我国的水质标准值比世界卫生组织或美国环境保护局给出的标准或基准限值更为严格。如国际上十分关注的邻苯二甲酸二丁酯、邻苯二甲酸二乙酯、氰化物等优先控制污染物，我国邻苯二甲酸二丁酯和邻苯二甲酸二乙酯的标准限值分别为 0.003 和 0.3 mg/L，明显严于美国环境保护局的两类保护人体健康水质基准值(邻苯二甲酸二丁酯的消费水和生物限值为 2 mg/L，只消费生物的限值为 4.5 mg/L；邻苯二甲酸二乙酯的消费水和生物限值为 17 mg/L，只消费生物限值为 44 mg/L)。我国地表水中关于氰化物的标准限值为 0.2 mg/L，严于美国环境保护局推荐的保护人体健康的两类水质基准限值(即消费水和生物限值为 0.7 mg/L，只消费生物限值为 220 mg/L)。

相比国际三大水质标准，我国饮用水水质标准还存在诸多问题，如缺少对微生物人体健康风险的控制，同时感官指标中只有感官描述，缺少量化指标。美国《饮用水水质标准》中将饮用水水质标准分为一级规则和二级规则，一级规则为强制性标准，严格规定了最大污染物浓度或处理技术；二级规则为非强制性标准，对水中影响容貌、感官的污染物浓度做了控制，各州可有选择地采纳作为当地强制性标准。我国地域广阔，水源条件差异大，地区发展不平衡，但未考虑制定分级水质标准。在标准执行力度方面，我国直接涉及饮用水取水、制水、供水实施的全过程监管的主要是卫生部门，监管模式局限于卫生许可，实施过程中容易出现职能交叉、职责不清、执法力度不够等问题。而根据《中华人民共和国标准化法》(2017 年修订版)和《国家标准管理办法》规定，标准复审周期一般不超过 5 年，而新标准迄今为止已经 10 年没有复审和修订，所依据的国际标准大多已经进行修订和更新，新的净水技术也不断发展，部分水质标准内容已经不适应我国水质情况的变化，因此我国需要根据我国水质状况和地域发展情况，对照国际标准完善水质指标内容，加强标准的执行和监督，提高我国饮用水水质，改善居民饮水质量[154-157]。

将我国《海水水质标准》(GB3097—1997)与美国《国家推荐的水质基准》(2009版)对比发现，汞、镉、六价铬、砷、锌、硒、镍等元素在我国一类海水水质标准中的限值均低于美国的基准连续浓度；滴滴涕、六六六、马拉硫磷等有机物一类标准限值均高于美国的基准连续浓度；四类海水水质标准限值与美国基准最大浓度相比，二者之间的差异更大。因此我国现行海水水质标准还存在一些问题，一是我国现行的海水水质标准依据的是日本、苏联及欧洲等国的水质标准和美国的水生态基准数据，基本上没有我国的水生态毒理学数据，且不同的生态区域有不同的生物区系，对某个生物区系无害的毒物浓度，也许会对其他区系的生物产生不可逆转的毒性效应。因此无论是从地理位置，还是从鱼类水系来说，仅参考美国等国的水质基准数据来确定我国的水质标准，只能是权宜之计，缺乏充分的科学依据，幸运的是我国已有团队在开展针对本地物种的水质基准推荐值筛选工作。二是海水水质标准涵盖要素少，修订不及时。苏联海水标准涵盖了500多种化学物质和环境因子，美国的水质基准共包括167种污染物，均远多于我国海水水质标准所规定的35种污染物。并且由于陆源排放压力的增大，工业和生活污水携带大量的有毒有害物质入海，造成近岸海域水质恶化，严重影响了邻近海洋功能区的功能。但对于大多数的有毒有害物质，我国现行的海水水质标准存在诸多遗漏的情况，相比美国对水质基准进行多次修订和完善，我国在标准的修订与更新上不及时，不能反映海洋环境保护研究的最新成果，仍有大量亟待开展的工作。

综上分析，我国现行的水质标准在水环境管理中发挥了重要的作用，采取的高功能水质标准严于低功能水质标准的原则，有利于操作和管理。但与国外的研究相比还存在一些问题，缺乏相应的营养物、沉积物以及水生生物等标准内容，不能综合反映水体的生态状况及表征水生态系统对于水质变化的响应关系，难以满足水生态系统保护的容量控制策略的需求。在使用范围上，地表水中含有生活饮用水、一般工业用水、农业用水、景观娱乐用水等水质标准，海水中含有一般工业用水、渔业水域、景观娱乐用水等水质标准，地下水中含有生活饮用水源、农业及部分工业用水等水质标准，渔业水中含有海水、淡水等。水体使用功能的互相交叉与重复较为严重，水质标准之间难以有效衔接[158, 159]。水质标准是水资源可持续利用的基础，水质标准制定的优劣对保护和改善我国水环境质量起着重要的作用。通过中外水质标准的对比分析，并根据我国水质标准研究的现状，为更好地构建水质标准体系，应重点开展三个方面工作：一是应该尽快出台相应的水质基准，建立适宜保护我国水生态系统和人体健康的水质基准体系。现阶段我国水质标准的建立主要是参照国外发达国家和世界卫生组织的先进经验和技术，根据我国水生生物区系的特点和污染控制的需求，开展多学科交叉的环境污染生态学研究，但由于水生生物区系具有地域性，代表性物种也不同，仅参考美国等其他国家的水质基准数据来制定我国的水质标准，会降低我国水质标准的科学性。因此应该在立足于我国地域特点和污染特征的基础上，借鉴发达国家水质基准限值制定的理论、技术和方法，提出适合我国国情的水质基准体系，从而为我国水质标准体系的建立提供依据。二是定期修订水质标准。自 1973 年全国第一次环境保护会议发布第一个环境保护法规标准以来，我国相继制定和颁布了一系列的水质标准，有的标准经过多次修订和增改，有的则长时间未修订。现行的《生活饮用水卫生标准》发布于 2006 年，至今已有 10 多年未修订，因水质情况的变化，标准中制定的指标限值可能不再适应现有水质状况，从而降低了标准的科学性和实用性。因此我国需要强调水质标准的法规性和严肃性，定期审批水质标准的有效期，确保水质标准的连续性和有效性。三是统筹水质标准制定与发布机构。我国制定水质标准的单位和部门较多，包括环保、住建、卫生、质监等各个部门和相关行业，导致政出多门，出发点和目标不一致，互相衔接不够，对水环境质量保护缺乏集中性和统一性，应该及时调整水质标准的制定方针，增强环境标准执行效率。

4 太湖流域生态环境特征

4.1 太湖流域概况

4.1.1 自然地理特征

1. 地理位置

太湖流域地处长江三角洲南翼，北临长江、南依杭州湾、东濒东海、西接太铃木善宜溧山地，行政区地跨江苏、浙江、安徽和上海三省一市，总面积 3.69 万 km^2，是我国大中城市最密集、经济最具活力的地区。太湖流域以平原为主，占总面积的 4/6，水面占 1/6，其余为丘陵和山地；三面临江滨海，西部自北而南分别以茅山山脉、界岭和天目山与秦淮河、水阳江、钱塘江流域为界。地形特点为周边高、中间低。中间为平原、洼地，包括太湖及湖东中小湖群、湖西洮滆湖及南部杭嘉湖平原，西部为天目山、茅山及山麓丘陵。北、东、南三边受长江口及杭州湾泥沙淤积的影响，形成沿江及沿海高地，整个地形成碟状。流域面积为全国 960 万 km^2 的 0.38%①。太湖流域是中国经济发达、产业密集的地区之一，是长江三角洲经济发展的中流砥柱，它独特的地貌、气候、土壤、植被覆盖和土地资源等自然背景条件，人口与城市化、经济状况和污染物排放等社会经济状况，以及土地利用特征和水文水资源状况等对流域生态系统的形成、结构、格局、过程和功能等具有十分显著的影响。

2. 地形地貌

太湖流域地处长江三角洲核心部位，地势西南高、东北低，四周略高、中间略低，形似碟子。其中山区丘陵占 16%，河湖水面占 16%，平原占 68%。太湖不仅位于全流域的中心，而且是全流域的水利中枢。太湖西南部上游来水，主要有来自浙江天目山脉的东、西苕溪和来自苏皖界山和茅山山脉的荆溪。流域内水网密布，湖荡众多，这些湖荡具有调蓄纳洪、提供水源、繁衍水产、沟通航运、改善生态环境等多种功能，丰富的湖泊资源成为流域经济社会发展的基础条件。随着流域内人口的快速增长和

① 全书数据因四舍五入的原因，存在微小偏差。

经济社会的高速发展，对湖泊水资源的需求和利用迅速增加，水资源与水环境问题日益突出。自20世纪70年代以来，太湖流域湖泊水域的变迁与湖泊水域的萎缩，不仅影响湖泊资源的合理开发和利用，而且破坏湖区的生态环境和影响经济社会的可持续发展。我国众多的淡水湖泊正面临着类似的问题，受到人们的广泛关注。

有研究表明，自20世纪70年代以来太湖流域主要湖泊的水域面积一直处于萎缩状态。1971—2002年期间，水域面积总计减少184.36 km^2，且不同时期的水域面积减小的幅度表现出很大差异。1971—1988年期间，近20年间水域面积减少了155.69 km^2；自20世纪80年代末至2002年的10余年间湖泊水域面积减少了28.67 km^2。其中太湖、滆湖、洮湖3个湖泊的水域减少面积远高于下游的其他湖泊的水域减少面积，这与该区域湖泊的围垦利用强度是一致的。

表4.1-1　太湖流域主要湖泊3个时期的水域面积

湖泊名称	1971年	1988年	2002年
	水域面积(km^2)	水域面积(km^2)	水域面积(km^2)
太湖	2 425.32	2 338.17	2 313.95
滆湖	194.93	142.52	141.91
阳澄湖	122.64	119.23	116.46
淀山湖	63.56	61.91	61.43
洮湖	87.76	81.57	81.21
澄湖	45.73	40.85	40.62

由于内外营力（如泥沙淤积、围湖垦殖、沿湖岸带鱼塘建设、水利工程设施等）的相互作用、相互制约，尤其是近三十年来强烈的人类活动的作用，致使太湖流域的水域面积日益减少。湖泊围垦直接导致了湖泊水域迅速地减少，成为本区湖泊水域自1970年代以来持续减少的主要原因。湖泊的沼泽化与泥沙淤积是一个自然的、极其缓慢的过程，人类经济活动包括围湖垦殖、沿湖岸鱼塘建设占用水面等极大地加速了这一进程。

3. 气象气候

太湖流域位于中纬度地区，属湿润的北亚热带气候区。气候具有明显的季风特征，四季分明。冬季有冷空气入侵，多偏北风，寒冷干燥；春夏之交，暖湿气流北上，冷暖气流遭遇形成持续阴雨，称为“梅雨”，易引起洪涝灾害；盛夏受副热带高压控制，天气晴热，此时常受热带风暴和台风影响，形成暴雨狂风的灾害天气。流域年平均气温15～17℃，自北向南递增。多年平均降雨量为1 181 mm，其中60%的降雨集中在5—9月。降雨年内年际变化较大，最大与最小年降水量的比值为2.4倍；而年径流量年际变化更大，最大与最小年径流量的比值为15.7倍。

4. 土壤植被

由于气候地带性变化的影响，太湖流域丘陵山区的地带性土壤相应为分布在北部的亚热带黄棕壤与分布在南部的中亚热带红壤。成土过程的特点是强烈的黏化与轻微的富铝化。红壤的面积占土壤资源面积的 11.3%，因处于其分布的北边，故并不十分典型，同时由于木质和风化壳类型的影响，这两类土壤在某些山麓可交错分布，在红色风化壳出露的地段发育为红壤，而下蜀黄土覆盖地段则为黄棕壤，黄棕壤占 7.4%。非地带性土壤有三类，其中滨海平原土分布于杭州湾北岸与上海东部平原，冲积平原草甸土分布于沿江广大的冲积平原；沼泽土分布于太湖平原湖群的沿湖低地。耕作土壤主要为水稻土。

太湖流域的自然植被主要分布于丘陵、山地。由于太湖流域从北向南气温、降水量递增，植被的种类组成和类型逐渐复杂。丘陵山地的现存自然植被，从北向南植被组成与类型渐趋复杂，常绿树种逐渐增多。北部为北亚热带地带性植被落叶与常绿阔叶混交林，宜溧山区与天目山区均有中亚热带常绿阔叶林分布，但宜溧山区的常绿阔叶林含有不少落叶树种，不同于典型的常绿阔叶林。由于垂直分布和自然植被的高度次生性，常见落叶阔叶林和落叶、常绿阔叶混交林的跨带分布现象。

4.1.2 水环境特征

1. 水资源总量

太湖流域也是我国著名的平原河网地区，河网如织、湖泊星罗棋布，流域文明因水孕育、受水滋养、与水共存。从自然资源禀赋条件看，流域多年平均年降雨量 1 181 mm，多年平均本地水资源量为 176 亿 m^3，其中地表水资源量为 160.1 亿 m^3。人均、亩* 均本地水资源占有量仅为全国平均的 1/5 和 1/2，流域本地水资源十分紧缺，人多水少是流域人水关系的基本特征。近年流域总用水量在 350 亿 m^3 左右，远大于流域本地水资源量，用水不足主要依靠从长江直接取水、引长江水和上下游重复利用来弥补。

太湖流域降水量在地区、年际、年内变化大，50%的降水量集中在汛期，流域降雨主要为梅雨(5—7 月)和台风雨(8—10 月)。梅雨和台风雨是流域水资源的主要来源，也是造成流域内洪涝灾害的主要原因。流域年径流深等值线变幅为 300～1 000 mm，属全国水资源分布带中的多水带，地表水资源主要呈现汛期径流集中、四季分配不均和最大与最小径流相差悬殊等特点。流域地形周高中低成碟形，河道比降平缓，流速约 0.2～0.3 m/s，泄水能力差，每遇暴雨，河湖水位暴涨，加上河

* 1 亩=667 m^2

网尾闾泄水闸受潮位顶托，泄水不畅，高水位持续时间长，极易形成洪水壅阻，酿成洪涝灾害。另外，平原内由于地势平坦，河道比降小，水流流向不定，往往一处暴雨，通过河网扩散，影响邻区。太湖流域北濒长江，南临钱塘江，过境水资源量丰沛。长江干流多年平均下泄水量多达 9 051 亿 m^3，钱塘江达 350 亿 m^3。流域多年平均从长江引水 45 亿 m^3 左右。2000 年从长江引水约 78 亿 m^3，从钱塘江引水约 10 亿 m^3。

2. 水环境质量

太湖流域经济社会发达，但河湖污染形势仍不容乐观。2012 年，太湖湖体总体水质处于Ⅳ类（不计总氮），总氮年均浓度仍劣于Ⅴ类标准限值，处于轻度富营养状态；15 条主要入湖河流中，有 4 条河流水质优于或达到Ⅲ类，11 条河流水质处于Ⅳ类和Ⅴ类；列入政府目标考核的太湖流域 65 个重点断面达标率仅为 44.6%。通过卫星遥感监测发现蓝藻水华现象 85 次，平均发生面积约为 75.9 km^2，多以小规模、局部水域聚集为主，蓝藻仍多发于西部沿岸区，过藻区域具有明显的“西部沿岸-竺山湖、梅梁湖-湖心区，西部多发”的特征。受河湖污染、居民生活等因素影响，城市河道水质达标情况不容乐观，部分水源地供水安全受到威胁。

4.1.3 社会经济特征和土地利用现状

1. 经济总量变化情况

太湖流域是我国经济发展最快的地区之一，2002 年以来经济呈现快速增长的趋势。以江苏为例，2002 年江苏省太湖流域 GDP 总值为 5 082.76 亿元，占全省的 47.92%，到 2012 年 GDP 总值增长到 26 914.74 亿元。江苏太湖流域与江苏省全省 GDP 变化趋势如图 4.1-1 所示。江苏太湖流域地区以苏州、无锡 GDP 总量最高，2002 年，各地区人均 GDP 中镇江、无锡、常州和苏州均高出江苏省人均 GDP 值，其中无锡人均 GDP 高出江苏省人均 GDP 的 151.59%。到 2012 年，苏州发展迅猛，为江苏太湖流域地区中 GDP 产值最高的地区，人均 GDP 方面，全江苏太湖流域人均 GDP 均高于江苏省人均 GDP 值（68 347.00 元），其中无锡、苏州人均 GDP 产值最高，分别为 117 357.00 元和 114 029.00 元。

2. 人口变化情况

太湖流域人口密集，常住人口总量规模日益扩大，外地人口不断流入。以江苏为例，2002 年江苏太湖流域常住人口为 1 715.74 万人，到 2012 年增长为 1 839.19 万常住人口。2002—2012 年江苏太湖流域人口变化情况见图 4.1-2。在江苏太湖流域中，苏州的常住人口数量最多，无锡次之。2003—2008 年，苏州的常住人口增长率水平相对江苏太湖流域其他地区来说保持在较高的水平。2008 年后有所下降，但一直处于领先水平。近几年江苏太湖流域常住人口增长率总体趋于 1.00%左右。

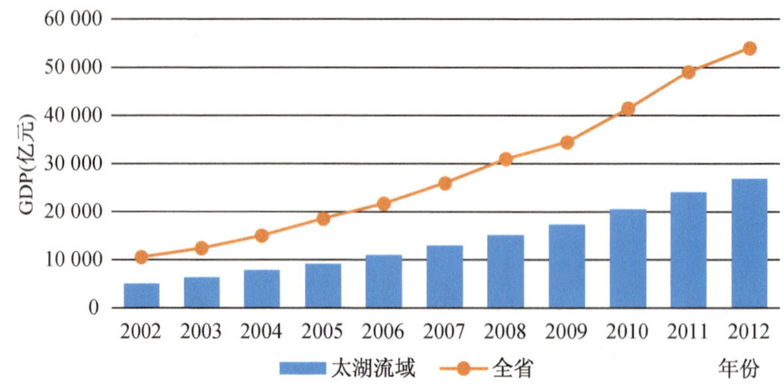

图 4.1-1　江苏太湖流域与江苏省 GDP 变化趋势

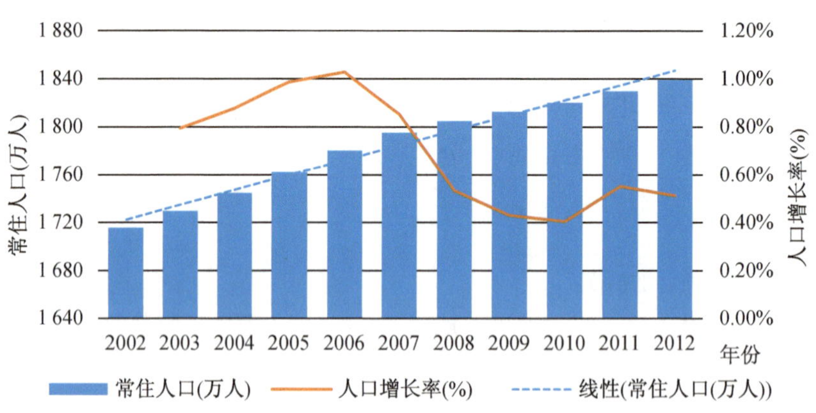

图 4.1-2　江苏太湖流域常住人口变化趋势

3. 产业结构变化情况

2002 年江苏太湖流域一、二、三产业的产业结构为 4.93∶56.50∶38.57，处于"二三一"的发展状态。2012 年产业结构为 2.35∶53.69∶43.96，第一、二产业有所下降，三产比例逐年增加。总体来说，2002 年江苏太湖流域第一产业比重 4.93%，其后 10 年间处于逐年降低的趋势，仅在 2009 年有小幅回升后持续下降到 2011 年的 2.35%，并保持到 2012 年。第二产业比重呈现先增后减的趋势，2012 年第二产业比重占 53.69%。江苏太湖流域第三产业与第二产业情况相反，2005 年后第三产业比重逐年递增，2012 年占 GDP 总量的 43.96%。详见图 4.1-3。

4. 土地利用现状

遥感影像是当前土地覆被信息获取的主要和可靠的来源。采用 2000 年 SPOT10 m 全色和 20 m 多光谱遥感影像数据、2010 年的分辨率为 2.5 m 的 ALOS 影像数据以及地形图数据获取了研究区内 2000 年和 2010 年的土地覆被信息。利

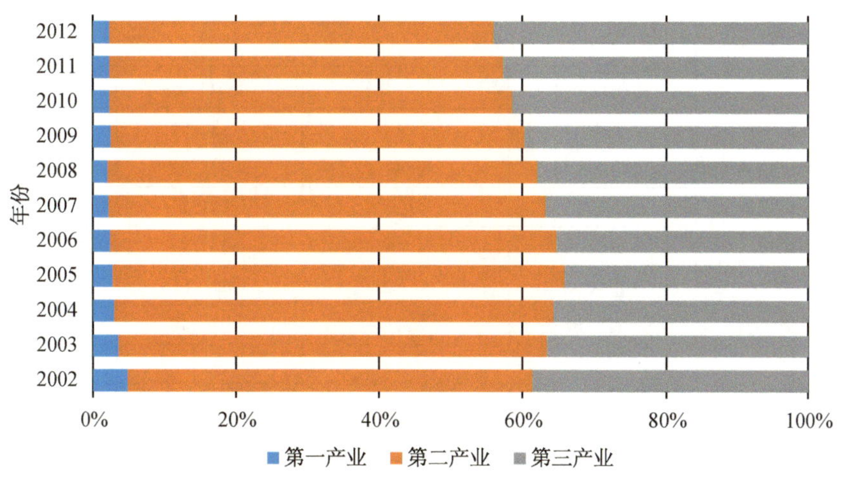

图 4.1-3　江苏太湖流域产业结构变化趋势

用两期 SPOT5 影像数据，应用监督分类和目视解译相结合的方法，对太湖流域土地利用类型进行解译，精确调查土地利用格局。对遥感影像进行几何校正（误差<0.5 个像元）、大气校正和地形校正等预处理后，根据地表覆盖分布的空间特征和光谱特征，建立解译标志，进行图像处理，同时辅以现场调查数据，对遥感影像数据进行解译，提取各时期的土地利用图（包括农田、城镇、水域、林地、其他用地等），得到各个水生态功能分区内土地利用结构与空间布局。

根据 2000 年和 2010 年的遥感影像数据解译结果，2000 年太湖流域（江苏）的优势地类为耕地和水域，二者占研究区面积的 74.83%，其中耕地占 49.01%，是研究区内最主要的土地利用类型。到了 2010 年，尽管不同的土地利用类型之间发生了较频繁的转移，但耕地和水域占优势的格局并未发生太大的变化。10 年间，增加的主要地类有城镇建设用地、工矿仓储用地以及交通用地，减少的主要地类为耕地（主要是水田）、林地以及湖泊湿地。所有地类中，增幅最大的是工矿仓储用地，减幅最大的是水田。总体来看，2000—2010 年，研究区内的土地利用强度加大，土地利用度从 2.82 增至 2.92，期间综合土地利用动态度为 2.78。但研究区内各主要地类的变化过程和速率有所不同，详见表 4.1-2。

表 4.1-2　土地利用类型面积及比例

地类	2000 年		2010 年	
	面积（km^2）	比例（%）	面积（km^2）	比例（%）
旱地	1 996.41	9.50	2 095.85	9.98
水田	8 299.09	39.51	5 843.15	27.81

续 表

地类	2000 年		2010 年	
	面积(km^2)	比例(%)	面积(km^2)	比例(%)
城镇建设用地	1 147.11	5.46	1 434.68	6.83
农村建设用地	1 767.16	8.41	1 536.97	7.32
工矿仓储用地	245.21	1.17	1 844.35	8.78
交通用地	307.05	1.46	920.13	4.38
林地	1 647.58	7.84	1 512.57	7.20
草地	22.87	0.11	26.46	0.13
园地	114.93	0.55	140.28	0.67
人工湿地	1 690.92	8.05	1 687.08	8.03
河流湿地	602.12	2.87	854.09	4.07
湖泊湿地	3 129.64	14.90	3 036.47	14.45
其他土地	36.51	0.17	74.52	0.35
总面积	21 006.60	100.00	21 006.60	100.00

4.2 太湖流域水环境特征

4.2.1 太湖流域水质常规指标历史情况分析

1. 湖体水质变化

2001—2010 年，太湖湖体水质受氮磷有机污染影响波动变化，其中“十五”期间水质有所恶化，2007 年以来水质有所改善。2001—2007 年，湖体总氮、总磷浓度呈先下降、后反弹的变化趋势，尤其是总氮，平均浓度一度出现飙升，同期综合营养状态指数在中度富营养状态下仍呈上升趋势。2007—2010 年，湖体水质稳步改善，各项水质指标浓度逐年下降，总磷稳定在Ⅳ类，高锰酸盐指数稳定在Ⅲ类并接近Ⅱ类，但总氮仍劣于Ⅴ类，综合营养状态由中度富营养好转为轻度富营养，详见图 4.2-1，图 4.2-2。

从近十年来的监测结果看，太湖水质污染呈现出以下几个方面的特征：一是局部污染带动整体污染，主要污染区域位于太湖西部和北部，随着水体的流动，污染向湖心区等其他区域扩散；二是主要污染因子以引起湖体富营养化的氮、磷、高锰酸盐等有机污染为主，重金属达标情况良好，在污染最严重时期，太湖粪大肠菌群及挥发酚也有超过Ⅲ类的现象，说明人类活动对太湖水质的影响明显；三是主要污染指标呈现相同的变化趋势，其中氮变化幅度最大，其次为磷和高锰酸盐指数；四是在相对封闭的水体中通过水利调度能在短时期内改善氮、磷等指标浓度，但需要从源头上加强治理，控制污染物总量。

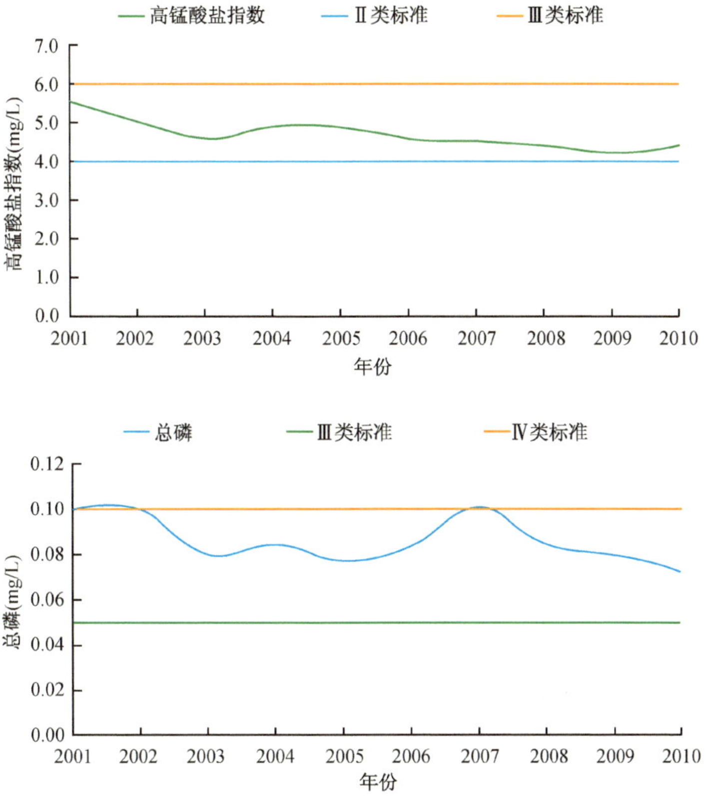

图 4.2-1　分别为 2001—2010 年太湖湖体高锰酸盐指数浓度和总磷浓度变化趋势

从湖体主要污染物浓度变化分析，一是总氮和氨氮呈明显季节性变化规律，一般枯水期和平水期浓度较高、丰水期浓度较低，大约在 3—4 月份达到全年最大值，随后总氮和氨氮浓度逐渐下降，在 8—10 月份达到全年最低值，随后进入平水期，浓度又有所上升。二是总磷和高锰酸盐指数没有明显季节性变化规律，其浓度波动呈一定正弦曲线变化趋势，近 5 年来，总磷大体在 0.06～0.12 mg/L 之间波动，平均值为 0.09 mg/L；高锰酸盐指数大体在 3～6 mg/L 之间波动，平均值为 4.6 mg/L。

2. 主要入湖河流水质变化

入湖河流汇入大量污染物是导致太湖水质污染的主要因素。我省太湖流域共设 15 个主要入湖河流控制断面。2001—2010 年，西部沿岸区主要入湖河流总体水质呈先恶化后好转的态势，2007 年后水质有所好转。“十一五”期间国家、省、市各级对太湖水质极为重视，为了改善入湖河流水质，入湖河流集中的宜兴市一方面加快产业结构调整的步伐，关闭了大批重污染企业，特别是制陶企业；另一方面大力开展太湖入湖河流治理工程，编制实施 15 条主要入湖河流整治规划，综合治理入湖河流，使太湖入湖河流水质恶化状况得到了控制，并略有好转。从水质指标看，不同

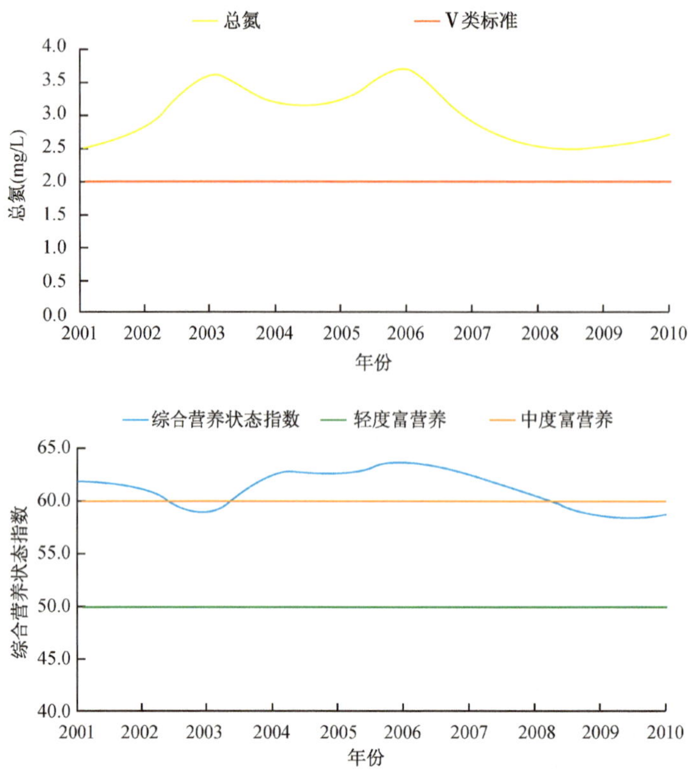

图 4.2-2　2001—2010 年太湖湖体总氮浓度和综合营养状态指数变化趋势

指标表现出来的变化也略有不同，以下以高锰酸盐指数、氨氮和总磷为例进行阐述。

高锰酸盐指数浓度从“十五”初期的 5.5 mg/L 左右上升到 2006 年的 6.5 mg/L，达到Ⅳ类；2007 年后浓度下降到 5.5 mg/L 左右，好转为Ⅲ类。作为入湖河流最主要的污染因子，氨氮指标在 2001—2006 年浓度波动上升，到 2006 年达 2.5 mg/L，劣于Ⅴ类；2007 年后，氨氮浓度逐年下降，已能稳定在Ⅳ类水平。总磷指标的变化与氨氮相似，同样呈恶化—好转的态势，只是变化情形较为缓慢。总磷浓度在 2001—2006 年逐年上升，但在 2006 年前仍能保持在Ⅲ类水平，2007 年达到历史最高点，之后浓度开始下降，2009 年重新回落至Ⅲ类。

3. “十二五”太湖流域 65 个考核断面达标情况分析

近年来，江苏开展了大规模的太湖流域水环境监控预警系统建设，目前省级投资规划新建和改造的水质自动监测站中，有 65 个重点断面监测数据已应用到太湖流域水质年度考核，这些断面基本覆盖我省太湖流域各重点水体。自动站点水质考核评价指标为高锰酸盐指数、氨氮和总磷 3 项。

(1) 水质状况

2012 年 1—11 月，太湖流域 65 个考核断面总体处于轻度污染。水质处于Ⅱ类的断面9个，占13.8%；Ⅲ类的断面15个，占23.1%；Ⅳ类断面25个，占38.5%；Ⅴ类断面12个，占18.5%，劣于Ⅴ类的断面4个，占6.1%。65个考核断面的水质类别比例如图4.2-3所示。主要污染物为氨氮，各断面氨氮年均浓度范围在0.17～4.79 mg/L之间。

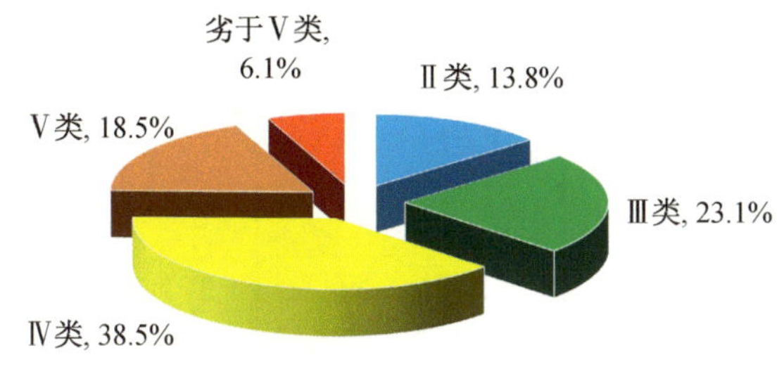

图4.2-3　2012年太湖流域65个考核断面水质类别比例

(2)“十二五”考核目标达标情况

从2011年1—12月、2012年1—11月数据分析，考核断面年均水质达标率均能达到国家太湖治理2012年近期目标要求(达标率不低于40%)。

2012年1—11月，考核断面平均水质达标率为41.5%，氨氮、总磷、高锰酸盐指数达标率分别为47.7%、75.4%和87.7%，氨氮为影响自动站水质的主要污染物。从月度达标情况来看，考核断面达标率低于40%的月份主要集中在上半年的枯水期(1—3月)和平水期(4—6月)。

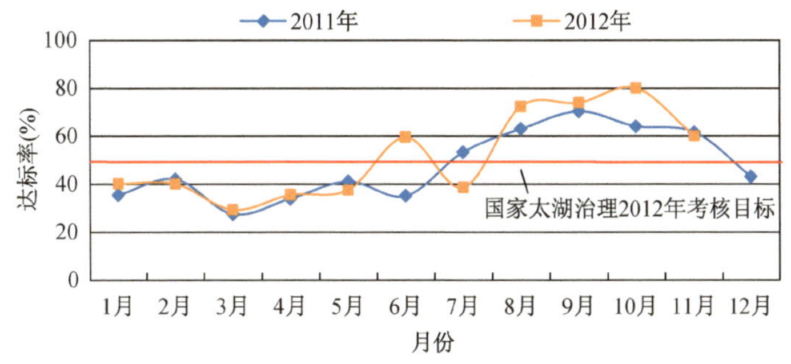

图4.2-4　太湖流域65个考核断面月度达标率

4. 氨氮基准值分析

(1) 氨氮浓度分布情况

四分位数分析表明，2011年1—12月及2012年1—11月，氨氮浓度“最小值～25%分位数”及“25%分位数～中位数”这两个区间数据较为集中，跨度在0.5 mg/L左右；“中位数～75%分位数”区间数据跨度在0.8 mg/L左右；“75%分位数～最大值”区间数据较为分散，跨度达5.3 mg/L左右。2011年，太湖流域65个重点断面氨氮月均浓度值范围为0.01～7.14 mg/L，均值为1.32 mg/L，中位数值为

1.06 mg/L，说明近半数的氨氮浓度测值能达到Ⅲ类水质标准。75%分位数值为1.83 mg/L。2012 年 1—11 月，65 个重点断面氨氮浓度值范围为 0.05～7.05 mg/L，均值为 1.16 mg/L，中位数值为 0.87 mg/L，75%分位数值为 1.66 mg/L。可以看出，2012 年氨氮四分位数及均值均明显低于 2011 年，表明流域地表水中氨氮浓度有所好转，如图 4.2-5、表 4.2-1 所示。

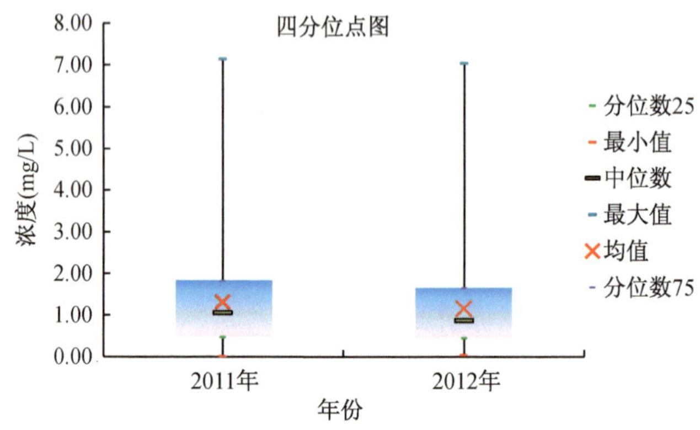

图 4.2-5　2011 年及 2012 年 65 个重点断面氨氮浓度四分位点图

表 4.2-1　2011 年及 2012 年 65 个重点断面氨氮浓度四分位及均值　单位：mg/L

时间	最小值	分位数 25	中位数	均值	分位数 75	最大值
2011 年 1—12 月	0.01	0.47	1.06	1.32	1.83	7.14
2012 年 1—11 月	0.05	0.45	0.87	1.16	1.66	7.05

从 2011 年 1—12 月及 2012 年 1—11 月的月度变化来看，每年的 1—6 月氨氮浓度监测数据分布较为分散，尤其是"75%分位数～最大值"这个区间，跨度在 4.0 mg/L左右；7—9 月数据则较为集中，"75%分位数～最大值"区间跨度在 1.5 mg/L 左右，远低于 1—6 月的 4.0 mg/L。具体数据如图 4.2-6、图 4.2-7、表 4.2-2 所示。

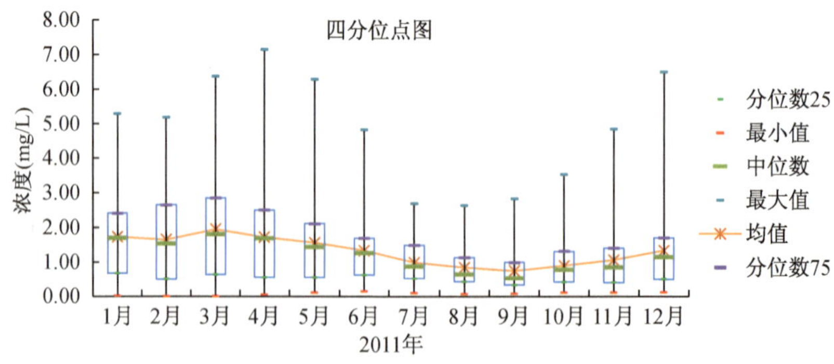

图 4.2-6　2011 年太湖流域 65 个考核断面各月份氨氮浓度四分位点图

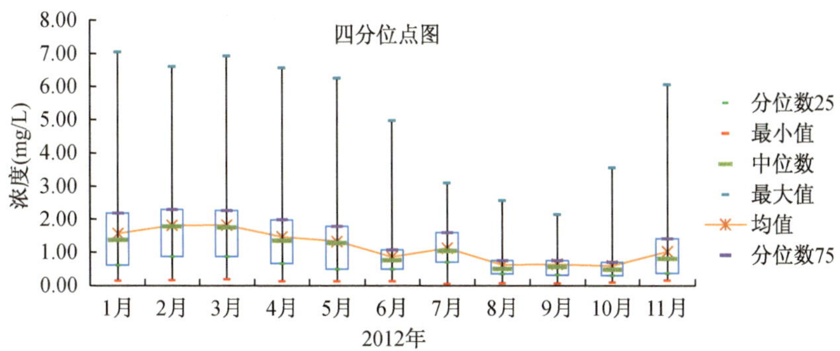

图 4.2-7　2012 年太湖流域 65 个考核断面各月份氨氮浓度四分位点图

表 4.2-2　2011 年及 2012 年 65 个重点断面各月份氨氮浓度四分位及均值　　单位:mg/L

年	类别	1 月	2 月	3 月	4 月	5 月	6 月	7 月	8 月	9 月	10 月	11 月	12 月
2011	最小值	0.01	0.00	0.00	0.05	0.11	0.15	0.10	0.07	0.08	0.11	0.11	0.12
	分位数 25	0.68	0.50	0.64	0.55	0.55	0.63	0.52	0.43	0.33	0.42	0.40	0.51
	中位数	1.70	1.54	1.80	1.69	1.44	1.26	0.87	0.64	0.53	0.78	0.85	1.15
	均值	1.73	1.65	1.95	1.72	1.56	1.34	0.99	0.85	0.75	0.90	1.06	1.34
	分位数 75	2.41	2.65	2.85	2.50	2.11	1.69	1.49	1.13	0.99	1.31	1.40	1.70
	最大值	5.30	5.19	6.38	7.14	6.29	4.84	2.69	2.64	2.83	3.53	4.85	6.50
2012	最小值	0.14	0.16	0.19	0.13	0.13	0.13	0.05	0.07	0.06	0.09	0.15	—
	分位数 25	0.61	0.87	0.87	0.66	0.49	0.49	0.70	0.35	0.32	0.30	0.37	—
	中位数	1.37	1.77	1.74	1.34	1.28	0.75	1.03	0.50	0.55	0.48	0.81	—
	均值	1.56	1.81	1.82	1.46	1.33	0.86	1.12	0.62	0.64	0.59	1.02	—
	分位数 75	2.19	2.30	2.27	1.97	1.78	1.07	1.59	0.75	0.75	0.70	1.41	—
	最大值	7.05	6.61	6.93	6.57	6.25	4.97	3.09	2.56	2.13	3.55	6.06	—

(2) 太湖流域氨氮水质基准推算

依据中国环境科学研究院闫振广博士提供的我国氨氮水质基准计算方法，采用太湖流域 65 个重点断面 2011 年 1—12 月及 2012 年 1—11 月数据，推算太湖流域氨氮基准最大浓度(Criterion maximum concentration，*CMC*)和基准连续浓度(Criterion continuous concentration，*CCC*)的范围分布。

根据氨氮基准方法学，我国氨氮 *CMC* 基准公式为：

$$CMC=\left(\frac{0.0314}{1+10^{7.204-\mathrm{pH}}}+\frac{4.47}{1+10^{\mathrm{pH}-7.204}}\right)\times \mathrm{Min}(10.40,\ 6.018\times 10^{0.036\times(25-T)}) \quad (4.1)$$

氨氮 *CCC* 基准公式为：

$$CCC=\left(\frac{0.0339}{1+10^{7.688-\mathrm{pH}}}+\frac{1.46}{1+10^{\mathrm{pH}-7.688}}\right)\times \mathrm{Min}(2.852,\ 0.914\times 10^{0.028\times[25-\mathrm{Max}(T,7)]}) \tag{4.2}$$

采用 2011 年 1—12 月及 2012 年 1—11 月共计 1 414 个月均数据统计，太湖流域水温范围为 2～35 ℃，pH 范围为 6.3～9.0，根据函数公式(4.1)和公式(4.2)计算，得到太湖流域氨氮水质基准值 *CMC* 的范围为 0.52～40.48 mg/L，*CCC* 的范围为 0.08～3.97 mg/L。

从太湖流域氨氮水质基准值 *CMC*、*CCC* 三维散点图(图 4.2-8—图 4.2-13)可以看出，*CMC*、*CCC* 基准公式在图形分布上实际是三维曲面，其中 *CMC* 曲面在 *CCC* 曲面的上方。从 2011 年数据来看，氨氮实测值≤*CCC* 的占 51.5%，*CCC*<氨氮实测值≤*CMC* 的占 46.8%，氨氮实测值>*CMC* 的占 1.7%。2012 年 1—11 月，氨氮实测值≤*CCC* 的占 53.0%，*CCC*<氨氮实测值≤*CMC* 的占 45.9%，氨氮实测值>*CMC* 的占 1.1%。表明 50%的氨氮浓度数据低于 *CCC*，理论上能稳定满足水质要求。

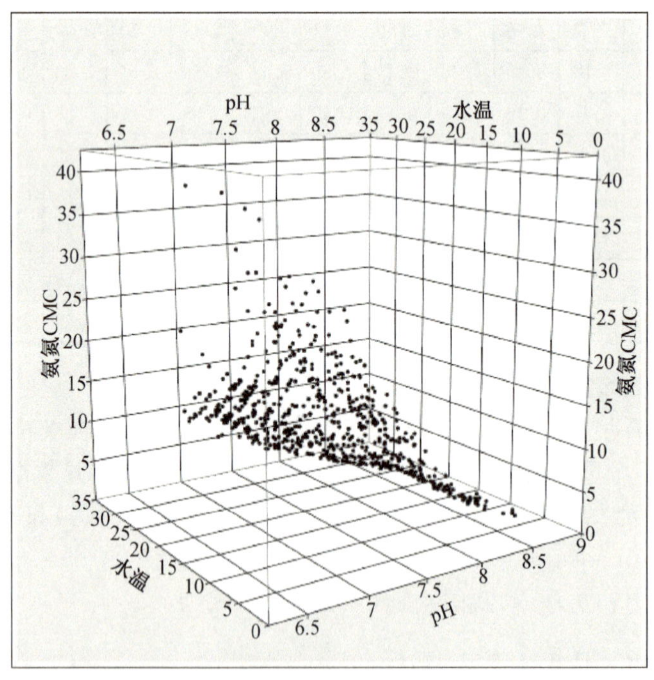

图 4.2-8　2011 年太湖流域氨氮水质基准值 CMC 三维散点分布

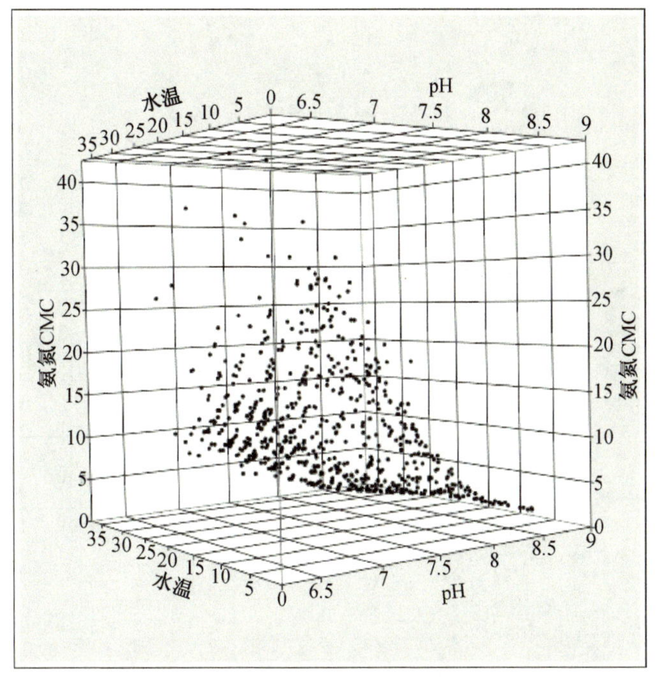

图 4.2-9　2012 年太湖流域氨氮水质基准值 CMC 三维散点分布

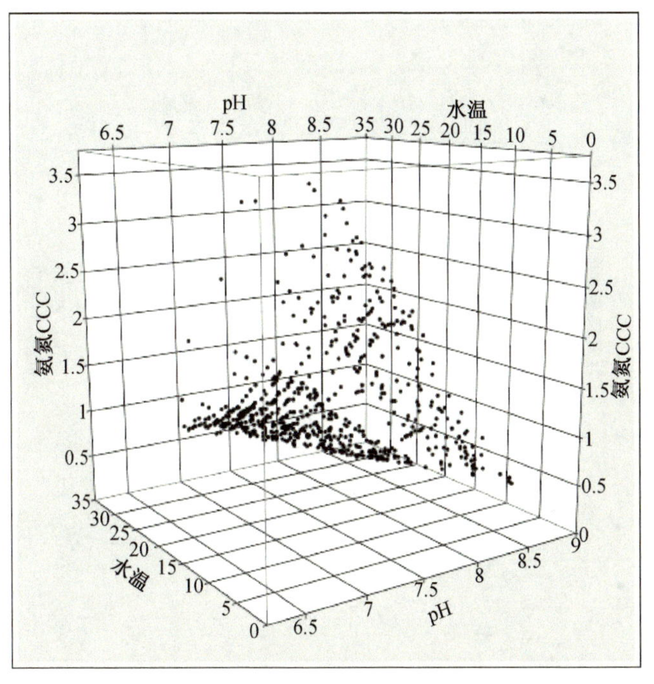

图 4.2-10　2011 年太湖流域氨氮水质基准值 CCC 三维散点分布

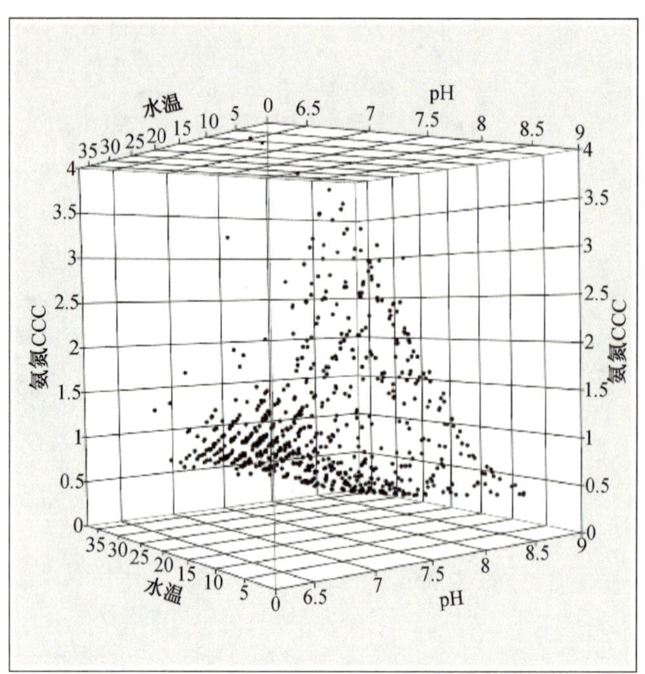

图 4.2-11　2012 年太湖流域氨氮水质基准值 CCC 三维散点分布

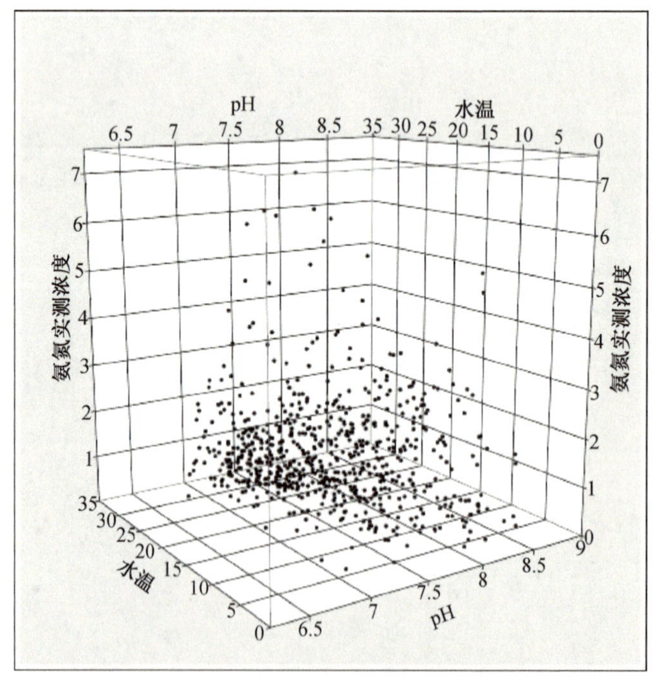

图 4.2-12　2011 年太湖流域氨氮实测浓度三维散点分布

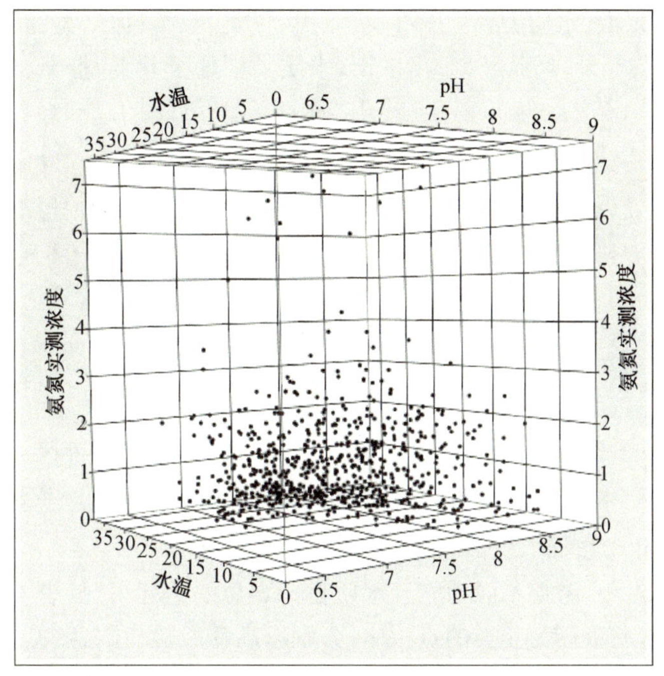

图 4.2-13　2012 年太湖流域氨氮实测浓度三维散点分布

4.2.2　太湖流域水环境综合调查与分析

1. 流域水质现状

(1) 常规化学指标

对流域范围内 78 个调查点位的常规化学指标进行测试分析，主要因子包括高锰酸盐指数、氨氮、总氮、总磷。

各点位中高锰酸盐指数情况较好，只有少量测点超标，且超标倍数均小于 1；高锰酸盐指数在枯水期、平水期、丰水期超标测点分别为 6 个、30 个、13 个，相比较而言，平水期的高锰酸盐指数情况较差。氨氮三期的超标测点数分别为 35 个、34 个、12 个，丰水期氨氮情况较好。总氮超标情况相对严重，三期的超标测点数分别为 71 个、74 个、73 个。总磷三期的超标测点数分别为 32 个、21 个、26 个，平水期情况较好。

(2) 水质类别

流域范围内 78 个调查点位均位于功能区河流上，根据上述各水质因子分析可以得到各条河流现状水质及功能区达标情况。流域范围内有 64 个点位为河流断面，14 个点位为湖泊、水库、湖荡断面，总氮不参与河流断面的水质类别评定。三个水期中所有点位均存在不同程度超标情况，主要污染因子为总氮。枯水期，水质类别处于Ⅱ类、Ⅲ类、Ⅳ类、Ⅴ类、劣Ⅴ类的断面分别占总数的 5%、18%、19%、

13%、45%；平水期，水质类别处于Ⅱ类、Ⅲ类、Ⅳ类、Ⅴ类、劣Ⅴ类的断面分别占总数的8%、11%、30%、9%、42%；丰水期，水质类别处于Ⅱ类、Ⅲ类、Ⅳ类、Ⅴ类、劣Ⅴ类的断面分别占总数的11%、45%、19%、12%、13%(图4.2-14)。

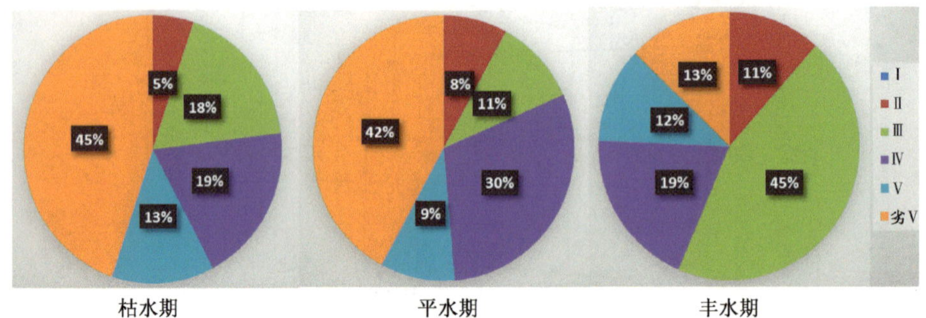

图4.2-14　太湖流域(江苏)各调查点位综合水质类别(枯水期、平水期和丰水期)

(3) 常规化学指标达标情况

以流域为对象，考察不同功能区水质目标点位的达标情况(表4.2-3)。在枯水期，功能区水质目标为Ⅱ类的点位中，分别以高锰酸盐指数、氨氮、总氮、总磷为指标因子，其达标率分别为60%、80%、0%、30%；功能区水质目标为Ⅲ类的点位分别为86.0%、65.1%、11.6%、58.1%；功能区水质目标为Ⅳ类的点位分别为100%、25%、4%、67%。在平水期，功能区水质目标为Ⅱ类的点位中，分别以高锰酸盐指数、氨氮、总氮、总磷为指标因子，其达标率分别为40%、50%、0%、50%；功能区水质目标为Ⅲ类的点位分别为38.1%、61.9%、0%、69.1%；功能区水质目标为Ⅳ类的点位分别为61%、48%、9%、87%。在丰水期，功能区水质目标为Ⅱ类的点位中，分别以高锰酸盐指数、氨氮、总氮、总磷为指标因子，其达标率分别为50%、60%、0%、10%；功能区水质目标为Ⅲ类的点位分别为76.7%、95.3%、9.3%、76.7%；功能区水质目标为Ⅳ类的点位分别为100%、79%、0%、75%。

2. 湖体水质现状

(1) 常规化学指标

对太湖湖体20个调查点位的常规化学指标进行测试分析，主要因子包括高锰酸盐指数、氨氮、总氮和总磷。各调查点位中氨氮在枯、平、丰水期均最好，部分测点略微超标，超标测点集中在竺山湖及其湾口、梅梁湖等区域。高锰酸盐指数各水期中枯水期和平水期水质较好，丰水期超标测点稍多(11个)，超标测点主要集中在贡湖及贡湖湾口、梅梁湖及太湖东部等区域。总氮和总磷水质总体较差，各水期超标较严重，尤其平水期和丰水期，几乎没有达标的测点。总氮除2个测点达标外，其余测点均超标，超标倍数多大于1；总磷除东太湖1个测点达标外，所有测点均超标，基本上遍布整个湖区。

表 4.2-3　太湖流域(江苏)不同功能区水质要求的点位达标情况

枯水期					平水期					丰水期				
功能区要求：Ⅱ		点位数	达标点位数	达标率	功能区要求：Ⅱ		点位数	达标点位数	达标率	功能区要求：Ⅱ		点位数	达标点位数	达标率
	高锰酸盐指数	10	6	60.0%		高锰酸盐指数	10	4	40.0%		高锰酸盐指数	10	5	50.0%
	氨氮	10	8	80.0%		氨氮	10	5	50.0%		氨氮	10	6	60.0%
	总氮	10	0	0.0%		总氮	10	0	0.0%		总氮	10	0	0.0%
	总磷	10	3	30.0%		总磷	10	5	50.0%		总磷	10	1	10.0%
功能区要求：Ⅲ		点位数	达标点位数	达标率	功能区要求：Ⅲ		点位数	达标点位数	达标率	功能区要求：Ⅲ		点位数	达标点位数	达标率
	高锰酸盐指数	43	37	86.0%		高锰酸盐指数	42	16	38.1%		高锰酸盐指数	43	33	76.7%
	氨氮	43	28	65.1%		氨氮	42	26	61.9%		氨氮	43	41	95.3%
	总氮	43	5	11.6%		总氮	42	0	0.0%		总氮	43	4	9.3%
	总磷	43	25	58.1%		总磷	42	29	69.1%		总磷	43	33	76.7%
功能区要求：Ⅳ		点位数	达标点位数	达标率	功能区要求：Ⅳ		点位数	达标点位数	达标率	功能区要求：Ⅳ		点位数	达标点位数	达标率
	高锰酸盐指数	24	24	100.0%		高锰酸盐指数	23	14	60.9%		高锰酸盐指数	24	24	100.0%
	氨氮	24	6	25.0%		氨氮	23	11	47.8%		氨氮	24	19	79.2%
	总氮	24	1	4.2%		总氮	23	2	8.7%		总氮	24	0	0.0%
	总磷	24	16	66.7%		总磷	23	20	87.0%		总磷	24	18	75.0%

太湖湖体各调查点位高锰酸盐指数、氨氮、总氮、总磷均是枯水期较好，平水期次之，丰水期最差，这可能与太湖周期性引调水有关，枯水期引长江水进入太湖，促进水体流动，提高自净能力，改善水环境质量，丰水期太湖排水，湖体缺少优质水的注入，加之人类活动以及流域内污染汇入，使得湖体水质恶化。

(2) 水质类别

湖体 20 个调查点位所在功能区中，只有 2 个测点在枯水期达标，其余均未达标。总体而言各水期超标严重的因子为总氮，其次是总磷。枯水期水质类别处于Ⅱ类、Ⅲ类、Ⅳ类、Ⅴ类、劣Ⅴ类的断面比例分别为 20%、40%、20%、5%、15%；平水期水质类别处于Ⅳ类、Ⅴ类、劣Ⅴ类的断面比例分别为 16%、5%、79%；丰水期水质类别处于Ⅲ类、Ⅳ类、Ⅴ类、劣Ⅴ类的断面比例分别为 10%、20%、45%、25%(图 4.2-15)。

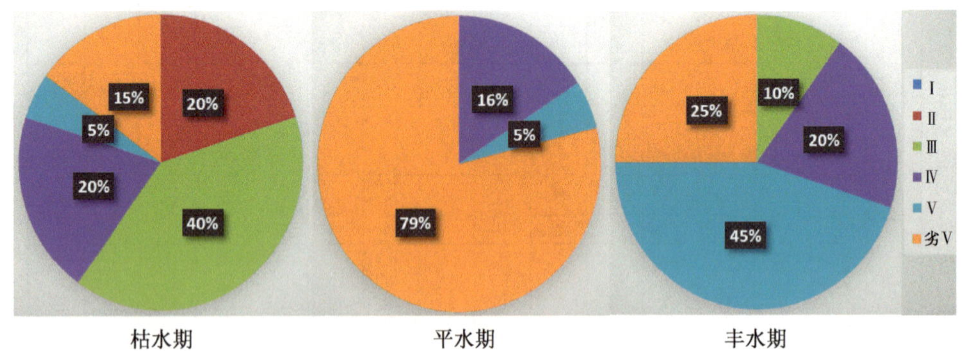

图 4.2-15 太湖湖体各调查点位综合水质类别(枯水期、平水期丰水期)

(3) 主要常规化学指标达标情况

以湖体为目标，考察不同功能区水质类别点位的达标情况(表 4.2-4)。在枯水期，功能区水质目标为Ⅱ类的点位中，分别以高锰酸盐指数、氨氮、总氮、总磷为指标因子，其达标率分别为 76.9%、100.0%、53.8%、38.5%；功能区水质目标为Ⅲ类的点位分别为 100.0%、71.4%、28.6%、42.9%。在平水期，功能区水质目标为Ⅱ类的点位中，分别以高锰酸盐指数、氨氮、总氮、总磷为指标因子，其达标率分别为 58.3%、91.7%、0.0%、0.0%；功能区水质目标为Ⅲ类的点位分别为 71.4%、85.7%、14.3%、0.0%。在丰水期，功能区水质目标为Ⅱ类的点位中，分别以高锰酸盐指数、氨氮、总氮、总磷为指标因子，其达标率分别为 38.5%、84.6%、7.7%、7.7%；功能区水质目标为Ⅲ类的点位分别为 57.1%、57.1%、0.0%、0.0%。

表 4.2-4　太湖湖体(江苏)不同功能区水质要求的点位达标情况

枯水期					平水期					丰水期				
		点位数	达标点位数	达标率			点位数	达标点位数	达标率			点位数	达标点位数	达标率
功能区要求:Ⅱ	高锰酸盐指数	13	10	76.9%	功能区要求:Ⅱ	高锰酸盐指数	12	7	58.3%	功能区要求:Ⅱ	高锰酸盐指数	13	5	38.5%
	氨氮	13	13	100.0%		氨氮	12	11	91.7%		氨氮	13	11	84.6%
	总氮	13	7	53.8%		总氮	12	0	0.0%		总氮	13	1	7.7%
	总磷	13	5	38.5%		总磷	12	0	0.0%		总磷	13	1	7.7%
		点位数	达标点位数	达标率			点位数	达标点位数	达标率			点位数	达标点位数	达标率
功能区要求:Ⅲ	高锰酸盐指数	7	7	100.0%	功能区要求:Ⅲ	高锰酸盐指数	7	5	71.4%	功能区要求:Ⅲ	高锰酸盐指数	7	4	57.1%
	氨氮	7	5	71.4%		氨氮	7	6	85.7%		氨氮	7	4	57.1%
	总氮	7	2	28.6%		总氮	7	1	14.3%		总氮	7	0	0.0%
	总磷	7	3	42.9%		总磷	7	0	0.0%		总磷	7	0	0.0%

4.3 太湖流域水生态环境特征

4.3.1 太湖流域水生态历史情况分析

1. 浮游植物

(1) 总生物量的历史演变

在早期(1960—1988年),浮游植物生物量的快速增长(从1.175 mg/L增长至6.45 mg/L)是这一阶段的特点。浮游植物优势种群从1960年的绿藻转变为1981年的硅藻直至1988年的蓝藻。其后,蓝藻一直是太湖浮游植物的优势种群(1988—1995年),同时,生物量随年际变化而波动(2.05～6.45 mg/L)。在1996和1997年,尽管总浮游植物生物量一直在增加,优势种类却发生了细微的变化,绿藻(细丝藻)和蓝藻(微囊藻)成为太湖共同的优势种类。1998年由于微囊藻的大量暴发而使生物量达到最高(9.742 mg/L)。1998年以后,蓝藻仍然是优势种类,生物量也在年际之间波动变化,如图4.3-1所示。

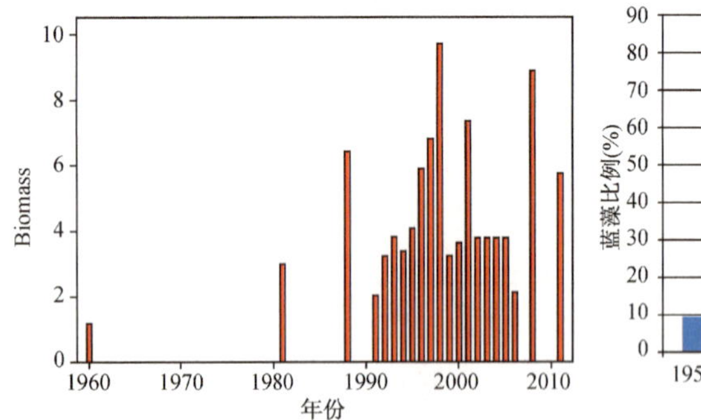

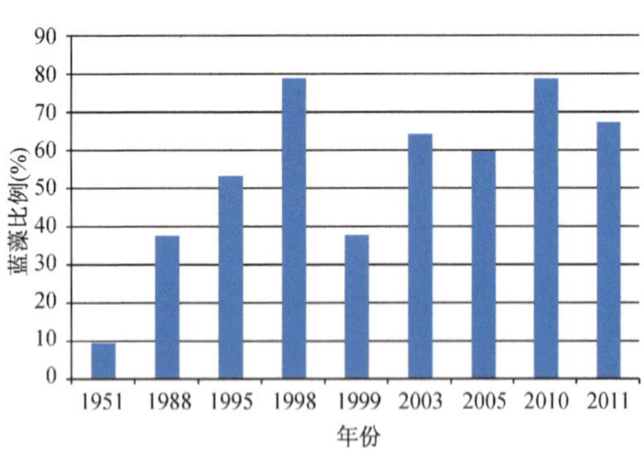

图4.3-1 太湖浮游藻类生物量历史变化和太湖蓝藻占总藻比例的历史演变

(2) 物种组成的历史演变

从20世纪80年代后期起各湖区中浮游植物数量较多的湖区一般为梅梁湾北湖区,较少者为东太湖湖区。各湖区中每年平均生物量最高为五里湖,最低为东太湖。

据1990—2008年在太湖多次调查所采样标本分析,已鉴定出经常和偶然性浮游植物种类(包括变种),共计8门,116属,239种。其中蓝藻门24属53种,隐藻门2属3种,甲藻门4属6种,金藻门6属9种,黄藻门3属4种,硅藻门24属48种,裸藻门6属15种,绿藻门47属101种。

将20世纪90年代与60年代的种类组成相比较,变化最大的是绿藻门,在20

世纪60年代有记录的20个属现在采集不到，而现在采集到18个属是60年代没有采集到的；其次是蓝藻门，20世纪60年代见到的一个属现在没有见到，相反，现在见到9个属是20世纪60年代没有记录的；另外，20世纪60年代，除五里湖外没有见到的隐藻门种类，现在可以经常见到。20世纪60年代和90年代的优势种和常见种基本相似，但清水性种类减少了。

2. 浮游动物

20世纪80年代主要种类共观察到122个种别（未鉴定到种及桡足类的无节幼体均按个计算）。其中原生动物41种（占33.6%）；轮虫42种（占34.4%）；枝角类25种（占20.5%）；桡足类14种（占11.5%）。从各类群生物量的季节变化看，夏季枝角类占优势（47.8%），桡足类和轮虫次之，分别为总量的30.9%和27.5%；秋季以枝角类和桡足类为主，分别为总量的42%和39.5%；春、冬两季以桡足类为主，分别为总量的51.3%和62.9%。从分布上来看，梅梁湾浮游动物总生物量最大，其余依次为五里湖、小梅口、宜兴滩、大太湖、贡湖湾、东太湖。

90年代时全太湖观察到73属101种。其中原生动物25种（占24.8%）；轮虫44种（占43.6%）；枝角类19种（占18.8%）；桡足类13种（占12.9%）。各湖区原生动物和轮虫的差异较大。

30余年来，由于银鱼和小型野杂鱼等以浮游动物为食的鱼类产量增加，太湖浮游动物呈现小型化的趋势，大型浮游动物（主要是枝角类）生物量明显减少，而小型的枝角类、桡足类以及轮虫显著增加。由于90年代后太湖蓝藻大量暴发，在夏季和秋季，大太湖和梅梁湾浮游动物优势种被长额象鼻溞和角突网纹溞所取代，高浓度的蓝藻不仅是低营养的，而且阻碍了大型个体的滤食器官，消耗了大量的能量。长额象鼻溞和角突网纹溞是杂食性种类，虽然它们不能直接利用蓝藻作为食物，然而却能利用蓝藻死后形成的碎屑以及附生的细菌，从而得以大量繁殖。

3. 底栖动物

水体富营养化是太湖流域湖泊和河道面临的主要环境问题之一，通过与历史资料比较，有助于理解底栖动物群落对水环境变化的响应。在20世纪60年代初和80年代的前、后期，各有一次对太湖的综合调查，90年代对太湖梅梁湾也有一次调查，但由于不同历史时期调查方法、鉴定水平、调查频次和点位差异较大，直接比较种类丰富度难以反映实际的变化情况，而对密度、生物量和优势种类的分析更有利于揭示底栖动物群落的变化。软体动物的密度在20世纪80年代最高，在2007—2010年的监测中，大部分点位软体动物密度均低于100 ind./m^2，仅有个别点位密度相对较高。相反，环节动物（主要为寡毛类）和水生昆虫（主要为摇蚊幼虫）密度呈显著增加，在近几年的监测中，富营养化严重的湖区这两个类群的密度每m^2的个体可达几千条。相应地，优势种类的组成也发生了显著变化，在20世纪

80 年代以前，河蚬和环棱螺在大部分区域均占据优势，而在近几年的调查中，霍甫水丝蚓在污染严重的区域占据绝对优势，河蚬仅在湖心和西南湖区占据优势，腹足纲螺类在胥口湾和其他水草分布区占据优势。

4. 鱼类

比较太湖不同年份自然渔业结构，太湖在 1950 年代渔业单位产量虽然不高，但湖鲚、银鱼、鲢、鳙等鱼类的比例均占 15%左右，渔业结构相对合理。从 1960 年代开始，湖鲚产量有较大幅度上升，所占比例从 1952 年的 15.8%增至 2008 年的 62.9%，成为太湖鱼类群落中的绝对优势种；小杂鱼的比例从 1952 的 13.9%增加到近年的 30%左右；而太湖的鲢、鳙、青鱼、草鱼和鲌等大中型鱼类所占渔获物的比例从 1952 年的 42.2%下降到 2008 年的 12.8%。以湖鲚为代表的这种状况典型地反映了太湖鱼类“优势种单一化”和“小型化”的发展方向。

5. 水生高等植物

20 世纪 50、60 年代调查时，太湖水生植物有 66 种，其中沉水植被优势种为马来眼子菜。沉水植物除在东太湖和西太湖沿岸带有大量生长外，在五里湖等湖区亦有大面积生长。但经过 30 多年的人为影响和自然演变，目前太湖水生植物仅为 17 种，优势种演替为苦草。70 年代调查时，五里湖已无天然水生植被，部分沿岸带水生植物萎缩。进入 90 年代，原在竺山湖生长茂盛的沉水植物亦近灭绝[160-163]。1989 年以来监测数据显示，太湖高等水生植被主要分布于太湖东部、南部及北部，湖心区基本无水生植物分布。自 20 世纪 60 年代初到 2002 年，40 多年间，东太湖水生植被群丛的优势建群种和种类组成发生了显著的变化[164]。

4.3.2 太湖流域水生态综合调查与分析

选择流域内的典型陆域、滨岸带、湖库及河流，合理布设采样点，分别于 2012 年 11 月、2013 年 4 月和 8 月开展了太湖流域丰、平、枯三期水生态野外综合调查工作。调查范围全面覆盖整个太湖流域内的水体、水陆交错带及陆域的生态系统，共涉及点位 116 个，其中太湖湖体 20 个，太湖流域江苏范围 76 个、浙江范围 15 个、上海市 5 个。着重对水文指标、水体理化性质、底泥污染指标、浮游动植物、水生植物、大型底栖动物、鱼类、着生藻类、河道特征、河岸带植被生境等水环境及水生态指标进行了实地调研与取样分析[165-170]。

1. 浮游植物

共计 7 门 71 属 139 种。其中：绿藻门 28 属 56 种；硅藻门 19 属 45 种；蓝藻门 14 属 19 种；隐藻门 2 属 4 种；裸藻门 3 属 8 种；甲藻门 3 属 5 种；金藻门 2 属 2 种。全流域平均细胞密度为 1.6×10^{7} 个/L，最小值为 7.2×10^{4} 个/L，最大值为 2.6×10^{8} 个/L。太湖流域浮游植物主要分布于流域上游、湖体，其中湖体主要以蓝藻分布为主，而流域内各点位主要以硅藻和隐藻为主，部分点位以绿藻为主。全流域平均生物量为 10.00 mg/L，最小值为 0.12 mg/L，最大值为 89.45 mg/L。

2. 浮游动物

浮游动物中枝角类主要种类包括象鼻溞和网纹溞，其他种类包括裸腹溞、秀体溞、低额溞、仙达溞、尖额溞和盘肠溞。桡足类主要种类包括汤匙华哲水蚤、许水蚤和中华窄腹剑水蚤，其他种类包括中剑水蚤、温剑水蚤和剑水蚤。太湖中这两类浮游动物的平均密度高于河道的。太湖枝角类总密度为 33.0 个/L，而河道枝角类的总密度均小于 10 个/L；桡足类总密度为 53.8 个/L，而河道桡足类的总密度均小于 15 个/L。太湖中这两类浮游动物的生物量也类似[171]。

3. 底栖动物

共鉴定出底栖生物 58 种，其中节肢动物门种类最多，共计 27 种；软体动物门种类次之，共 18 种；环节动物门种类数最少，共 13 种。总体看来，密度的高值出现在经济发达地区河道的样点，而太湖湖体的密度相对较低，介于 5～175 个/m^2。

4. 水生植物

太湖地区采集到水生高等植物 29 种，隶属 15 科 19 属。水生植物总体分布范围少，挺水植物主要有芦苇、菖蒲、茭白。沉水植物有马来眼子菜、微齿眼子菜、苦草、金鱼藻等。浮叶植物有水花生、荇菜、金银莲花等。

5. 鱼类

共统计 5 365 尾(81 154 g)渔获物，共计 48 种。其中以鲤形目为主。湖体鱼种类丰富程度高于流域内，在流域内，部分点位只有个别种类，说明该流域内污染较为严重。小型鱼类个体数量在渔获物组成中占绝对优势，如高体鳑鲏、似鳊；大型经济鱼类以底层耐污型种类为主如鲫鱼、鲤鱼等。渔获物中，鲫、鲤合计占总渔获物质量的 50.0%。鲫、鲤、似鳊为各点的优势类群，这些鱼类对污染环境的耐受性程度较高。

5 太湖流域水生态功能分区

5.1 水生态功能分区的概念与意义

5.1.1 基本概念

长期以来，环境管理者习惯以行政单元及单一的环境因素来进行监督管理。但随着科学研究的进步，更多的研究者和管理机构认识到从整个生态系统的角度研究和管理自然资源与环境的重要性。20 世纪 60 年代以来陆续出现的生态分区、水生态区等理论，便是从生态系统和生物地理分布的角度上提出的一种多尺度生态区域分级嵌套区划和评价系统，为资源开发、保护和环境管理提供了新的有效方法。1962 年加拿大林业生态学家 Loucks 首先提出了“生态区”的概念[172]，指具有相似生态系统或期待发挥相似生态功能的陆地及水域。之后，加拿大学者 Crowley[173]、美国林业局 Bailey 先后对生态区的概念进行了进一步界定，并分别制定了加拿大生态区划分方案、美国陆地生态区划分方案。划分的“生态区”被定义为在生态系统中或者生物体和它们生存的环境之间相互联系的、相对同质的陆地单元。随着河流和水生态保护工作的开展和深入，管理者和研究者逐渐意识到在水环境管理中不仅要关注水化学指标和水污染控制问题，而且要关注水生态系统结构和功能的保护。美国国家环境保护局 Omernik 提出了水生态区的概念[174]，即具有相对同质的淡水生态系统或生物体及其与环境相关的土地单元，其目的既是为水生态系统的研究、评价、修复和管理提供一个合适的空间单元，又能体现水生态系统空间特征差异，更重要的是，引领了水环境管理从水化学指标向水生态指标管理的转变。

5.1.2 目的与意义

1. 主要目的

我国流域水环境问题突出，水生态系统遭到破坏，调查显示我国 57%的河流水体污染严重，从而导致全国性流域水生态系统功能的显著退化。我国虽已基本完成全国水环境功能区划工作，但从生态管理的角度出发，水环境功能区划并不是基于区域水生态系统特征所建立的，缺乏对区域水生态功能的考虑，难以在其基础上建立体现区域差异的水质标准体系，不能满足面向水生态系统保护的水质目标管理的技术要求。因此，开展水生态功能分区研究正是实现上述目的的有效手段和前提[175-179]。

水生态功能分区目的是揭示流域水生态系统的空间规律，反映水生态系统特征及其与自然因素的关系。流域内位于不同水生态区的河流，其具有特定的特征，受到人类活动频度、气候、地质、地理、土壤和地表特征的影响，形成独特的生态系统结构与功能，污染物质的结构和组成也不同。因此，以水生态功能区作为评价水生态系统健康、质量和完整性的单元，建立相应的评价指标和标准，指导监测体系的建设与参考条件的确定，最终设定不同的保护目标，采取不同的污染控制措施，有利于有针对性地防治不同特性的水污染。

开展水生态功能分区研究属于管理模式与制度的创新，其根本是从对水体的使用功能保护逐步过渡到对生态功能的保护，从保护流域生态系统的物理、化学、生物完整性出发，逐步实现由单一水质目标管理向水质、水生态双重管理转变，由目标总量控制向容量总量控制转变，由水陆并行管理向水陆综合管理转变，促进流域水生态系统健康与经济协调可持续发展，开展水生态功能分区管理是对地表水（环境）功能区划的进一步完善和发展。

2. 重要意义

（1）实施水生态功能分区管理是流域水环境管理的必然趋势

水生态区是指具有相似生态系统或期待发挥相似生态功能的陆地及水域，其目的是能为生态系统的研究、评价、修复和管理提供一个合适的空间单元[180]。水生态功能区划是一种为水体生态管理服务的空间单元划分方法，与我国现行的水功能区划、水环境功能区划有所区别。作为现行的水环境管理单元，水功能区和水环境功能区主要是从水体的使用功能和水质目标等方面进行管理，在我国水环境保护发展过程中具有不可替代的作用，但随着广大人民群众对改善环境质量的期盼越来越高，如果仅仅执行水功能区和水环境功能区，还难以从根本上改变水污染现状以及水生态系统遭受破坏的事实，难以认识到水生态系统破坏的形成原因与机制，难以满足未来水环境管理的需求。特别是随着非点源污染控制的重要性不断增加，在实施陆域与水域的统一管理方面，水功能区与水环境功能区更是显得力所不及。

水生态功能区划的目标是反映水生态系统的区域差异，我国水环境管理正处在从资源管理、污染控制向生态管理的转变过程中，水资源的利用与保护都要考虑到水生态系统的基本要求，而水生态系统具有区域性和层次性，这就需要建立以水生态功能分区为基础的管理技术体系，也是流域水环境管理的必然趋势。

(2) 实施水生态功能分区管理是流域水环境管理的需要

不同流域或者区域水环境的环境承载力、水生态特征等都有较大差异，面临的污染特征也不尽相同，因此实行分区域管理是较为适宜的对策。美国于20世纪80年代制定水生态分区方案，并将区域监测点的选择、营养物基准制定以及区域范围内受损水生态系统的恢复标准的制定等应用于水环境管理中，为基于流域的TMDL的制定奠定了基础[181]。我国地域广阔，不同区域间的水环境特征差异较大，尚未开展各流域不同区域的水环境特征研究，更没有建立污染因子或干扰因素对水生态系统影响的作用关系，无法准确判断区域水环境承载力和水生态特征，污染源控制与水环境管理都存在很大的盲目性，难以实现有效保护。

水生态功能分区可应用于水质管理和生物监测，根据不同区域的保护要求制定差异化的水质标准，可依据不同生态区所存在的水质及其水生生物群落的自然差异，建立水生态区、水质类型和鱼类群落的关系模型，依此确定地表水的化学和生物保护目标；另外，使用水生态区可以对水生大型无脊椎动物和鱼类区系的分布状况进行研究。因此，开展水生态功能分区管理可进一步明确流域生态环境指标，为改善水质、生态修复提供理论依据。

(3) 实施水生态功能分区管理具备相应的环境管理基础

国家"水体污染控制与治理科技重大专项"利用"十一五""十二五"近十年的时间研究完成了全国十大流域水生态一级、二级分区以及太湖、辽河两大流域三级分区的划分技术方法体系。2015年，环保部组织编制了《全国水生态环境功能分区方案》，方案统筹考虑流域生态系统完整性、水系分布和行政区划，综合分析气候、地质、土地利用、物种分布等自然因素和生态服务功能要求，建立了由流域—水生态控制区—水环境控制单元构成的我国流域水生态功能三级分区体系，为各地政府及相关部门进一步开展与实施水生态功能分区管理奠定了基础。

5.2 太湖流域水生态功能分区

5.2.1 太湖流域水生态功能分区研究进展

"十一五"以来，高永年和高俊峰[182]对太湖流域开展了包含自然地理、社会经济、土地利用、水资源及其利用、浮游动植物及鱼类等方面的现状调查，结合国外水生态分区研究成果，提出了太湖流域水生态功能分区的理论和技术体系，并划分了太湖流域的三级分区方案。一级分区以河网密度及地面高程作为分区指标，将太湖流域分为西部丘陵河流生态区和东部平原河流湖泊水生态区2个分区，体现了太湖流域水生态系统中的生物群落及生物种群的差异性。二级分区的目的在于体现太湖流域水生态系统的生物多样性及完整性的空间差异，突出湖体的重要性原则，体现太湖湖体及出入湖河流及流域水体的相似性，与周边流域的水体的差异性，选择建设用地面积比、耕地面积比、土壤类型及坡度作为指标，在一级分区内将太湖流域分为湖西丘陵森林农田交错河源、浙西山区森林河源、武锡虞农田河网、太湖湿地、沪苏嘉农田河网 5 个生境水生态亚区。三级分区以体现太湖流域水生态系统支持和调节等维持功能的差异性为目标，湖体采用底栖动物香农多样性指数、叶绿素含量、水体流速、特征指示物种比例指标，非湖体采用底栖动物香农多样性指数、叶绿素含量、水生生物生境（水系级别、水体流速和水域面积）、特征指示物种比例指标作为分区指标体系，以二级分区为基础将太湖流域分为 21 个功能区。为太湖流域制定总量控制目标、污染控制措施、环保准入条件、产业结构调整、生态修复与保护等流域水环境分类管理提供了新的模式和基本单元。

5.2.2 太湖流域水生态环境功能分区划定

1. 分区目的

基于前述太湖流域水生态功能分区研究成果，江苏省在太湖流域水生态功能三级分区基础上，组织开展江苏省太湖流域水生态环境功能分区划定研究，进一步探索揭示流域水生态系统的空间规律，反映水生态系统特征及其与自然、人类活动影响因素的关系，构建基于水生态健康的差别化的分区体系，提出差异化的管理目标，为江苏省太湖流域各区域制定经济社会发展规划、环境管理制度等工作提供基础依据[183]。

2. 分区原则

江苏省太湖流域水生态环境功能分区遵循太湖流域三级分区原则，即区内相似性原则，区内差异性原则，等级性原则，综合性与主导性原则，共轭性原则，以水定陆，水陆耦合原则，发生学原则和子流域完整性原则，体现水生态自然维持功能差异性原则，湖体与非湖体分区指标的一致性与差异性原则，突出底栖动物的代表性原则等。但江苏省太湖流域水生态环境功能分区除了遵循以上原则外，尚遵循以下特有原则[184]：

① 水质与水生态保护并重原则。遵循山水林田湖是一个生命共同体的理念，实施水质与水生态保护并重，按照生态系统的整体性、系统性及其内在规律，统筹考虑自然生态各要素，进行整体保护、系统修复、综合治理，增强生态系统循环能力，维护生态平衡，促进经济社会和生态环境协调发展。

② 生态保护与生态修复并举原则。对水生态环境功能实行分区分级管控，划分生态Ⅰ级区（健全生态功能区）、生态Ⅱ级区（较健全生态功能区）、生态Ⅲ级区（一般生态功能区）、生态Ⅳ级区（较低生态功能区），实施差别化的流域产业结构调整与准入政策，对生态Ⅰ级区、Ⅱ级区重点实施生态保护，对生态Ⅲ级区、Ⅳ级区重

点实施生态修复。

③ 各类环境区划统筹兼顾原则。水生态功能分区与水(环境)功能区划、主体功能区划、生态保护红线、太湖分级保护区、控制单元等成果进行技术耦合、聚类分析和空间叠置,统筹兼顾,同步实施。

④ 区间差异化与区内相似性原则。反映流域水生态系统的空间差异及分布规律,现状与生态保护相结合,充分体现水生态系统的主导功能;同一个区内 80% 以上监测点位水质类别和水生态健康状况属同一级别;特征污染物来源范围、重要物种及其栖息地不与相邻区形成交叉。

⑤ 流域与行政区界相结合原则。流域与镇级行政区域有机结合,在保证小流域完整性的同时,兼顾行政分区的完整性,便于行政区域管理,使得区划具备可操作性。

⑥ 水生生物资源合理利用、持续发展原则。在分区设置权重分配时,充分考虑水生生物资源利用的可持续性,水生生物资源利用与保护的底线是:不得改变水生生态系统的基本功能,不得破坏水生动植物的生息繁衍场所,不得超出资源的再生能力或者给水生动植物物种造成永久性损害,保障水生生物资源再生与珍稀物种恢复。

⑦ 管理手段多元化原则。按照河湖统筹、水陆统筹系统化管理的技术路线,与排污许可证、容量总量控制、生态红线等环境管理手段相结合,逐步实施水质、水生态、空间三重管控,实现分区、分类、分级、分期管理。保护流域水生态系统的物理完整性、化学完整性和生物完整性,保障流域水生态系统健康。

⑧ 功能区界动态更新原则。水生态功能区根据水生态现状及相关指标进行聚类划分,可动态跟踪,随着水生态状况的逐步改善,功能区边界可进行合理调整和动态更新。

3. 指标体系

针对太湖流域特点,根据太湖流域水生态环境功能分区的目的和分区原则,从发生学角度在备选指标体系分析的基础上建立太湖流域水生态环境功能分区的指标体系,选用的指标包括生态功能供给类指标与空间控制要素指标两大类,其中生态功能供给类指标包括水质常规指标(COD、氨氮、总氮、总磷、DO 等)、底栖动物、浮游植物、鱼类优势度、Shannon-Wiener、*BPI*、*BI*、叶绿素 a 等相关指数(各指数计算方法如表 5.2-1 所示);空间控制要素涵盖土地利用情况、各类保护区、各类功能区划、行政区划等指标因素[185]。

(1) 生态功能供给类指标

1) 浮游植物和底栖动物相关指数

通过对浮游植物和底栖动物优势度、多样性等相关指数的计算,反映水生生物的多样性维持等功能,体现以浮游植物和底栖动物为代表的水生生物稳定性及物种丰富程度。

表 5.2-1　各指数计算方法

指标	计算公式	说明
优势度指数(Y)	$Y=(n_i/N)\times f_i$	n_i—第 i 类个体数量； N—样本中所有个体数量； f_i—i 种在各点位出现的频率
Shannon-Wiener 指数(H)	$H=-\sum_{i=1}^{s}\left[\left(\frac{n_i}{N}\right)\ln\frac{n_i}{N}\right]$	n_i—第 i 类个体数量； N—样本中所有个体数量； S—样本中的种类数
物种丰富度指数(D)	$D=(S-1)/\ln N$	S—物种数； N—全部种的个体总数
相对重要性指数(IRI)	$IRI=(W+N)\times F$	N—某个种类的尾数在总渔获物尾数中所占的比例； W—某个种类的重量在总渔获重量中所占的比例； F—某个种类出现的站位数与总调查站位数之比
BPI 指数	$BPI=\lg(N_1+2)/[\lg(N_2+2)+\lg(N_3+2)]$	N_1—寡毛类、蛭类和摇蚊幼虫个体数(个/m^2)； N_2—多毛类、甲壳类、除摇蚊幼虫以外的其他水生昆虫的个体数(个/ m^2)； N_3—软体类个体数(个/ m^2)
BI 生物指数	$BI=\sum_{i=1}^{n}Niti/N$	Ni—第 i 个分类单元的个体数； ti—第 i 个分类单元的质量值(quality value)，即现在的耐污值
藻蓝素(PC)	$PC(mg/mL)=0.187A_{620}-0.089A_{652}$	A—分别表示 620 nm、652 nm 处的吸光度
叶绿素 a (chla)	$Chla(mg/m^3)=[11.64(A_{663}-A_{750})-2.16(A_{645}-A_{750})/0.10(A_{630}-A_{750})]\times V_1/(V\times C)$	C—比色皿光程(cm)；A—吸光度； V_1—提取液定容后体积(mL)；V—水样体积(L)

浮游植物 Shannon-Wiener 多样性指数：反映浮游植物生物多样性，指标越高表示物种种类和数量结构越稳定；反之，表示种类较少或组成单一。

浮游植物优势度指数：反映浮游植物物种种群数量的变化情况，生态优势度指数越大，说明群落内物种数量分布越不均匀，优势种地位越突出。

底栖动物 Shannon-Wiener 多样性指数：反映水生生物多样性维持功能，体现以底栖动物为代表的水生生物稳定性。

底栖动物优势度指数：反映底栖生物物种种群数量的变化情况，生态优势度指数越大，说明群落内物种数量分布越不均匀。

底栖动物 BPI 指数：底栖动物生物学污染指数，基于底栖动物的生物监测评价，指数反映水质污染的严重程度。

2)常规/特征水质指标

常规水质指标:反映水体水质最基本特征和信息的污染因子,监测系统日常测量和分析所用的指标。采用高锰酸盐指数、氨氮、总磷、总氮、溶解氧等常规指标,分三个水期综合判定水质类别(河流不考虑总氮),按各调查点位常规指标达到《地表水环境质量标准》(GB 3838—2002)Ⅰ～Ⅴ类标准的情况划分区域。

特征水质指标:指水体污染物中除常规指标以外的特有污染因子。能够反映某种行业所排放污染物中有代表的部分,能够显示此行业的污染程度的指标。在常规指标的基础上,综合考虑河流、湖体在三个水期中 AOX、硫化物、苯胺、总氰化物、二甲苯、铜、镍、锌、铬、镉、汞、表面活性剂等特征指标的超标情况。依调查点位水样检出情况,筛选研究区域镉、铬、汞三个特征指标。按各调查点位特征指标(如镉、铬、汞等重金属)超过《地表水环境质量标准》(GB 3838—2002)的情况划分区域。

3)物种指标

通过对鱼类丰富度指数、多样性指数、濒危物种、珍稀物种、指示种、敏感种、已消失物种等重要鱼类种群及指标的计算与分析,反映区域相对高级的生态系统完整性与受损性情况。本研究根据自身调查及走访数据,结合江苏省淡水水产研究所、中国水产科学研究院渔业中心、中科院南京地湖所等单位积累的多年数据,识别太湖流域(江苏)重点保护物种与分级状况,如表 5.2-2 所示。

表 5.2-2 重点保护物种分级及重要物种识别

类别	名单	评价标准
保护物种Ⅰ (珍稀濒危物种)	白鲟、中华鲟、胭脂鱼、松江鲈、江豚、白暨、花鳗鲡	中国濒危动物红皮书、国家重点保护野生动物名录等
	日本鳗鲡、鲥鱼、大黄鱼、 铜鱼(限长江干流)、鳊(限长江干流)	江苏省重点保护水生野生动物名录
保护物种Ⅱ	长身鳜、鲻、鯮、唇䱻、亮银鮈、小口小鳔鮈、花斑副沙鳅、中华花鳅、圆尾拟鲿、中国花鲈、小黄黝鱼	近 5 年来各类系统调查数据及渔业走访未发现物种
保护物种Ⅲ	尖头鲌、黄尾鲴、细鳞鲴、华鳈、须鳗虾虎鱼、圆尾斗鱼、斑鳜、短吻间银鱼	近 10 年来数量急剧减少或现存量极少物种
特有物种	似刺鳊鮈、翘嘴鲌、红鳍原鲌、湖鲚、秀丽白虾	研究成果
指示物种	麦穗鱼、黑鳍鳈、日本沼虾、河蚬、长角涵螺、蜻蜓目	
经济物种	湖鲚、大银鱼、陈氏短吻银鱼、鲥、暗纹东方鲀、蒙古鲌、红鳍原鲌、秀丽白虾	

(2) 空间控制要素指标

1) 开发区分布

结合工业点源分布及特征污染物达标情况,反映区域水体水质及水生态现状的差别。研究区共有省级以上开发区37家，其中国家级13家，省级24家。

2）土地利用指标

通过统计自然植被、农田、城镇建设用地所占的比例，体现人类活动对河流系统的影响，反映不同土地利用类型对水生态系统的影响。对2010年土地利用遥感影像进行解译，分成林地、草地、园地、水田、旱地、城镇建设用地、农村建设用地、工矿仓储用地、交通用地、河流湿地、湖泊湿地、人工湿地和其他土地共13类用地类型，通过不同的土地利用类型赋予区域不同的水生态功能。

3）保护区

对自然保护区、珍稀物种保护区、鱼类三场一通道、饮用水源地等有代表性的生态系统、有特殊意义的保护对象进行分类统计，作为特殊需要保护的区域单独区分。依据《省政府关于印发江苏省生态红线区域保护规划的通知》（苏政发〔2013〕113号），三级区内的保护区共有14个种类，分为一级管控区和二级管控区两大类。

4. 划分方法

在三级水生态功能分区基础上，结合行政区划，进行水生态功能管理区的划分。将各分区指标在分区功能单元基础上进行空间离散，形成基于分区功能单元的分区指标空间分布图。

将各级分区指标进行空间聚类分析，形成分区结果草图。对于零散分布的单元根据就近合并的原则进行人工辅助判识，形成修正的分区图。对分区界线，采用分区结果校验方法验证分区的合理性和可靠性，进行必要的调整和修正，最后进行分区特征的描述。以太湖流域三级水生态功能区为基础，制作水质常规指标与浮游植物、底栖动物指标、水质特征指标、土地利用、重要保护区和重要物种保护等指标的空间分布图。分区技术流程如图5.2-1所示。

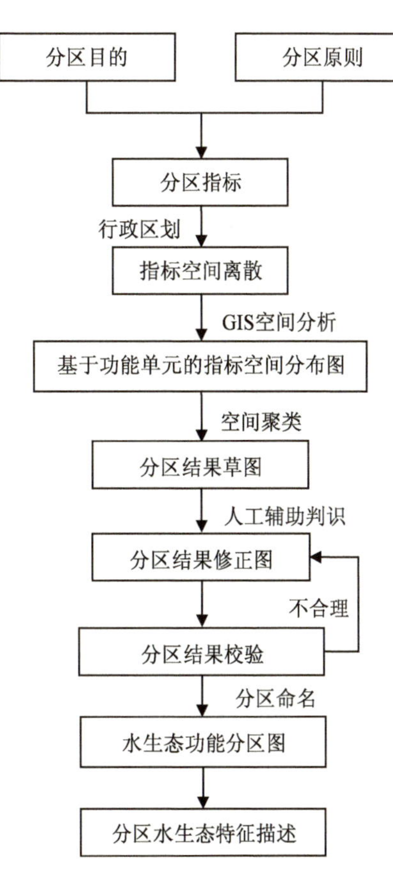

图5.2-1　太湖流域水生态环境功能分区技术路线

5. 分区结果

结合对太湖全流域水文-水质-水生态的系统调查、水生态健康指数指标体系的建立、流域重要保护物种的研究，构建了水生态功能分区指标体系，在考虑区间差异化与区内相似性、不同区划兼顾以及具备可操作性、实用可行等原则的基础上，通过GIS聚类分析、空间叠置等空间化技术方法，在太湖流域共划分出49个(陆域43个＋水域6个)基于水生态健康的、可实现差别化管理的江苏省太湖流域水生态环境功能分区。其中，常州市、无锡市、苏州市和镇江市分别涉及16、20、21和5个水生态环境功能分区，而南京市仅高淳区涉及1个分区。详见表5.2－3(a－d)所示。

表5.2－3(a)　常州市管理分区单元

地级市	分区名称	县、区	镇、街道
常州市	生态Ⅳ级区-02常州城市水环境维持-水文调节功能区	戚墅堰区	戚墅堰街道、丁堰街道、潞城街道
		天宁区	茶山街道、兰陵街道、天宁街道、红梅街道、雕庄街道、青龙街道
		钟楼区	五星街道、永红街道、北港街道、西林街道、南大街街道、荷花池街道、新闸街道
		武进区	南夏墅街道、湖塘镇、牛塘镇、横林镇、遥观镇
		新北区	河海街道、薛家镇、龙虎塘街道、三井街道、新桥镇
	生态Ⅲ级区-08江阴西部水环境维持-水质净化功能区	新北区	春江镇
	生态Ⅲ级区-03丹武重要生境维持-水质净化功能区	新北区	罗溪镇、孟河镇、西夏墅镇、奔牛镇
	生态Ⅲ级区-09滆湖东岸水环境维持-水质净化功能区	武进区	前黄镇、洛阳镇、礼嘉镇
	生态Ⅱ级区-02滆湖西岸水环境维持-水质净化功能区	武进区	嘉泽镇、湟里镇、西湖街道
		钟楼区	邹区镇
	生态Ⅲ级区-12竺山湖北岸重要生境维持-水源涵养功能区	武进区	雪堰镇
	生态Ⅳ级区-03锡武城镇水环境维持-水质净化功能区	武进区	横山桥镇
		天宁区	郑陆镇
	生态Ⅱ级区-07滆湖重要物种保护-水文调节功能区	武进区	滆湖湖体
	生态Ⅲ级区-20太湖西部湖区重要生境维持-水文调节功能区	武进区	太湖湖体
	生态Ⅱ级区-09太湖湖心区重要物种保护-水文调节功能区	武进区	太湖湖体
	生态Ⅱ级区-01镇江东部水环境维持-水源涵养功能区	金坛区	薛埠镇

续　表

地级市	分区名称	县、区	镇、街道
常州市	生态Ⅲ级区-04 金坛城镇重要生境维持-水质净化功能区	金坛区	直溪镇、朱林镇、金城镇、尧塘镇、钱资荡
	生态Ⅰ级区-01 金坛洮湖重要物种保护-水文调节功能区	金坛区	指前镇、儒林镇、长荡湖、钱资荡、金城镇(南)
	生态Ⅲ级区-05 溧高重要生境维持-水文调节功能区	溧阳市	竹箦镇、上兴镇、南渡镇、社渚镇
	生态Ⅲ级区-06 溧阳城镇重要生境维持-水文调节功能区	溧阳市	溧城镇、埭头镇、上黄镇、别桥镇
	生态Ⅰ级区-02 溧阳南部重要生境维持-水源涵养功能区	溧阳市	戴埠镇、天目湖镇

表 5.2-3(b)　无锡市管理分区单元

地级市	分区名称	县、区	镇、街道
无锡市	Ⅳ-06 无锡城市水环境维持-水文调节功能区	北塘区	惠山街道、北大街街道、山北街道、黄巷街道
		崇安区	江海街道、崇安寺街道、上马墩街道、通江街道、广瑞路街道、广益街道
		惠山区	堰桥街道、长安街道
		南长区	扬名街道、迎龙桥街道、南禅寺街道、金匮街道、金星街道、清名桥街道
		无锡新区	硕放街道、旺庄街道、江溪街道、梅村街道
		锡山区	东亭街道、东北塘街道
	Ⅲ-12 竺山湖北岸重要生境维持-水源涵养功能区	滨湖区	胡埭镇、马山街道
		惠山区	阳山镇
	Ⅳ-03 锡武城镇水环境维持-水质净化功能区	惠山区	钱桥街道、洛社镇、前洲街道、玉祁街道
		江阴市	青阳镇、月城镇
	Ⅲ-13 无锡南部城镇水环境维持-水文调节功能区	滨湖区	雪浪街道、太湖街道、华庄街道、河埒街道、蠡湖街道、蠡园街道、荣巷街道
		无锡新区	新安街道、旺庄街道、硕放街道
	Ⅲ-14 无锡东部水环境维持-水质净化功能区	无锡新区	鸿山街道
		锡山区	安镇街道、羊尖镇、锡北镇、东港镇
	Ⅲ-19 苏州北部生物多样性维持-水文调节功能区	锡山区	鹅湖镇
	Ⅱ-08 梅梁湾-贡湖重要物种保护-水文调节功能区	滨湖区	太湖湖体
	Ⅲ-20 太湖西部湖区重要生境维持-水文调节功能区	滨湖区	太湖湖体
		宜兴市	太湖湖体

续 表

地级市	分区名称	县、区	镇、街道
无锡市	Ⅱ-09 太湖湖心区重要物种保护-水文调节功能区	滨湖区	太湖湖体
		宜兴市	太湖湖体
	Ⅰ-03 宜兴南部生物多样性维持-水源涵养功能区	宜兴市	湖父镇、张渚镇、西渚镇、新街街道、太华镇
	Ⅲ-07 宜兴西部重要生境维持-水文调节功能区	宜兴市	徐舍镇、杨巷镇、官林镇
	Ⅱ-02 滆湖西岸水环境维持-水质净化功能区	宜兴市	新建镇
	Ⅲ-10 滆湖南岸水环境维持-水质净化功能区	宜兴市	高塍镇、和桥镇
	Ⅲ-11 太湖西岸水环境维持-水文调节功能区	宜兴市	宜城街道、新庄街道、芳桥街道、屺亭街道、周铁镇、万石镇、丁蜀镇(北)
	Ⅱ-03 宜兴丁蜀水环境维持-水文调节功能区	宜兴市	丁蜀镇(南)
	生态Ⅱ级区-07 滆湖重要物种保护-水文调节功能区	宜兴市	滆湖湖体
	Ⅲ-08 江阴西部水环境维持-水质净化功能区	江阴市	申港镇、璜土镇、利港镇
	Ⅳ-04 江阴城市重要生境维持-水文调节功能区	江阴市	南闸街道、夏港街道、城东街道、澄江街道
	Ⅳ-05 江阴南部重要生境维持-水质净化功能区	江阴市	徐霞客镇、祝塘镇、云亭镇
	Ⅳ-07 江阴东部重要生境维持-水质净化功能区	江阴市	顾山镇、长泾镇、新桥镇、华士镇、周庄镇

表 5.2-3(c)　苏州市管理分区单元

地级市	分区名称	县、区	镇、街道
苏州市	Ⅳ-14 苏州城市重要生境维持-水文调节功能区	吴江区	松陵镇
		吴中区	城南街道、越溪街道、长桥街道、郭巷街道
		姑苏区	双塔街道、葑门街道、沧浪街道、胥江街道、友新街道、吴门桥街道、虎丘街道、石路街道、金阊街道、留园街道、白洋湾街道、金星村、平江街道、桃花坞街道、城北街道
		虎丘高新区	浒墅关镇、狮山街道、枫桥街道、横塘街道
		苏州工业园	金鸡湖、胜浦街道、唯亭街道、娄葑街道、斜塘街道
		相城区	元和街道、黄桥街道、黄埭镇

续 表

地级市	分区名称	县、区	镇、街道
苏州市	Ⅱ-06 贡湖东岸生物多样性维持-水文调节功能区	虎丘高新区	通安镇、东渚镇
		相城区	望亭镇
	Ⅲ-19 苏州北部生物多样性维持-水文调节功能区	相城区	北桥街道
	Ⅰ-04 阳澄湖生物多样性维持-水文调节功能区	相城区	渭塘镇、太平街道、阳澄湖镇
	Ⅱ-08 梅梁湾-贡湖重要物种保护-水文调节功能区	虎丘高新区	太湖湖体
		相城区	太湖湖体
	Ⅱ-09 太湖湖心区重要物种保护-水文调节功能区	虎丘高新区	太湖湖体
		吴中区	太湖湖体
	Ⅳ-13 吴江南部重要生境维持-水文调节功能区	吴江区	盛泽镇、桃源镇
	Ⅱ-04 吴江北部重要物种保护-水文调节功能区	吴江区	平望镇、松陵镇、七都镇、震泽镇
	Ⅱ-05 西山岛重要物种保护-水文调节功能区	吴中区	金庭镇、光福镇漫山岛、香山街道长沙岛、香山街道叶山岛、东山镇(岛)
	Ⅲ-18 太湖东岸重要生境维持-水文调节功能区	吴江区	滨湖街道
		吴中区	胥口镇、木渎镇、临湖镇、横泾街道、东山镇、香山街道、光福镇
	Ⅲ-20 太湖西部湖区重要生境维持-水文调节功能区	吴中区	太湖湖体
	Ⅱ-10 太湖南部湖区重要生境维持-水文调节功能区	吴中区	太湖湖体
	Ⅰ-05 太湖东部湖区重要物种保护-水文调节功能区	虎丘高新区	太湖湖体
		吴中区	太湖湖体
		吴江区	太湖湖体
	Ⅲ-17 淀山湖东岸重要生境维持-水文调节功能区	昆山市	千灯镇、淀山湖镇、张浦镇、锦溪镇、周庄镇
		吴江区	同里镇、黎里镇
		吴中区	甪直镇
	Ⅳ-12 昆太城镇重要生境维持-水文调节功能区	太仓市	娄东街道、双凤镇、城厢镇
		昆山市	陆家镇、花桥镇、周市镇、玉山镇、巴城镇
	Ⅳ-11 太仓北部重要生境维持-水质净化功能区	太仓市	璜泾镇、浏河镇、浮桥镇、沙溪镇
	Ⅲ-15 常熟北部水环境维持-水质净化功能区	常熟市	梅李镇、碧溪新区、海虞镇
	Ⅲ-16 常熟城镇重要生境维持-水文调节功能区	常熟市	尚湖镇、沙家浜镇、辛庄镇、虞山镇、昆承湖

续 表

地级市	分区名称	县、区	镇、街道
苏州市	Ⅳ-10 常熟东部水环境维持-水质净化功能区	常熟市	古里镇、董浜镇、支塘镇
	Ⅳ-08 张家港城镇重要生境维持-水质净化功能区	张家港市	锦丰镇、大新镇、金港镇、杨舍镇
	Ⅳ-09 张家港东部水环境维持-水质净化功能区	张家港市	凤凰镇、塘桥镇、常阴沙农场、乐余镇、南丰镇

表 5.2-3(d)　南京市、镇江市管理分区单元

地级市	分区名称	县、区	镇、街道
南京市	生态Ⅲ级区-05 溧高重要生境维持-水文调节功能区	高淳区	桠溪镇、东坝镇
镇江市	生态Ⅳ级区-01 镇江北部重要物种保护-水文调节功能区	丹徒区	辛丰镇
		京口区	象山镇、正东路街道、健康路街道、四牌楼街道、大市口街道、谏壁镇
		润州区	七里甸街道、宝塔路街道、金山街道、和平路街道、蒋乔街道、官塘桥街道
		镇江新区	丁岗镇、姚桥镇、丁卯街道、大港街道、大路镇
	生态Ⅱ级区-01 镇江东部水环境维持-水源涵养功能区	丹徒区	宜城街道、谷阳镇、宝堰镇、上党镇
		句容市	白兔镇、茅山镇、茅山风景区、边城镇、下蜀镇
	生态Ⅲ级区-01 丹阳城镇水环境维持-水质净化功能区	丹阳市	珥陵镇、开发区、练湖农场、司徒镇、延陵镇、云阳街道
	生态Ⅲ级区-02 丹阳东部水环境维持-水文调节功能区	丹阳市	界牌镇、新桥镇、后巷镇、埤城镇
	生态Ⅲ级区-03 丹武重要生境维持-水质净化功能区	丹阳市	导墅镇、皇塘镇、吕城镇、陵口镇、访仙镇

6 太湖流域水环境基准与标准

6.1 研究概况

6.1.1 主要背景

江苏省太湖流域范围现行的环境管理区划包括《太湖流域水功能区划(2010—2030)》《江苏省地表水(环境)功能区划》《太湖流域水污染防治条例》中规定的"一、二、三级"保护区、《江苏省重要生态功能保护区区划》及《全国主体功能分区》等。但上述区划都并非基于区域水生态系统特征所建立,缺乏对区域水生态功能的考虑,也难以在其基础上建立体现区域差异的水质标准体系,不能满足面向水生态系统保护的水质目标管理的要求。

太湖流域水环境管理执行的是国家《地表水环境质量标准》(GB 3838—2002),但其标准值基本是参考发达国家水质基准而来,缺乏与我国具体水环境及生态特征相适应的水质基准的科学支撑,正是由于我国与国外的生物区系不同,同样采用"物种敏感度分布曲线法""毒性百分数排序法"和"评价因子法"分别推导得到的国外水质基准值与我国水质基准值存在明显差异;目前,我国的标准中所列出的指标大多为理化指标,很少涉及水生态评价的指标。《地表水环境质量标准》适用于全国江河、湖泊、运河、渠道、水库等具有使用功能的地表水水域,没有考虑太湖流域不同区域特征污染物浓度限值的分区差异,标准推荐值范围的确定也未针对污染源的治理技术现状和水质、水生态的变化来科学地确定。这些问题的存在,使得现有的水环境质量标准体系,已远远不能满足太湖流域实际的水污染防治和管理需要。

6.1.2 工作基础

"十一五"期间,国家水体污染控制与治理科技重大专项初步在太湖流域建立了流域水环境基准及标准技术框架,选择太湖流域为湖泊型流域示范,通过流域水生态格局与水生态功能状况研究,针对水环境质量基准制定方法开展了探索性研究,取得了一些初步的研究成果;对沉积物评价、水生生物评价技术开展探索评价研究，针对氨氮、有毒重金属、有机毒物等制定了水环境质量基准阈值。如赵芊渊等运用概率物种敏感度分布法获得太湖水体中铜的急性水质基准值为 1 457 μg/L，慢性水质基准值为 326 μg/L；不同类别物种敏感性存在差异，无脊椎动物较脊椎动物更敏感，甲壳类敏感性大于鱼类。概率物种敏感度分布法与传统的物种敏感度分布法相比，更全面合理地考虑多种毒性效应，曲线拟合效果好，受数据量大小影响较小，结果更加稳定[186]。石小荣等参照美国环境保护署《推导保护水生生物及其用途的国家水质基准的技术指南》和氨氮基准文件，结合我国水生生物区系特点，筛选太湖流域广泛存在的水生生物物种并收集相应的毒性数据，研究和推导了不同条件下氨氮对太湖流域淡水水生生物的毒理学基准，氨氮基准最大浓度和基准连续浓度分别为 3.20 mg/L 和 1.79 mg/L，国家氨氮基准最大浓度和基准连续浓度分别为 3.79 mg/L 和 1.79 mg/L，与同样条件下的美国氨氮基准值相比差异较小，太湖流域氨氮基准值与国家氨氮基准值差异性不大[187]。

6.1.3 科技需求

由于缺乏适合太湖流域生态特点的水质基准的科学支撑，太湖流域现行的水质标准对于区域水生生物及其用途很可能存在“过保护”或“欠保护”的问题，导致对当前环境质量状况的判断存在偏差，难以满足以水生态功能保护为内涵的流域水质管理的需求。“十一五”期间，基于太湖流域水生态保护的目标，在水环境质量基准和标准体系方面已开展了一些基础研究工作，建立了太湖流域水环境基准及标准技术框架，制定了一系列水环境质量基准阈值。但是，不同区域其污染水平和污染特征不同，社会、经济和技术发展水平有差异，针对不同功能分区的标准推荐值范围也需要针对污染源的治理技术现状和水质、水生态的变化来科学地确定。为完善太湖流域水环境质量评价技术体系，需在“十一五”水质基准研究的基础上，进一步进行太湖流域污染物治理技术水平、经济技术可达性分析，并结合对太湖流域水质变化趋势和水生态演变的监控结果，确定适合太湖流域生态特点、体现分区差异的水质标准推荐值，为以水生态功能保护为内涵的环境管理决策提供科学依据。

6.1.4 研究内容

基于“十一五”太湖流域主要污染物的水质基准与水生态功能分区研究成果，通过太湖流域不同水生态功能分区中主要污染物浓度分布和历史演变规律分析，水生态演变趋势调查和评估，以及易引起水质波动的主要污染物排放浓度和总量调控范围研究，制定主要污染物水质基准的修订和校正技术方案，并且获得相应的水质标准推荐值；按照“分区、分类、分级、分期”的管理模式，选择典型示范区，逐步开展不同水生态功能分区内水质标准推荐值的验证与示范，调整并最终确定阶梯式水质标准推荐值;从政策层面提出相应的保障方案,力争实现统一的基于水质基准的水质标准体系,确保水生态系统的健康发展,同时也在污染物总量减排中发挥积极作用。

6.2 太湖流域水环境多介质典型特征污染因子筛选

太湖污染情况复杂,包括营养盐、重金属和有机物等多种污染物,同时污染来源广泛,涵盖工业、农业和生活污水等,这些污染物广泛分布于大气、水和沉积物中。开展我省太湖流域水生态功能区不同介质中典型特征污染物分析,可以为后续开展水质基准修订和校正、以及水质基准、标准等相关研究提供科学依据。研究以文献综述和已有科研成果为基础,结合当地经济社会发展、污染源排放等进行综合分析。具体包括以下几个方面:

① 研究框架的建立。针对研究目标,详实地调研已有研究和国内外的方法,建立确实有效的多介质典型特征污染因子筛选方法,并针对太湖流域对不同环境介质进行筛选。

② 污染物资料收集。针对太湖流域的大气、水、沉积物中的营养物质、重金属和有机污染物,收集国内外文献中的相关报道,结合实验室已有研究成果,同时整理采样地点、时间、风速、浊度等背景情况信息,对不符合质量控制的数据进行删减,整理成太湖流域污染物调查数据库。

③ 污染物风险表征方法的建立与优化。针对本项目的研究目标,将研究介质分为水环境和沉积物环境两种,在文献调研和实验室已有研究的基础上,筛选并建立在不同环境介质中,污染物风险表征的方法及过程。

④ 特征污染因子筛选。基于筛选出的不同介质的污染物风险表征方法,结合污染浓度与毒性大小进行污染物生态风险等级评估,进而筛选太湖流域特征污染因子。

6.2.1 太湖水体高生态风险污染物筛选

1. 太湖水体高生态风险污染物筛选框架

筛选太湖水体中对生态系统潜在影响较大的污染物,是太湖水域生态风险管理和污染物控制的基础性工作。从量大面广的太湖化学污染物中筛选出对生态系统潜在风险较大而需要加强管理和控制的物质需要一个模式化的流程,根据美国环境保护署的建议,本章提出了太湖水体高生态风险污染物筛选框架(见图 6.2-1)。框架分为三个阶段:a. 问题形成;b. 风险分析与风险表征;c. 因子筛查。本章的目的即筛选出太湖水体中生态风险值较高的化学污染物。这一研究既需要分析太湖水体中各污染物的暴露浓度,也要考虑这些化合物对水域中典型生物的毒性效应。在获得相关污染物暴露浓度和毒性效应值后，再将二者结合起来进行风险的表征，本章中的风险表征采用较为普遍的商值法。最后主要根据风险商的大小进行因子筛查，选出太湖水体中高生态风险的污染物。

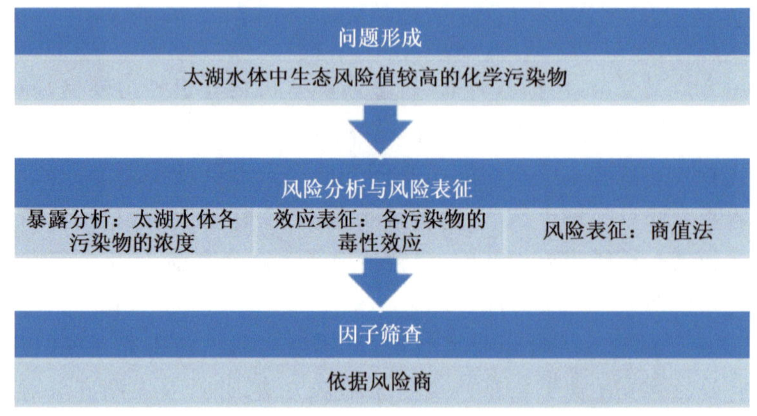

图 6.2-1　太湖水体高生态风险化学污染物筛选框架

2. 太湖水体典型污染物数据库

通过检索 Web of Science 数据库已发表的文献中污染物浓度数据，涉及的污染物包括苯酚及其衍生物、多氯联苯、邻苯二甲酸盐(酯)、多环芳烃、全氟化合物、重金属等物质，在太湖五个水生态功能区，开展水质采样与分析，每一种污染物涉及至少 12 个采样点，但没有采用针对特定区域污染物调查的数据，如饮用水源区的农药污染水平的研究。此外，根据污染物在水体中的总浓度进行生态风险评价，暂不考虑化合物的存在形态和水体其他因素的影响，如溶解性有机物对污染物生物可利用性的影响等。在数据采集的过程中根据质量控制与质量保证的原则对相关数据进行了筛查，针对筛选出的数据进行风险分析和特征排序。污染物的平均浓度是所有检出点污染物浓度的平均水平，所以对于检出率较低的污染物而言，仅仅根据浓度-效应的关系来进行风险评价可能会造成整个太湖范围内生态风险高估。表 6.2-1 列出了搜集到的太湖中典型污染物质信息数据库的中文名称、CAS 号和浓度水平。

3. 污染物的毒性效应表征

污染物对生态系统的影响的基础是污染物对生物的毒性作用，因此污染物对生态系统中典型物种的毒性作用是生态风险评价的重要组成部分。在本章中，选择绿藻作为浮游植物的代表，大型溞作为浮游动物的代表，青鳉或者黑头呆鱼作为鱼类的代表。毒性数据来自美国 EPA 的 ECOTOX 数据库，如果数据库没有相关污染物的毒性数据，则采用 EPA 的 EPIWEB 4.0 软件的 ECOSAR 模块进行定量构效关系(QSAR)计算。需要说明的是，如果 ECOTOX 数据库有青鳉的毒性数据，

表 6.2-1　太湖水体中典型污染物质信息数据库

序号	污染物名称	CAS号	水体污染物平均浓度(ppt)	毒性数值(单位:ppm)			风险商值		
				大型溞(48 h/LC_{50})	绿藻(96 h/EC_{50})	鱼(96 h/LC_{50})	大型溞风险商	绿藻风险商	鱼风险商
多环芳烃									
1	萘	91-20-3	1,154	4.1	7.27^{B}	7.9	0.000 281 5	3.87E-05	4.90E-06
2	苊	83-32-9	72	1.3	0.52	1.73	5.54E-05	0.000 106 5	6.16E-05
3	芴	86-73-7	122	1.64	3.4^{A}	2.159	7.44E-05	2.19E-05	1.01E-05
4	菲	85-1-8	153	0.7	0.33^{C}	0.375^{A}	0.000 218 6	0.000 662 3	0.001 766 2
5	蒽	120-12-7	n. d.	0.947	1.04^{AB}	1.187^{A}	—	—	—
6	荧蒽	206-44-0	44	0.51^{A}	54.6^{A}	0.095^{A}	8.63E-05	1.58E-06	1.66E-05
7	芘	129-00-0	30	0.135	894^{A}	0.2	0.000 222 2	2.49E-07	1.24E-06
8	1,2-苯并[a]蒽	56-55-3	5	0.194^{A}	0.292^{A}	0.14^{A}	2.58E-05	8.83E-05	0.000 630 5
9	屈	218-01-9	12	0.133	0.292^{A}	0.14^{A}	9.02E-05	0.000 309	0.002 207 1
苯酚									
10	苯酚	108-95-2	75	12.8	87	38.3	5.86E-06	6.73E-08	1.76E-09
11	邻苯二酚	120-80-9	1 039	255.855	1.141	3.5	4.06E-06	3.56E-06	1.02E-06
12	间甲酚	108-39-4	5.7	18.8	23.911	55.9	3.03E-07	1.27E-08	2.27E-10
13	2,4-二甲基苯酚	105-67-9	11.8	2.1	12.54	12.6	5.62E-06	4.48E-07	3.56E-08
14	4-氯-3,5-二甲基苯酚	88-04-0	64.9	2.892	12.54	6.541	2.24E-05	1.79E-06	2.74E-07
15	2-硝基苯酚	88-75-5	464.2	13.1	38.095	24.2	3.54E-05	9.30E-07	3.84E-08
16	邻甲酚	95-48-7	30.1	5	23.911	12.55	6.02E-06	2.52E-07	2.01E-08
17	间苯二酚	108-46-3	8.5	255.855	1.141	56.5	3.32E-08	2.91E-08	5.15E-10

续 表

序号	污染物名称	CAS号	水体污染物平均浓度(ppt)	毒性数值(单位:ppm)			风险商值		
				大型溞(48 h/LC_{50})	绿藻(96 h/EC_{50})	鱼(96 h/LC_{50})	大型溞风险商	绿藻风险商	鱼风险商
18	4-甲基苯酚	106-44-5	27	22.7	21[D]	19	1.19E-06	1.28E-06	1.19E-06
19	2,5-二氯苯酚	583-78-8	26.9	2.994	12.74	3.3	8.98E-06	7.05E-07	2.14E-07
20	2,4,6-三氯酚	88-06-2	35.9	6.64	5.6	2.74	5.41E-06	9.65E-07	3.52E-07
21	邻苯基苯酚	90-43-7	14	0.71	5[C]	3.4	1.97E-05	3.94E-06	1.16E-06
22	2,6-二甲基苯酚	576-26-1	10	11.2	12.54	6.541	8.93E-07	7.12E-08	1.09E-08
23	2,6-二氯苯酚	87-65-0	10	9.7	3.4	6.288	1.03E-06	3.03E-07	4.82E-08
24	4-氯-2-硝基苯酚	89-64-5	8	4.413	19.236	10.19	1.81E-06	9.42E-08	9.25E-09
25	2-氯苯酚	95-57-8	6	12	70	16	0.000 000 5	7.14E-09	4.46E-10
26	2,4-二氯酚	120-83-2	19.6	3.68	9.2	7.75	5.33E-06	5.79E-07	7.47E-08
27	2,6-二氯苯酚	87-65-0	5	2.994	9.7	6.288	1.67E-06	1.72E-07	2.74E-08
28	2,3,5-三氯苯酚	933-78-8	3	1.564	6.252	2.57	1.92E-06	3.07E-07	1.19E-07
29	2,4,5-三氯苯酚	95-95-4	14.6	1.564	6.252	2.57	9.34E-06	2.34E-06	5.68E-06
30	2-异丙基苯酚	88-69-7	3	2.012	8.423	3.965	1.49E-06	1.77E-07	4.46E-08
31	4-氯-3-甲酚	59-50-7	0.6	2	12.772	4.05	0.000 000 3	2.35E-08	5.80E-09
32	4-叔丁基苯酚	98-54-4	1 260	1.228	4.919	5.14	0.001 026 1	0.000 208 6	4.06E-05
33	2,6-二叔丁基-4-乙基苯酚	4130-42-1	577	0.124	0.405	0.092	0.004 653 2	0.011 489	0.124 885
34		87-97-8	554	0.683	2.521	0.821	0.000 811 1	0.000 321 7	0.000 391 9
35	2,5-二叔丁基酚	5875-45-6	593	0.14	0.465	0.112	0.004 235 7	0.009 109 1	0.081 331
36		1138-52-9	291	0.14	0.465	0.112	0.002 078 6	0.004 47	0.039 911 1
37	2,5-二特丁基对苯二酚	88-58-4	172	0.275	0.398	0.167	0.000 625 5	0.001 571 5	0.009 410 1

续 表

序号	污染物名称	CAS号	水体污染物平均浓度(ppt)	毒性数值(单位:ppm)			风险商值		
				大型溞(48 h/ LC_{50})	绿藻(96 h/ EC_{50})	鱼(96 h/ LC_{50})	大型溞风险商	绿藻风险商	鱼风险商
全氟化合物									
38	全氟辛基磺酰氟	307-35-7	n. d.	0.000 193	0.001 15	0.006^{A}	—	—	—
39	十七氟辛烷磺酸溶液	1763-23-1	26.5	0.707^{A}	2.149^{A}	0.666^{A}	3.75E-05	1.74E-05	2.62E-05
40	全氟庚酸	375-85-9	1.7	3.024^{A}	6.103^{A}	3.276^{A}	5.62E-07	9.21E-08	2.81E-08
41	全氟辛酸	335-67-1	21.7	0.56^{A}	1.72^{A}	0.526^{A}	3.875E-05	2.25E-05	4.28E-05
42	全氟壬酸	375-95-1	n. d.	0.102^{A}	0.478^{A}	0.082^{A}	—	—	—
43	十九氟癸酸	335-76-2	n. d.	0.018^{A}	0.131^{A}	0.013^{A}	—	—	—
44	全氟十一酸	2058-94-8	n. d.	0.003^{A}	0.036^{A}	0.002^{A}	—	—	—
45	全氟十二烷酸	307-55-1	0.6	0.000 585	0.01^{A}	0.000 311	0.001 025 6	0.000 06	0.001 929 3
多氯联苯									
46	2,3′,4′,5-四氯联苯	32598-11-1	631	0.037^{A}	0.115^{A}	0.035	0.017 054	0.148 296	4.237 032
47	2,2′,3,4-四氯联苯	52663-59-9	651	0.037^{A}	0.115^{A}	0.035	0.017 595	0.152 996	4.371 328
48		14962-28-8	693	0.217	0.73	0.182	0.003 194	0.004 375	0.024 037
49	2,3,3′,5-四氯联苯	70424-67-8	621	0.037	0.115^{A}	0.035	0.016 784	0.145 946	4.169 884
50	2,2′,4,5′-四氯联苯	41464-40-8	70.2	0.037	0.115^{A}	0.035	0.001 897 3	0.016 498	0.471 378 2
酯类									
51	酞酸二甲酯	131-11-3	42 600	88.269	35.8	39	0.000 482 6	1.35E-05	3.46E-07
52	酞酸二乙酯	84-66-2	6 980	52	21	16.8	0.000 134 2	6.39E-06	3.80E-07
53	邻苯二甲酸二异丁酯	84-69-5	4 220	2.212	0.724	0.9	0.001 907 8	0.002 635	0.002 927 8

续 表

序号	污染物名称	CAS号	水体污染物平均浓度(ppt)	毒性数值(单位:ppm)			风险商值		
				大型溞（48 h/ LC_{50}）	绿藻（96 h/ EC_{50}）	鱼（96 h/ LC_{50}）	大型溞风险商	绿藻风险商	鱼风险商
54	邻苯二甲酸二丁酯	84-74-2	8 790	3.7	0.4	1.3	0.002 375 7	0.005 939 2	0.004 568 6
55	邻苯二甲酸二异辛酯	27554-26-3	7 740	0.011	0.002	0.012	0.703 636	3.87	0.645
56	2,4-二氯苯甲酸甲酯	35112-28-8	22 400	11.399	4.308	6.405	0.001 965 1	0.000 456 1	7.12E-05
57	2,5-二氯苯甲酸甲酯	68214-43-7	9 300	11.399	4.308	6.405	0.000 815 9	0.000 189 4	2.96E-05
58	2,6-二氯苯甲酸甲酯	14 920-87-7	312	11.399	4.308	6.405	2.74E-05	6.35E-06	9.92E-07
59	2,3-二氯苯甲酸甲酯	2905-54-6	524	11.399	4.308	6.405	4.60E-05	1.07E-05	1.67E-06
60	3,5-二氯苯甲酸甲酯	2905-67-1	330	11.399	4.308	6.405	2.89E-05	6.72E-06	1.05E-06
61	3,4-二氯苯甲酸甲酯	2905-68-2	1 690	11.399	4.308	6.405	0.000 148 3	3.44E-05	5.37E-06
其他有机污染物									
62	2,4-二氯苯乙酮	2234-16-4	1 840	13.473	9.714	20.724	0.000 136 6	1.41E-05	6.78E-07
63	2-氨基蒽	613-13-8	215	0.95	6.657[A]	5.044[A]	0.000 226 3	3.40E-05	6.74E-06
64	2,6-二叔丁基-4-甲基苯	128-37-0	1 290	0.221	0.758[A]	5.3[A]	0.005 837 1	0.007 700 7	0.001 453
65	2,3-二甲基氢醌	608-43-5	347	0.351	0.395	0.139	0.000 988 6	0.002 502 8	0.018 006
66	均三甲苯胺	88-5-1	458	0.921	5.438	8.267	0.000 497 3	9.14E-05	1.11E-05
67	4-甲氧基间苯二胺	615-05-4	699	6.995	2.926	1 804.384	9.99E-05	3.42E-05	1.89E-08
68	4-溴-3-氯苯胺	21402-26-6	42.7	1.477	8.5	14.359	2.89E-05	3.40E-06	2.37E-07
69	2,5-二氯-4-硝基苯胺	6627-34-5	677	1.383	8.249	12.029	0.000 489 5	5.93E-05	4.93E-06
70	N-苯基-2-萘胺	135-88-6	4 300	0.926	1.283	1.14	0.004 643 6	0.003 619 4	0.003 174 9
71		142057-77-0	174	—	—	—	—	—	—

续 表

序号	污染物名称	CAS号	水体污染物平均浓度(ppt)	毒性数值(单位:ppm)			风险商值		
				大型溞(48 h/LC_{50})	绿藻(96 h/EC_{50})	鱼(96 h/LC_{50})	大型溞风险商	绿藻风险商	鱼风险商
72	白菖烯	17334-55-3	563	0.041	0.116[A]	0.04	0.013 732	0.118 377	2.959 42
73		63548-02-7	4 780	—	—	—	—	—	—
74	N,N-二甲基-1-萘胺	86-56-6	2 270	5.054	5.933	8.623	0.000 449 1	7.57E-05	8.78E-06
75	—	59132-35-3	269	—	—	—	—	—	—
76	—	4440-33-9	262	0.466	0.828	0.449	0.000 562 2	0.000 679	0.001 512 3
77	—	10224-91-6	3 380	0.037	0.11	0.035	0.091 351	0.830 467	23.727 62
78	—	56324-70-0	77.1	0.565	0.805	0.69	0.000 136 5	0.000 169 5	0.000 245 7
重金属									
79	铜	7440-50-8	2 876	0.033[E]	0.042 8	0.027 8	0.087 152	0.067 196	0.103 453
80	镉	7440-43-9	47	0.062[E]	0.341	0.016	0.000 758 1	0.000 137 8	0.002 937 5
81	铬	7440-47-3	1 290	0.022[E]	—	52	0.058 636	—	2.48E-05
82	镍	7440-02-0	2 443	—	0.233	—	—	0.010 485	—
83	铅	7439-92-1	n. d.	4.4[E]	2.655	—	—	—	—
84	锡	7440-31-5	183	—	—	—	—	—	—
85	锑	7440-36-0	4 641	—	—	—	—	—	—
86	锌	7440-66-6	8 778	2.85[E]	0.178	2.54	0.003 08	0.049 315	0.003 455 9
87	锰	7439-96-5	1 726	—	—	—	—	—	—
88	砷	7440-38-2	3 200	3.8[E]	—	9.9	0.000 842 1	—	0.000 323 2

注:A. 污染物在纯水体系中溶解度低于该值;B. 7 d的EC_{50};C. 72 h的EC_{50};D. 48 h的EC_{50};E. 实验数值为72～96 h的EC_{50};n. d. 表示在水域中没有检测出该物质;有机物的"—"表示在EPA的ECOTOX数据库中没有相应毒性数值且不能用ECOSAR计算得到;重金属的"—"表示ECOTOX数据库中没有相应的毒性数值;风险商的"—"表示污染物没有被检出或者缺乏毒性数据而不能进行计算。

就用青鳉作为鱼类代表，否则选用黑头呆鱼的毒性数据，如果两种鱼的毒性数据都没有，则采用 ECOSAR 计算的鱼类毒性数值。绿藻的毒性终点采用 96 h 的半效应浓度(EC_{50})，大型溞采用 48 h 的半致死浓度(LC_{50})，鱼类采用 96 h 的 LC_{50}。在生态风险的研究中，一般采用的毒性重点为无可见效应浓度(NOEC)或者最低可见效应浓度(LOEC)，但本章涉及的污染物的 NOEC 和 LOEC 的数据非常缺乏，如果使用模型进行急性-慢性推导又会增加结果的不确定性，因此选用实验数据较多的 LC_{50} 和 EC_{50}。本章研究的目的不是定量地进行风险管理，而是为了筛选出潜在风险的污染物，所以在污染物对于同一物种的毒性终点一致时，所得到的风险商结果具有可比性。表 6.2-1 列出了污染物对三种水生生物的毒性效应。

为了验证本章研究采用的 QSAR 的可靠性，对比了实验和计算的毒性数值，用实验-计算比(Experiment-Calculation Ratio, ECR)以 10 为底的对数值 lg*ECR* 表示偏离度，见公式 6.1。

$$\lg ECR = \lg \frac{exp.\ data}{cal.\ data} \tag{6.1}$$

其中：*exp. data* 表示实验获得的毒性数值；*cal. data* 表示 QSAR 计算得到的毒性数值。结果表明，在 66 个有机污染物的 lg*ECR* 值中，只有 4 个值是大于 1 或者小于−1，即实验值和计算值存在数量级的差异。而且 74%的数值在−0.301 与 0.301 之间，即实验和计算的结果相差两倍以内(见图 6.2-2)。所以认为计算得到的有机污染物的毒性值是可信的。但与有机污染物的结果相反，重金属污染物的所有实验毒性值和计算值都存在数量级差异。因此，本章对于重金属的毒性效应仅针对已有毒性数据，不应用 QSAR 计算毒性值。

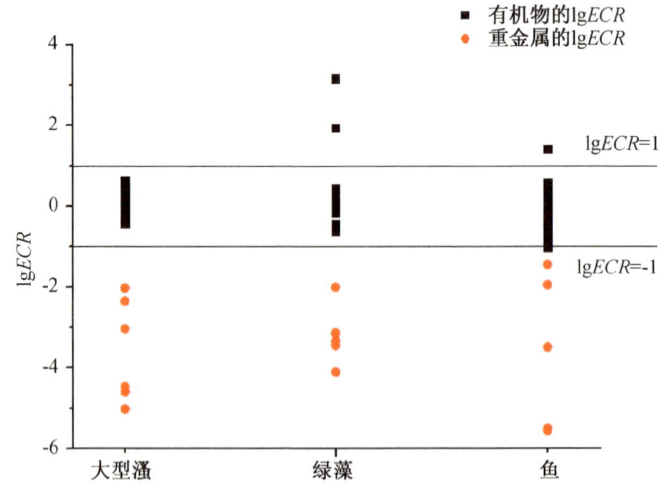

图 6.2-2　污染物毒性的实验-计算比

4. 污染物风险表征

采用广泛运用的商值法作为风险表征的方法。该方法简单易行、可操作性强，且无需引入权重和经验值，具有更高的可行性。风险商值(Risk Quotient, RQ)的计算公式为：

$$RQ = \frac{EXP}{TOX} \tag{6.2}$$

其中：RQ 为风险商值，EXP 表示暴露浓度，ng/L；TOX 为毒性值，ng/L。尽管污染之间存在联合作用的可能，但由于绝大部分化合物的致毒机制不明确，暂考虑单独的风险商值。表 6.2-1 列出了各污染物对于不同生物的风险商值。

5. 高风险污染物

由风险评价的结果可知，部分污染物对三种生物的风险商值都小于 0.01，可以认为基本不存在生态风险。在有机污染物中，邻苯二甲酸二异辛酯对三种生物都有较高的风险商值，对大型溞、绿藻和鱼的风险商分别为 0.7、3.87 和 0.645。另一方面，该物质在太湖范围内被检出的频率达到 83%，须对该物质进行管理。PCBs 类化合物、白菖烯、10224 - 91 - 6、2,6 -二叔丁基- 4 -乙基苯酚、2,3 -二甲基氢醌和 2,5 -二叔丁基酚在检出点都具有潜在的生态风险，特别是前三者对三种生物均具有风险，但这些化合物的检出率都较低，所以需要加强这些化合物的监测。重金属污染物方面，铜对三种生物都具有生态风险，其中对鱼的风险商值超过 0.1，非常值得进一步关注。尽管铜的毒性数据全部是实验值，但由于不同的实验条件得到的毒性数值会有很大区别，例如在不同的温度、不同的 pH 条件下。因此要进一步加强太湖水域铜的生态风险的研究。另一方面，鉴于其在太湖水体的检出率达到 100%和目前的初步结论，管理部门必须加强对铜排放的管理。同时，铬对大型溞以及镍和锌对绿藻的风险商值也都超过 0.01，这几种重金属的生态风险也值得进一步地研究。综上所述，太湖水体中需要关注的污染物的风险排序结果见表 6.2-2。

表 6.2-2　太湖水体中优先污染物

优先污染物排序	污染物名称
1	邻苯二甲酸二异辛酯
2	铜
3	锌、镍
4	PCBs 类化合物、白菖烯、10 224-91-6、 2,6-二叔丁基-4-乙基苯酚、2,3-二甲基氢醌和 2,5-二叔丁基酚

6.2.2 太湖沉积物高生态风险污染物筛选

1. 太湖沉积物高生态风险污染物筛选框架

沉积物中高生态风险污染物的筛选过程(见图 6.2-3)与水体中的筛选过程基本一致,但由于沉积物体系的复杂性和目前研究的局限性,采用文献已经报道的沉积物毒性参考值来替代水体生态风险评价中使用的生物毒性效应值。

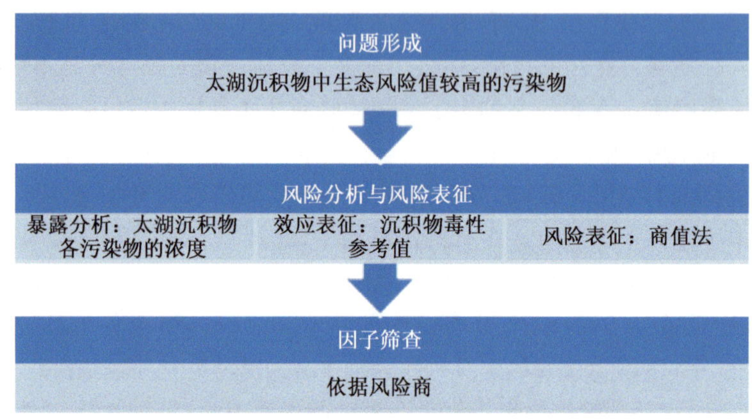

图 6.2-3 太湖沉积物高生态风险污染物筛选框架

2. 太湖沉积物中典型污染物数据库

通过检索 Web of Science 数据库已发表的文献中沉积物污染物浓度数据,涉及的污染物包括重金属、有机氯农药、多氯联苯和多环芳烃等,在太湖五个水生态功能区,开展至少 18 个采样点的沉积物采样与分析,暂不考虑污染物的化学形态和生物可利用性,而污染物的浓度也是所有检出点浓度的平均值,因此对存在高度生态风险的污染物,也会对检出率做进一步分析。表 6.2-3 列出了涉及污染物质的中文名称、CAS 号和浓度水平。

3. 污染物的毒性参考值

为了有效地应对沉积物污染,国际上很早就展开了针对建立沉积物环境质量基准的研究,但最初基准都是参考污染物的背景值订立的,这样的方法很难有效准确地揭示污染物的生态效应。于是,人们越来越倾向于研究和应用依据毒性实验订立的沉积物基准,相应的标准值就称为毒性参考值。因为不同地区的沉积物具有较大的异质性,而太湖的沉积物质量基准并没有建立,所以为了降低风险评价的不确定性,采用了三个不同的毒性参考体系:ISQG-PEL(interim sediment quality guideline-probable effect level)体系、ERL-ERM(effects range low-median)体系和 T20-T50(Toxicity 20-50)体系。ISQG-PEL 体系由加拿大环境部长理事会(Canadian

表 6.2-3　太湖沉积物中典型污染物质信息数据库

序号	污染物名称	CAS 号	沉积物污染物平均浓度(ppb)	ISQG-PEL 体系（参考值单位：ppb，风险商为无量纲）				ERL-ERM 体系（参考值单位：ppb，风险商为无量纲）				T20-T50 体系（参考值单位：ppb，风险商为无量纲）			
				ISQG	ISQG 风险商	PEL	PEL 风险商	ERL	ERL 风险商	ERM	ERM 风险商	T20	T20 风险商	T50	T50 风险商
有机氯农药															
1	林丹	58-89-9	4.5	0.94	4.787 23	1.38	3.260 87	—	—	—	—	—	—	—	—
2	p,p′-DDE	72-55-9	0.2	1.42	0.140 84	6.75	0.029 63	2	0.1	15	0.013 33	3.1	0.064 516	100	0.002
3	p,p′-DDT	50-29-3	4.1	1.19	3.445 37	4.77	0.859 53	1	4.1	7	0.585 71	1.7	2.411 765	11	0.372 72
4	p,p′-DDD	72-54-8	3.9	3.54	1.101 69	8.51	0.458 28	2	1.95	20	0.195	2.2	1.772 727	19	0.205 26
5	七氯	76-44-8	1.9	0.6	3.166 66	2.74	0.693 43	—	—	—	—	—	—	—	—
6	异狄氏剂	72-20-8	18.7	2.67	7.003 74	62.4	0.299 67	0.02	935	45	0.415 55	—	—	—	—
7	狄氏剂	60-57-1	0.5	2.85	0.175 43	6.67	0.074 96	0.02	25	8	0.062 5	0.83	0.602 41	2.9	0.172 41
8	环氧七氯	1024-57-3	0.2	0.6	0.333 33	2.74	0.072 99	—	—	—	—	—	—	—	—
多环芳烃与多氯联苯															
9	萘	91-20-3	0.93	34.6	0.026 87	391	0.002 37	160	0.005 81	2 100	0.000 44	30	0.031	220	0.004 22
10	苊烯	208-96-8	1.69	5.87	0.287 90	128	0.013 20	40	0.042 25	640	0.002 64	14	0.120 714	140	0.01207
11	苊	83-32-9	1.61	6.71	0.239 94	88.9	0.018 11	20	0.080 5	500	0.003 22	19	0.084 737	120	0.013 41
12	芴	86-73-7	5.94	21.2	0.280 18	144	0.041 25	20	0.297	540	0.011	19	0.312 632	110	0.054
13	菲	85-1-8	25	41.9	0.596 65	515	0.048 54	240	0.104 16	1 500	0.016 66	68	0.367 647	460	0.054 34
14	蒽	120-12-7	14.4	46.9	0.307 03	245	0.058 77	90	0.16	1 100	0.013 09	34	0.423 529	290	0.049 65
15	荧蒽	206-44-0	39.8	111	0.358 55	2 355	0.016 9	600	0.066 33	5 100	0.007 80	120	0.331 667	110	0.361 81
16	芘	129-00-0	30.4	53	0.573 58	875	0.034 74	660	0.046 06	2 600	0.011 69	120	0.253 333	930	0.032 68

续 表

序号	污染物名称	CAS 号	沉积物污染物平均浓度(ppb)	ISQG-PEL 体系(参考值单位:ppb,风险商为无量纲)				ERL-ERM 体系(参考值单位:ppb,风险商为无量纲)				T20-T50 体系(参考值单位:ppb,风险商为无量纲)			
				ISQG	ISQG 风险商	PEL	PEL 风险商	ERL	ERL 风险商	ERM	ERM 风险商	T20	T20 风险商	T50	T50 风险商
17	苯并[a]蒽	56-55-3	13.8	31.7	0.435 33	385	0.035 84	430	0.032 09	1 600	0.008 62	61	0.226 23	470	0.029 36
18	屈	218-01-9	25.1	57.1	0.439 58	862	0.029 11	380	0.066 05	2 800	0.008 96	82	0.306 098	650	0.038 61
19	苯并[b]荧蒽	205-99-2	34.3	—	—	—	—	320	0.107 18	1 880	0.018 24	130	0.263 846	1 110	0.030 90
20	苯并[k]荧蒽	207-08-9	10.5	—	—	—	—	280	0.037 5	1 620	0.006 48	70	0.15	540	0.019 44
21	苯并[a]芘	50-32-8	13	31.9	0.407 52	782	0.016 62	430	0.030 23	1 600	0.008 12	69	0.188 406	520	0.025
22	茚并[1,2,3-cd]芘	193-39-5	9.16	—	—	—	—	—	—	—	—	68	0.134 706	490	0.018 69
23	二苯并[a,h]蒽	53-70-3	6.6	6.22	1.061 09	135	0.048 88	—	—	—	—	19	0.347 368	110	0.06
24	苯并[g,h,i]苝	191-24-2	7.77	—	—	—	—	—	—	—	—	67	0.115 97	500	0.015 54
25	总多氯联苯		4.86	34.1	0.142 52	277	0.017 54	50	0.097 2	400	0.012 15	35	0.138 857	370	0.013 13
重金属															
26	砷	7440-38-2	13 500	5 900	2.288 13	17 000	0.794 11	33 000	0.409 09	85 000	0.158 82	7 400	1.824 324	20 000	0.675
27	汞	7439-97-6	110	170	0.647 05	486	0.226 33	150	0.733 33	1 300	0.084 61	140	0.785 714	480	0.229 16
28	铬	7440-47-3	56 200	37 300	1.506 70	90 000	0.624 44	80 000	0.702 5	145 000	0.387 58	49 000	1.146 939	140 000	0.401 42
29	铅	7439-92-1	51 800	35 000	1.48	91 300	0.567 36	35 000	1.48	110 000	0.470 90	30 000	1.726 667	94 000	0.551 06
30	镉	7440-43-9	940	600	1.566 66	3 500	0.268 57	5 000	0.188	9 000	0.104 44	380	2.473 684	1 400	0.671 42
31	铜	7440-50-8	36 700	35 700	1.028 01	197 000	0.186 29	70 000	0.524 28	390 000	0.094 10	32 000	1.146 875	94 000	0.390 42

注:“—”表示在相对应的标准体系里没有该物质的参考值,所以也就不能计算相对应的风险商。

Council of Ministers of the Environment，CCME）制定，即《加拿大淡水沉积物环境质量准则》。ISQG 表示沉积物质量暂行准则（interim sediment quality guideline），PEL 表示可能效应水平（probable effect level），前者是出于保护目的订立的临时标准，而后者是指浓度达到这个水平的污染物已经有可能造成生态效应了。ERL-ERM 体系由美国国家海洋与大气管理局（NOAA，National Oceanic and Atmospheric Administration）提出，目前在学术界得到了非常广泛的应用。ERL 意为效应范围低值（effect range low），表示如果污染物的浓度低于该值，那么效应一般不会出现；ERM 意为效应范围中值（effect range median），表示如果污染物浓度高于该值，那么效应将会经常发生。所以如果太湖中浓度高于 ERM 的污染物就必须加强管理，而介于 ERL 和 ERM 之间的物质则需要进一步研究。T20-T50 体系由 EPA 建立，T20 和 T50 分别代表污染物为相应浓度的沉积物有 20%和 50%对端足类生物有毒性效应。表 6.2-3 列出了这三个评价体系涉及的 6 个标准的数值。

4. 风险表征

针对沉积物污染物的风险表征也采用商值法。风险商值（Risk Quotient，RQ）的计算公式为：

$$RQ = \frac{EXP}{TRV} \tag{6.3}$$

其中：RQ 为风险商值；EXP 表示暴露浓度，ng/g；TRV 表示毒性参考值（Toxicity Reference Value，ng/g。表 6.2-3 列出了各污染物对于不同生物的风险商值。

5. 高风险污染物

在 ISQG-PEL 评价体系中，林丹、p，p′-DDT、p，p′-DDD、七氯、异狄氏剂、二苯并[a，h]蒽、砷、铬、铅、镉和铜等 11 种污染物的浓度超过 ISQG 值。其中林丹的浓度超过 PEL，相对于 PEL 参考值的风险商达到 3.26，是最可能具有生态效应的污染物，尽管另外两个评价体系没有林丹的参考值，但仅通过目前的结果就可以认为林丹是太湖沉积物里极其重要的污染物。与此同时，林丹的检出率将近 70%，说明林丹对太湖的污染是普遍性的，管理部门需要加强对该化合物的监管。其他 5 种化合物的浓度都没有超过 PEL，它们相对于 PEL 参考值的风险商值见表 6.2-3，其中二苯并[a，h]蒽相对于 PEL 参考值的风险商不到 0.05，所以具有生态效应的可能性极低，可以认为不存在生态风险。在 ERL-ERM 体系中，有 4 种化合物的浓度超过 ERL 参考值，分别是 p，p′-DDT、p，p′-DDD、异狄氏剂和铅。而它们的浓度均没有超过 ERM 参考值，相对应的风险商分别是 0.585、0.195、0.416 和

0.471。由此可见，在 ERL-ERM 评价体系里，p，p′-DDT 是最有可能具有生态效应的污染物。尽管异狄氏剂相对于 ERM 的风险商仅为 0.416，但其对于 ERL 的风险商达到 935，说明其浓度远远超过效应范围低值，而在 ISQG-PEL 体系评价结果中，该污染物对于 ISQG 的风险商也是所有污染物中最高的，所以该物质也是需要重点关注的。在 T20-T50 体系中，p，p′-DDT、p，p′-DDD、砷、铬、铅、镉和铜等污染物的浓度超过 T20 参考值，但也都没有超过 T50 参考值，相对于该值的风险商最好的污染物是砷和镉，风险商分别是 0.675 和 0.671。综上所述，有机污染物中的林丹、p，p′-DDT、p，p′-DDD、七氯、异狄氏剂和重金属污染物中的砷、铬、铅、镉、铜等 10 种污染物的生态风险是所有污染物中较高的，而且这些污染物的检出率都超过 40%。最后把 3 个体系中浓度超过低值的污染物按照对于高值的风险商的大小进行了排序（见表 6.2-4）。

林丹的浓度超过 PEL 值，显然是需要重点关注的污染物；而 p，p′-DDT 和铅在三个评价体系中都超过低值，且对于高值的风险商的排序都很靠前；而异狄氏剂在 ISQG-PEL 体系和 ERL-ERM 体系中都是对于低值的风险商最高的化合物。所以在 10 种具有较高生态风险的污染物中，林丹、p，p′-DDT、铅和异狄氏剂是最需要被关注的污染物质。

表 6.2-4　太湖沉积物中污染物风险商排序

污染物名称	PEL 风险商序号	ERL 风险商序号	T50 风险商序号
林丹	1	-	-
p，p′-DDT	2	1	6
砷	3	--	2
七氯	4	-	-
铬	5	--	4
铅	6	2	3
p，p′-DDD	7	4	7
异狄氏剂	8	3	-
镉	9	--	1
铜	10	--	5

注：“-”表示对应的评价体系中没有该物质的参考值，“--”表示该物质的浓度不超过相应体系的低值。

6.2.3　水质基准向标准转化的指标

1. 重金属（Cd、Cr^{6+}）

2001—2012 年太湖流域主要水体重金属监测数据表明，镉、铬（六价）均出现少量超标，其中镉超标率为0.14%，铬(六价)超标率为0.10%，如表6.2-5所示。

镉污染主要集中在河流。2001—2012年，浓度范围在0.000 01～0.180 99 mg/L，水质类别为Ⅰ类～劣Ⅴ类；年均值在0.000 26～0.000 62 mg/L之间，属Ⅰ类。共有30个河流断面超标，超标(Ⅲ类标准)倍数在0.06～35.20之间，超标严重的断面主要为：2003年11月戚浦塘浮桥断面超标35.20倍，2007年1月尧塘河太平桥断面超标9.38倍(表6.2-6)。

2001—2012年，铬(六价)浓度范围在0.001～0.143 mg/L，水质类别为Ⅰ类～劣Ⅴ类；年均值在0.003～0.005 mg/L之间，属Ⅰ类。共有20个河流断面超标，超标(Ⅲ类标准)倍数在0.02～1.86之间，超标严重的断面主要为：2007年3月望虞河312国道桥断面超标1.86倍，2003年1月锡栗漕河东尖大桥断面超标1.68倍，2003年3月九曲河访仙桥断面超标1.62倍(表6.2-6)。

表6.2-5　2001—2012年太湖流域主要水体镉和铬(六价)超标情况

指标	样本数	超标样本数	超标率(%)
镉	26 942	37	0.14
铬(六价)	28 495	29	0.10

表6.2-6　2001—2012年太湖流域主要水体镉和铬(六价)浓度数据统计

年份	镉			铬(六价)		
	最小值(mg/L)	平均值(mg/L)	最大值(mg/L)	最小值(mg/L)	平均值(mg/L)	最大值(mg/L)
2001年	0.000 04	0.000 46	0.019 99	0.002	0.004	0.064
2002年	0.000 02	0.000 61	0.039 99	0.001	0.004	0.082
2003年	0.000 01	0.000 62	0.180 99	0.001	0.005	0.134
2004年	0.000 01	0.000 53	0.007 00	0.002	0.004	0.051
2005年	0.000 04	0.000 45	0.003 00	0.001	0.004	0.049
2006年	0.000 02	0.000 44	0.008 20	0.001	0.004	0.091
2007年	0.000 05	0.000 42	0.051 90	0.002	0.004	0.143
2008年	0.000 02	0.000 41	0.026 00	0.002	0.004	0.063
2009年	0.000 01	0.000 42	0.005 00	0.001	0.004	0.120
2010年	0.000 01	0.000 35	0.005 00	0.001	0.004	0.072
2011年	0.000 01	0.000 27	0.004 80	0.001	0.004	0.084
2012年	0.000 01	0.000 26	0.004 80	0.001	0.003	0.042
2001—2012年	0.000 01	0.000 42	0.180 99	0.001	0.004	0.143

2. 叶绿素 a

2001—2012 年，太湖流域主要水体中，主要湖库监测叶绿素 a 浓度，主要河流中仅太湖主要入湖河流从 2012 年开始监测叶绿素 a 浓度。

从湖库监测结果来看，2001—2012 年，叶绿素 a 浓度范围在 0.000 5～0.734 mg/L，年均值在 0.016～0.034 mg/L 之间。浓度较高测点主要为：2006 年 9 月小湾里、2007 年 8 月百渎口、2007 年 11 月椒山断面，浓度均在 0.5 mg/L 以上（表 6.2-7）。

表 6.2-7　2001—2012 年太湖流域主要湖库叶绿素 a 浓度数据统计

年份	最小值(mg/L)	平均值(mg/L)	最大值(mg/L)
2001 年	0.000 5	0.031	0.429
2002 年	0.002 0	0.026	0.272
2003 年	0.000 7	0.016	0.159
2004 年	0.002 0	0.027	0.374
2005 年	0.002 0	0.027	0.451
2006 年	0.002 4	0.034	0.734
2007 年	0.001 0	0.028	0.591
2008 年	0.001 0	0.030	0.461
2009 年	0.000 8	0.021	0.187
2010 年	0.001 0	0.018	0.165
2011 年	0.002 0	0.021	0.192
2012 年	0.001 0	0.018	0.273
2001—2012 年	0.000 5	0.024 2	0.734

3. 硝基苯及苯胺

硝基苯在饮用水水源地每月监测 1 次，从 2011、2012 年太湖流域 28 个主要饮用水水源地每月监测数据来看，硝基苯均为未检出。苯胺在每年监测 1 次的饮用水水源地 109 项全分析时开展监测，从太湖流域 2011 年 28 个水源地监测数据来看，苯胺均为未检出。

7 太湖流域水质基准校正

7.1 水质基准校正方法

水质基准是进行水环境安全评价的标准，是环境管理与决策的重要手段。我国至今尚未系统地开展构建国家水环境基准与标准而进行的生态毒理学和环境健康学方面的研究，现有的环境标准体系尚缺乏科学性与准确性，这也制约着国家环境保护管理战略目标的实现。

采用美国 EPA 推荐的第二种国家基准的修订方法——水效应比值法，利用太湖地区的物种在本地原水和配置水中进行毒性暴露平行试验，然后利用污染物在原水中的毒性终点值除以在配置水中的同一毒性终点，得到水效应比值(WER)。该法主要关注水质差异造成的影响。根据太湖流域地域特征对水质基准进行修订和校正，整个校正将分为三个阶段：

一般性生物校验：在三门中各选一种生物进行毒性测定校验。

针对性生物校验：根据生物排序选择特定生物得到 WER 值。

土著敏感生物校验：对太湖三白(白鲢、白鱼、青虾)进行毒性测定和校正。

7.2 一般性与针对性生物校验

7.2.1 实验前期准备

1. 污染物筛选

太湖流域污染情况复杂，包括营养盐、重金属和有机物等多种污染物，同时污染来源广泛，涵盖工业、农业和生活污水等，这些污染物广泛分布于大气、水和底泥中。结合“十一五”典型污染物的水质基准研究成果，以及不同分区的水生态功能，以满足太湖水环境功能和生态系统健康为目标，针对太湖地区的水生生态特征和不同功能分区的生态保护目标，采用统计分析、模型模拟等方法开展太湖水质标准制定与校正技术，确定 5 种典型污染物为：二价镉，二价铜，氨氮，硝基苯，毒死蜱。

2. 点位设置与水质因子

水生态系统的环境因子，如 pH、光照、温度、盐度、浊度和营养物质等多种因素都会影响污染物在水环境中的物理、化学和生物过程，从而导致不同的生态效应，这是造成基准差异的重要原因。

2013 年 7 月到 8 月间，对太湖流域进行了特定水体的现场采样，包括宜兴市大浦港自动站自来水、宜兴市大浦港河水、宜兴市距离大浦港 20 km 处太湖水 3 个采样点，并且进行了水质物理化学特性的测定，包括现场测定指标：温度、电导率、电阻率、总固体溶解度、总盐分、浊度、叶绿素、溶解氧、pH，以及其他分析测定指标：硬度、氨氮、硝基苯以及重金属含量等，为后续进行基准校正及区域化差异研究提供了重要的基础信息。

3. 水样预处理

考虑到湖水与河水中存在着各种游离物、微生物体及其他水质干扰因素，采用 3～6 m/h 的小型活性炭吸附过滤器装置进行预处理，可有效净化水体中异味、胶体，降低水体浊度、色度。

4. 水质测定结果

三处采样点水样及南京自来水的水质参数测定(德国(型号：YSI 6600 V2)多参数水质测定仪)的数据结果如表 7.2-1 所示。

表 7.2-1　现场水质参数测定数据表

检测项目	宜兴自来水	宜兴大浦河水	宜兴太湖水	南京自来水
东经	119°55′58″	119°55′58″	120°1′38″	118°56′53″
北纬	30°18′57″	30°18′57″	31°17′6″	32°07′152″
水温(℃)	25.89	26.32	26.35	22.71
电导率(uS/cm)	249	588	576	352
电阻(Ω/cm)	3 940.94	1 657.98	1 692.72	3 373.14
TDS(g/L)	0.162	0.382	0.374	0.229
盐度(ppt)	0.12	0.28	0.28	0.17
pH	6.72～6.82	6.78～6.84	7.32～7.37	7.28
浊度(NTU)	0.0	36.6	20.4	0.0
叶绿素(μg/L)	0.1	11.3	7.8	0.0
叶绿素相对荧光	0.0	2.7	1.9	0.0
溶解氧(mg/L)	7.35	5.88	7.30	9.61

实验采用 Thermo M6 SOLAAR AA 原子吸收光谱仪对样品中几种金属含量进行了测定，结果如表 7.2-2 所示。

表 7.2-2　水样中的金属含量　(单位:mg/L)

检测项目	测定日期	宜兴自来水	大浦河水	宜兴太湖水	南京自来水
Ca^{2+}	2013.7.26	20.1	39.9	22.4	28.7
Mg^{2+}	2013.7.26	3.72	11.3	5.22	7.01
K^{+}	2013.7.26	2.54	7.61	5.60	2.45
Na^{+}	2013.7.26	8.01	19.9	21.5	12.9

7.2.2　一般性生物校验

在三门中各选择一种生物:斜生栅藻(绿藻门,栅藻科,栅藻属)、大型溞(节肢动物门,溞科,溞属)、锦鲫(脊索动物门,鲤科,鲫属)。通过实验,测定其毒性数据,观察水体的物理化学特性对 5 种污染物的毒性影响。

1. 斜生栅藻急性毒性实验

藻类是水中的初级生产者,其种类的多样性和初级生产量直接影响水生态系统的结构和功能,藻类的死亡将影响刺激生产者如浮游生物和鱼类等的生存,进而对整个水生生态系统产生破坏。因此考察污染物对藻类的生长抑制,有助于了解其对水生生态系统的污染效应。

斜生栅藻(*Scenedesmus obliquus*)是一种常见的浮游藻类,对毒物敏感、易获得、体积小、繁殖快,在较短的时间内即可得到化学物质对其许多世代及种群水平的影响评价,是一种常用的测试生物(如图 7.2-1 所示)。实验选择绿藻门的斜生

图 7.2-1　斜生栅藻急性毒性实验

栅藻做为实验生物，就 5 种特征污染物的队形效应进行探索，为进一步评价相应的水生生物毒性效应及其环境风险评价积累科学根据。先进行预实验确定 EC_{50} 大致浓度范围，再进行正式试验。

根据《化学品-藻类生长抑制实验》(GB/T 21805—2008)的有关规定，先将斜生栅藻在无菌条件下培养至对数生长期。利用培养液配置 6 个污染物浓度梯度，特定时间后利用紫外分光光度计测定其光密度，计算其不可见效应浓度值(No observed effect concentration NOEC)，测定效应浓度 24 h-EC_{50}、48 h-EC_{50}、72 h-EC_{50}结果如表 7.2-3 和图 7.2-2 所示。

表 7.2-3　藻类抑制效应浓度 EC_{50}　　(单位：mg/L)

毒性物质	测定项目	测定日期	宜兴自来水(横山水库)	宜兴河水(大浦河)	宜兴湖水(太湖)	南京自来水
镉	24 h-EC_{50}	2013.8.5	27.69	59.21	31.21	8.11
	48 h-EC_{50}	2013.8.6	22.59	39.48	22.83	27.49
	72 h-EC_{50}	2013.8.7	143.91	159.66	74	82.52
铜	24 h-EC_{50}	2013.8.13	6.85	49.96	29.75	8.11
	48 h-EC_{50}	2013.8.14	10.7	128.44	58.06	17.49
	72 h-EC_{50}	2013.8.15	11.43	187.23	61.27	61.8
氨氮	24 h-EC_{50}	2013.8.20	180.84	154.58	58.23	10.49
	48 h-EC_{50}	2013.8.21	100.92	1 241.98	1 170.14	240.96
	72 h-EC_{50}	2013.8.22	27.56	2 927.80	647.06	1 373.81
硝基苯	24 h-EC_{50}	2013.9.5	38.78	18.00	19.90	20.34
	48 h-EC_{50}	2013.9.6	55.47	12.20	2.96	17.19
	72 h-EC_{50}	2013.9.7	13.11	2.93	2.94	0.14
毒死蜱	24 h-EC_{50}	2013.9.15	7.05	91.83	61.34	29.38
	48 h-EC_{50}	2013.9.16	5.44	1.26	20.53	28.92
	72 h-EC_{50}	2013.9.17	4.13	6.54	12.47	7.03

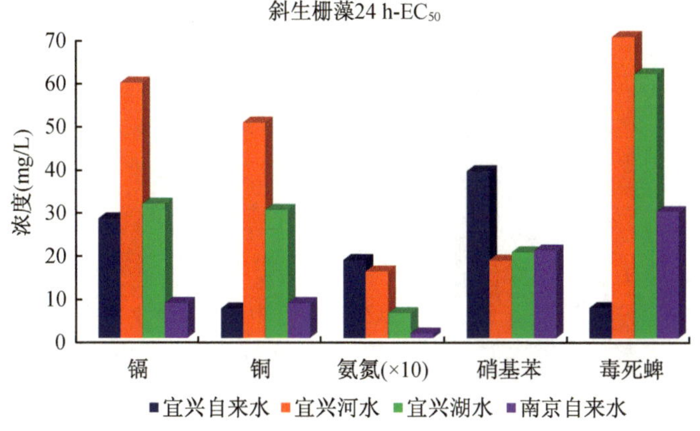

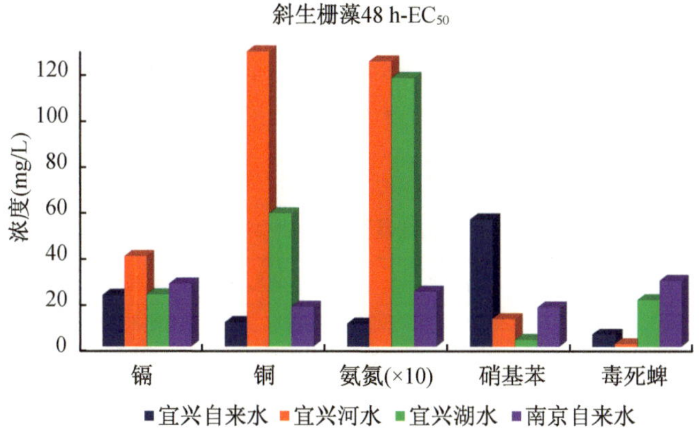

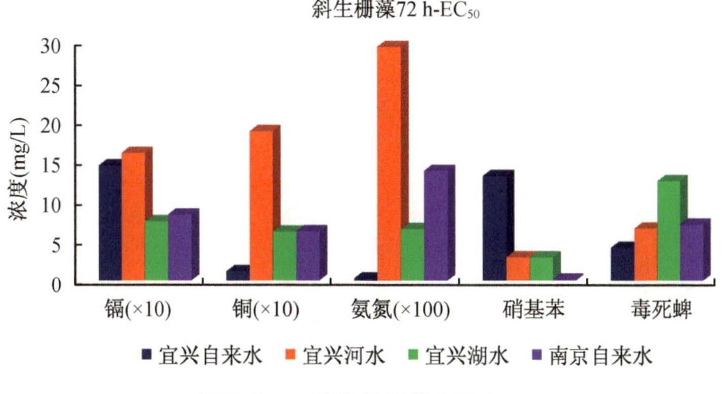

图 7.2-2　藻类抑制效应浓度 EC_{50}

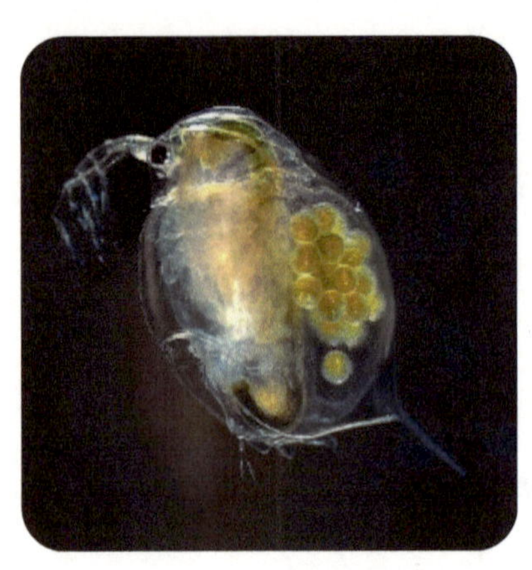

图 7.2-3　大型溞

2. 大型溞急性毒性实验

溞类是自然水域中的重要浮游生物类群，对水中毒性物质十分敏感。节肢动物门的大型溞(*Daphnia magna*)是一种分布广泛的大型浮游动物，由于其来源广泛，繁殖周期短及容易培养等优点，而被广泛作为毒性实验的测试生物，并形成标准(如图 7.2-3 所示)。利用溞类在不同浓度受试物中短期(常用 24 h 或 48 h)暴露后产生的中毒反应，以 50%受试溞的活动能力受到抑制(包括死亡)给出半数抑制浓度值。

根据中华人民共和国国家标准 GB/T 13266—91 中水质-物质对溞类(大型溞)急性毒性测定方法，选用实验室条件下培养三代以上的、出生 6～24 h 的幼溞为实验溞，开展了三种特定水体中 5 种污染物对大型溞的毒性实验，并且结合南京自来水测得的毒性实验结果进行比对。测定的 24 h-LC_{50}结果如表 7.2-4 和图 7.2-4 所示。

表 7.2-4　溞类半致死浓度 24 h-LC_{50}　(单位：mg/L)

毒性物质	测定日期	南京自来水	宜兴自来水	大浦河水	太湖水
镉	2013.9. 5	0.069	0.043 6	0.116 5	0.112 6
铜	2013.9.13	0.105 5	0.089 9	0.524 2	0.140 9
氨氮	2013.10.9	136.01	107.31	117.55	122.90

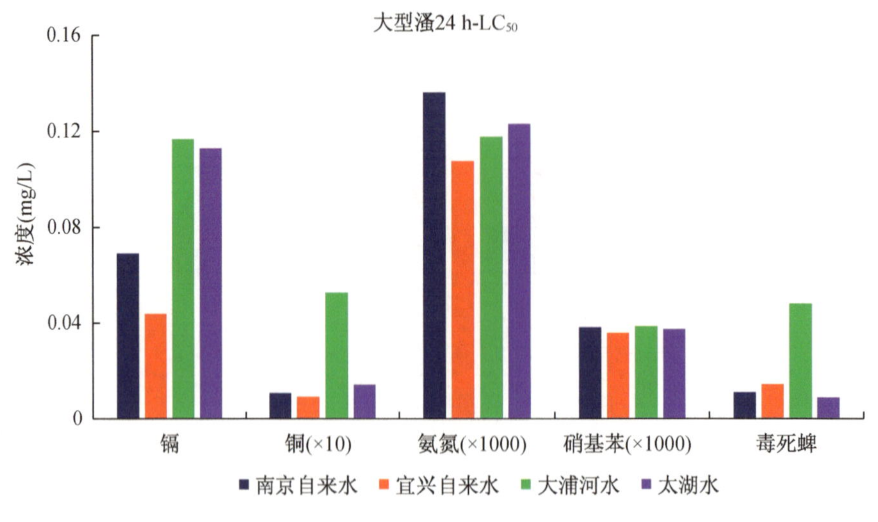

图 7.2-4　溞类半致死浓度 LC_{50}

通过实验测定结果可以看出氨氮对大型溞的致死率很低，说明氨氮污染物的毒性与其他 4 种污染物的毒性相比甚微。同时，采用第二种修正方法进行基准校正时，太湖流域的硝基苯基准校正受水质差异影响较小。

3. 锦鲫毒性实验

锦鲫(*Carassius auratus*)是一种淡水小型观赏鱼类，其体积小、食性杂，便于实验室内饲养管理，并且对水环境的变化反映灵敏(如图 7.2-5 所示)。以其为脊索动物门的代表作为研究对象，研究不同污染物对它们的急性毒性，为制定水体水质标准及评价水体污染等提供基础性参考数据。试验开展地点在常州大浦实验工作站，将受试生物在水库原水和实验室配置水中进行急性毒性暴露平行试验，将污染物在原水的毒性终点值除以在配置水体中的同一毒性终点值得到 WER 值。

图 7.2-5 锦鲫

鲫鱼购自南京夫子庙花鸟市场，平均体长为 5.91±3.2 cm，个体质量为2.58±0.27 g，试验开始前于实验室驯养 7 天以上，试验方法参照国家环境保护总局和水和废水监测分析方法编委会发布的《水和废水监测分析方法》(第四版)来测定，经预试验确定 5 种特种污染物浓度范围，分别设立空白对照组，每种浓度放鱼苗 10 尾，共设定 3 个平行组，测试终点为 24 h-LC_{50}、48 h-LC_{50}、96 h-LC_{50}。试验结果如表 7.2-5 和图 7.2-6 所示。

表 7.2-5 锦鲫 96 h 半致死浓度 LC_{50} (单位:mg/L)

	镉	氨氮(×10)	硝基苯(×2)	铜(×0.01)	毒死蜱(×0.01)
南京自来水	20.745 5	18.078 4	29.740 25	33.95	7.75
宜兴太湖水	11.982 5	18.935 8	48.640 5	47.65	7.8
大浦河水	10.516 5	15.374 9	25.849	46.55	23.15

7.2.3 针对性生物校验

根据国家水质基准的方法为毒性物质进行百分数排序(Toxicity Percentile Rank，TPR)，以物种对污染物的敏感度进行排序，每种污染物选择进入敏感性排序的 3 种或 4 种生物进行毒性测定，得到各种污染物的 WER 值。5 种特征污染物对应的受试生物如表 7.2-6 所示。

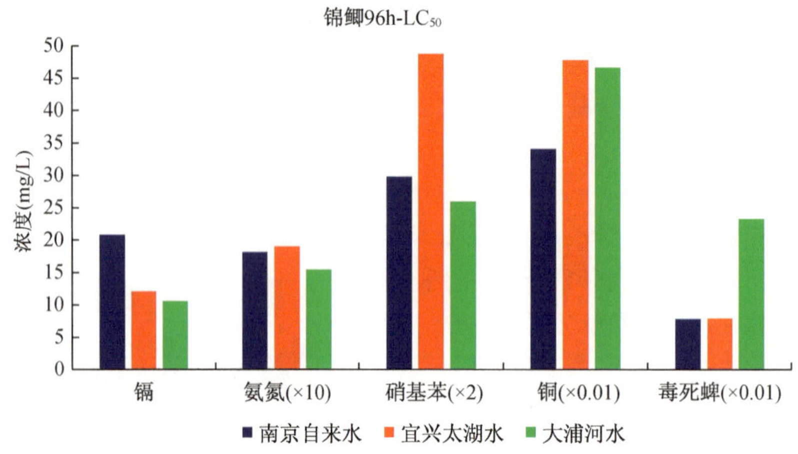

图 7.2-6 锦鲫的 96 h 半致死浓度 LC_{50}

表 7.2-6 五种特征污染物对应针对性受试生物

污染物名称	受试生物
镉	鲫鱼,霍甫水丝蚓,大型溞
铜	鲫鱼,霍甫水丝蚓,大型溞,中华圆田螺
氨氮	鲫鱼,大型溞,霍甫水丝蚓
硝基苯	中华圆田螺,鲫鱼,霍甫水丝蚓,大型溞
毒死蜱	鲫鱼,中华圆田螺,大型溞

1. 排序生物和实验方法介绍

霍甫水丝蚓(*Limnodrilus hoffmeisteri*)是一种世界性分布的水栖寡毛类,耐污性较强,能在低氧环境下正常生长繁殖,甚至在短期缺氧环境下也能生存,常常在有机污染严重的水体中大量出现,被用作有机污染或者富营养化的标志性指示种(如图 7.2-7 所示)。霍甫水丝蚓的栖居方式是将身体的前段埋于底泥中,后段露于水中且不停摆动进行呼吸,它们吞食底泥,摄取其中的有机质,因此与底质性质关系极为密切。霍甫水丝蚓也是淡水水生食物链的重要一环,是鱼类或其它水生动物的优良饵料,在湖泊生态系统食物网中具有重要作用。

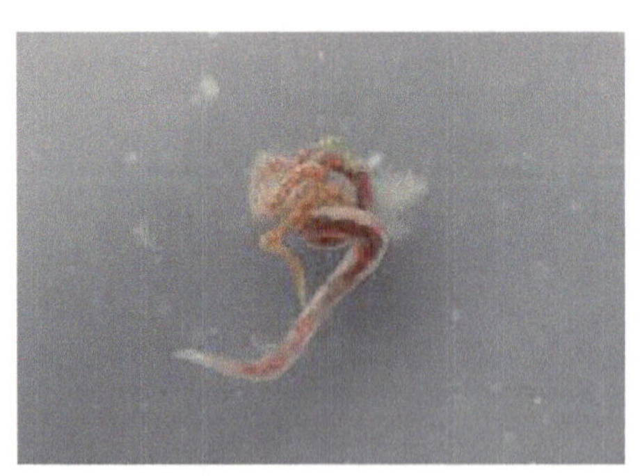

图 7.2-7 霍甫水丝蚓

从山东济南花草鱼虫市场购买物种,取回后在河流底泥中培养。测试生物的选择要求每条体重在 20 mg 左右,环带明显且大小一致。试验用水采用曝气三天的自来水，水温变化没有要求，pH 值控制在 6.5～8.0。将经过预培养的霍甫水丝蚓洗净，放入装有清水的 100 mL 的培养皿中，每天清洗一次，盖上培养皿盖，在20 ℃、无光照的温箱中清肠 24 h，清肠之后仍然健康的霍甫水丝蚓便作为正式试验用霍甫水丝蚓。

首先进行预试验工作，其主要目的是确定正式试验的大致范围，检验规定的实验条件是否合适。因此预备试验浓度可适当大些，观察 24 h 至 48 h 霍甫水丝蚓中毒反应和死亡情况，根据最高全部存活浓度和最低全致死浓度选择下一步正式试验范围。根据相关资料文献设定母液浓度，逐级稀释成 6 个浓度梯度，每缸放入 5 个测试生物，96 h 后确定全部死亡和全部存活的浓度区间，在此区间内设置以等比为基数的 9 九个浓度梯度，进行正式试验。正式试验中设定 3 个平行组，每组放入 10 个测试生物，重复 3 次得到其半致死浓度 96 h-LC_{50}。

中华圆田螺(*Cipangopaludina Chinensis*)是我国河流、湖泊、池塘等水体中一种主要的大型底栖动物，它是食腐屑生物，能直接从底泥获取营养成分(如图 7.2-8 所示)。田螺在世界各地都有分布，易于养殖成活，环境适应性强，已被许多环境工作者选作试验生物。研究证明，田螺是多种污染物的生物积累者，它们能够积累那些用常规方法检测不出的底泥或水中污染物。而且它们在水中的移动性很小，可以真实地反映周围底泥的实际污染状况。

图 7.2-8　中华圆田螺

试验用中华圆田螺采自南京市溧水区，将贝壳表面寄生的藻类清洗干净，筛选个体大小相近的圆田螺，在实验室内用曝气 2 d 以上的自来水驯养 10 d，驯养期间圆田螺死亡率<1%，符合毒性试验要求。试验用螺的壳高平均为 12.1 mm，壳宽平均为 10.2 mm，湿质量平均为 4.76 g。

首先选取 5 个间隔较大的浓度范围进行预试验，每个烧杯内放入 5 个生物体，观察受试生物反应，并分别记录 24 h 和 96 h 的死亡个体数，以确定 96 h 最大零致死浓度和 24 h 最小全部致死浓度。正式试验采用静态换水方法，在预试验确定的浓度范围内设置至少 6 个浓度组、1 个空白对照组和 1 个助溶剂对照组，每个浓度设置 3 个平行组，每个烧杯放入 10 个生物体，试验期间每 24 h 更换一次溶液。试验开始后观察记录受试生物在 96 h 的死亡数，并在期间及时清除死亡个体。判断田螺死亡的标准是用针刺激其厣部，若无反应，则认定已死亡。

2. 五种特征污染物的针对性校验试验

根据生物排序确定 5 种特征污染物的敏感性测试生物，对 5 种特征污染物进行生物毒性试验，结果如图 7.2-9 所示。

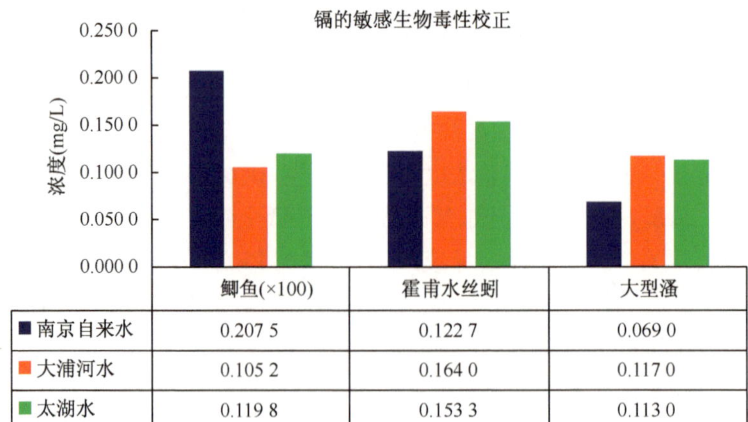
镉的敏感生物毒性校正
浓度(mg/L)
0.250 0
0.200 0
0.150 0
0.100 0
0.050 0
0.000 0
	鲫鱼(×100)	霍甫水丝蚓	大型溞
南京自来水	0.207 5	0.122 7	0.069 0
大浦河水	0.105 2	0.164 0	0.117 0
太湖水	0.119 8	0.153 3	0.113 0
南京自来水 大浦河水 太湖水

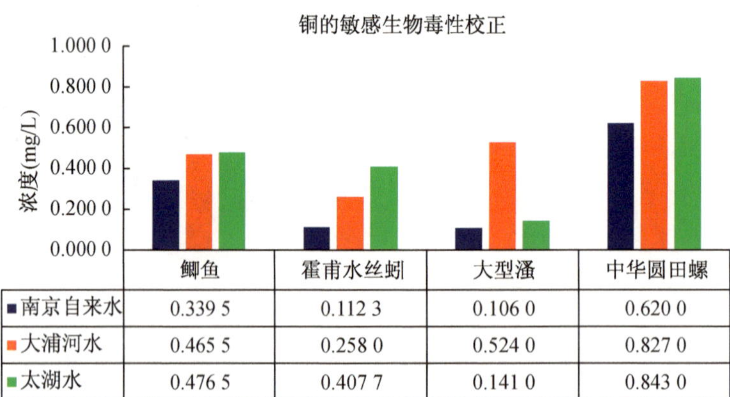
铜的敏感生物毒性校正
浓度(mg/L)
1.000 0
0.800 0
0.600 0
0.400 0
0.200 0
0.000 0
	鲫鱼	霍甫水丝蚓	大型溞	中华圆田螺
南京自来水	0.339 5	0.112 3	0.106 0	0.620 0
大浦河水	0.465 5	0.258 0	0.524 0	0.827 0
太湖水	0.476 5	0.407 7	0.141 0	0.843 0
南京自来水 大浦河水 太湖水

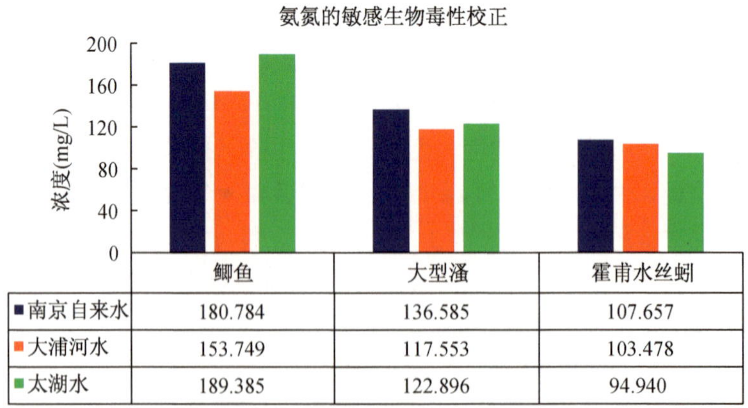
氨氮的敏感生物毒性校正
浓度(mg/L)
200
160
120
80
40
0
	鲫鱼	大型溞	霍甫水丝蚓
南京自来水	180.784	136.585	107.657
大浦河水	153.749	117.553	103.478
太湖水	189.385	122.896	94.940
南京自来水 大浦河水 太湖水

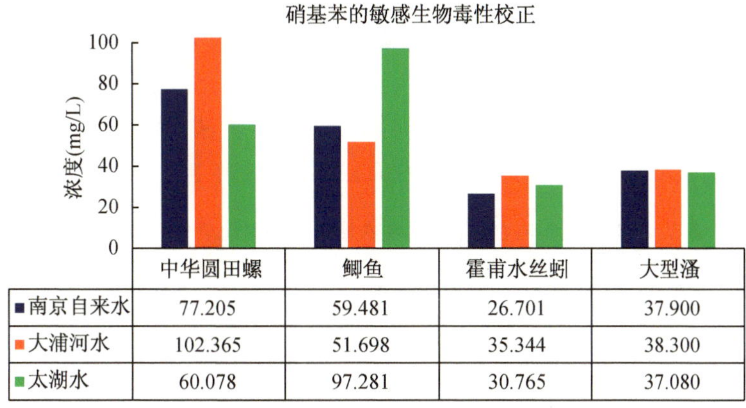

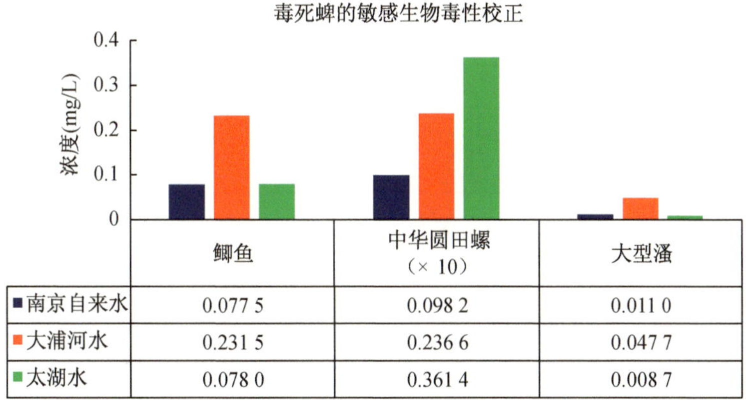

图 7.2-9　五种特征污染物的针对性校正实验数据

3. 针对性生物校验的水效应比值(WER)

根据美国 EPA 推荐的用于修订国家水质基准的方法，关注水质差异，将污染物在原水中的毒性终点除以在配置水中的同一毒性终点，得到 WER 值如表 7.2-7 所示。

表 7.2-7　五种特征污染物的 WER 值

	镉	铜	氨氮	硝基苯	毒死蜱
大浦河水	1.05	2.13	0.89	1.11	3.15
太湖水	1.06	1.74	0.94	1.09	1.43

7.2.4　总结

根据一般性和针对性生物校验，可以发现 5 种特征污染物的 WER 值在河水和湖水中有一定的差别。由此可知不同水生态系统的环境因子会影响水环境中的污染物的物理和化学性质，因此选择美国 EPA 推荐的水效应比值法。这样不仅考虑到水生态系统的环境因子对水环境生态效应的影响，分三步对太湖流域进行水质基准的修订与校正，而且是符合现行实际的最可行方法之一。将实验结果与“十一五”共性技术课题实验结果对比，如表 7.2-8 所示。

表 7.2-8　实验与共性课题毒性数据结果的对比表(EC_{50}或 LC_{50})

污染物名称	物种中文名	暴露时间	南京自来水(mg/L)	宜兴太湖水(mg/L)	大浦河水(mg/L)	共性课题实验结果(mg/L)
镉	鲫　鱼	96 h	20.745 5	11.982 5	10.516 5	0.870 0
镉	霍甫水丝蚓	96 h	0.122 7	0.153 3	0.164 0	0.670 0
镉	大型溞	24 h	0.069 0	0.112 6	0.116 5	0.014 0
氨氮	霍甫水丝蚓	96 h	107.657 0	94.940 3	103.477 7	26.170 0
氨氮	大型溞	24 h	136.010 0	122.900 0	117.550 0	24.250 0
硝基苯	中华圆田螺	96 h	77.205 0	102.365 0	60.078 0	103.000 0
硝基苯	大型溞	24 h	37.900 0	37.080 0	38.300 0	34.6～73
硝基苯	鲫　鱼	96 h	59.480 5	97.281 0	51.698 0	133.000 0
硝基苯	霍普水丝蚓	96 h	267.013 0	307.648 7	353.440 3	96.770 0
毒死蜱	鲫 鱼	96 h	0.077 5	0.078 0	0.231 5	0.810 0
毒死蜱	中华圆田螺	96 h	0.982 0	2.366 0	3.614 0	1 300.000 0
毒死蜱	大型溞	24 h	0.011 0	0.008 7	0.047 7	0.000 6

7.3　土著敏感生物现场校验

7.3.1　实验前期工作

1. 现场校正的六种污染物

太湖流域是我国经济最发达的地区之一，流域经济社会发展迅速，经济总量在全国占重要地位。同时，由于长期以来主要依靠增加资源和劳动力投入、过度消耗自然资源和破坏生态环境来发展经济，已导致生态环境急剧恶化，特别是水体污染，包括营养盐、重金属和有机物等多种污染物。结合“十一五”典型污染物的水质基准研究成果，以及不同分区的水生态功能，以满足太湖水环境功能和生态系统健康为目标，针对太湖地区的水生生态特征和不同功能分区的生态保护目标，采用统计分析、模型模拟等方法开展太湖水质标准制定与校正技术，确定六种典型污染物为：二价镉，二价铜，六价铬，氨氮，硝基苯，毒死蜱。

通过对太湖流域主要湖泊、主要入湖河道及出湖河道野外采样化验分析，掌握了太湖流域河湖水质的污染状况。调查发现，太湖流域河流、湖泊富营养化现象依然十分严重，湖泊水质优于河道水质，出湖河道优于入湖河道。

2. 土著敏感生物的选择

在太湖流域土著生物中选取三种不同的生物：白鲢（脊索动物门，鲤科，鲢属），白鱼（脊索动物门，鲤科，白鱼属），青虾（节肢动物门，长臂虾科，青虾属）。

3. 土著生物敏感生物简介

① 白鲢（*Hypophthalmichthys molitrix*），又叫鲢鱼、水鲢、跳鲢、鲢子，属于鲤形目，鲤科，是著名的四大家鱼之一（如图 7.3-1 所示）。白鲢是典型的滤食性鱼类，在鱼苗阶段主要吃浮游动物，长达 1.5 cm 以上时逐渐转为吃浮游植物，亦吃豆浆、豆渣粉、麸皮和米糠等，更喜吃人工微颗粒配合饲料，适宜在肥水中养殖。其体形侧扁、稍高，呈纺锤形，背部青灰色，两侧及腹部白色，性急躁，善跳跃。白鲢属中上层鱼，夏季时间在水域的中上层游动觅食，鱼苗绝大多数体长处在 2 cm 左右。

图 7.3-1　白鲢

② 太湖白鱼（*Erythroculter ilishaeformis*），学名翘嘴红鲌，又称翘白、白条等体狭长侧扁，细骨细鳞，银光闪烁，是食肉性经济鱼类之一（如图 7.3-2 所示）。主要生活于江河、湖泊、水库大水域的中上层，以小鱼、虾为主食，也食昆虫，性情较凶猛，游泳迅速，善跳跃，喜追逐猎取活食，冰下仍然吃食，对温度具有很强的适应性。目前尚未养殖，主要依靠天然捕捞。

图 7.3-2　太湖白鱼

③ 青虾（*Macrobrachium nipponense*），学名为日本沼虾，是一种广泛分布的主要经济虾类，它营养丰富，肉嫩味美，是深受人们喜爱的名贵水产品（如图 7.3-3 所示）。它广泛生活于淡水湖、河、池、沼中，以江苏太湖、山东微山湖出产的青虾最有名。青虾繁殖力高，适应性强，其生活习性具有以下特点：a、青虾属杂食性水产动物，其最适生长水温为 18～30℃。b、营底栖生活，喜欢栖息在水草丛生的缓流处。栖息水深从 1～2 m 到

图 7.3-3　青虾

6～7 m 不等。c、青虾具背光性，白天隐伏在暗处，夜间出来活动。幼虾阶段以浮游生物为食，自然水域中的成虾主要食料是各种底栖小型无脊椎动物、水生动物的尸体、固着藻类、多种丝状藻类、有机碎屑、植物碎片等。

4. 水样前处理

2014 年 7 月到 8 月，研究组在太湖流域进行了特定水体的现场采样，包括三个采样地点：宜兴市大浦港自动站自来水，即横山水库水；宜兴市大浦港河水；宜兴市距离大浦港 20 km 处太湖水。并且进行了水质物理化学特性的测定，包括现场测定指标：温度、电导率、电阻率、总固体溶解度、总盐分、浊度、叶绿素、溶解氧、pH，以及其他分析测定指标：硬度、氨氮、硝基苯以及重金属含量等，为后续进行基准校正及区域化差异研究提供了重要的基础信息。

考虑到湖水与河水中存在着各种游离物、微生物体及其他水质干扰因素，采用 3～6 m/h 的小型活性炭吸附过滤器装置进行预处理，可有效净化水体中异味、胶体，降低水体浊度、色度。

三处采样点水样及南京自来水的水质参数测定(德国(型号：YSI 6600 V2)多参数水质测定仪)的数据结果如表 7.3-1 所示。

表 7.3-1　现场水质参数测定数据表

检测项目	横山水库水	宜兴大浦河水	宜兴太湖水	南京自来水
东经	119°55′58″	119°55′58″	120°1′38″	118°56′53″
北纬	30°18′57″	30°18′57″	31°17′6″	32°07′152″
水温(℃)	25.89	26.32	26.35	22.71
电导率(uS/cm)	249	588	576	352
电阻(Ω/cm)	3 940.94	1 657.98	1 692.72	3 373.14
TDS(g/L)	0.162	0.382	0.374	0.229
盐度(ppt)	0.12	0.28	0.28	0.17
pH	6.72～6.82	6.78～6.84	7.32～7.37	7.28
浊度(NTU)	0.0	36.6	20.4	0.0
叶绿素(μg/L)	0.1	11.3	7.8	0.0
叶绿素相对荧光	0.0	2.7	1.9	0.0
溶解氧(mg/L)	7.35	5.88	7.30	9.61

5. 生物驯养

将上述三种土著生物分别在四种水中进行驯养，其要求选自同一驯养池中并且其规格大小一致，在连续曝气的水中至少驯养两周，直到观察到无死亡个体为止。试验前这三种生物应在与试验时相同的环境条件下驯养。试验前 24 h 停止喂食，每天清除粪便及食物残渣。驯养期间死亡率不得超过 10%，并且试验生物无明显的疾病和肉眼可见的畸形。生物驯养和试验开展的地点是在宜兴市环境监测局大浦港自动站。

6. 土著敏感生物的校正实验方法

(1) 限度试验

以被测污染物在试验液中的最大溶解度作为限度试验浓度(若该物质的最大溶解度大于 100 mg/L,则以 100 mg/L 作为试验浓度),试验结束时,如果生物的致死率低于 10%,则不需进行下一步试验,否则要按照分析步骤进行完整试验。

(2) 预试验

正式试验之前,为确定试验浓度范围,必须先进行预试验。预试验浓度间距可宽一些(如 0.1、1、10),每个浓度放 5 个生物,通过预试验找出被测物使 100%生物致死的浓度和最大耐受浓度的范围,然后在此范围内设计出正式试验各组的浓度。在预试验中,实时了解毒物的稳定性、pH 等理化性质的改变,以便确定正式试验更换试验液等。

(3) 正式试验

根据预试验的结果确定正式试验的浓度范围,按几何级数的浓度系列(等比级数间距)设计 7~10 个浓度。试验用 500 mL、1 000 mL、2 000 mL 烧杯,置生物 10 个。每个浓度 3 个平行组。以不添加样品的空白组作为对照,内装相等体积的现场水体,图 7.3-4 为实验现场。

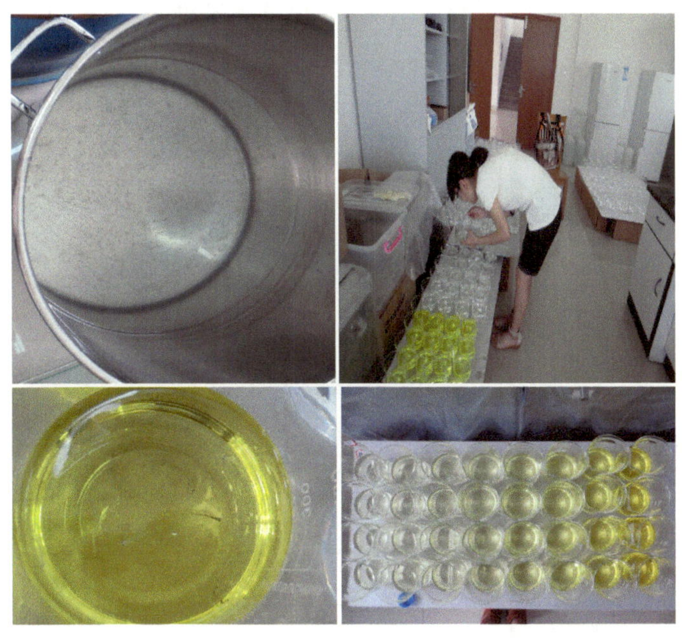

图 7.3-4　宜兴市环境监测局大浦港自动站实验现场

试验开始后于 24 h、48 h、72 h 和 96 h 定期进行观察，记录每个容器中仍能活动的生物数，并且实时取出死亡生物个体，测定 0%～100%生物致死的浓度范围，并记录它们不正常的行为。将受试生物在水库原水和实验室配置水中进行急性毒性暴露平行试验，将污染物在原水的毒性终点值除以在配置水体中的同一毒性终点值得到 WER 值。

7.3.2 现场生物校验实验及结果

通过对太湖流域土著生物中的三种不同生物：白鲢（脊索动物门，鲤科，鲢属），白鱼（脊索动物门，鲤科，白鱼属），青虾（节肢动物门，长臂虾科，青虾属）进行实验，测定其急性毒性数据，观察水体的物理化学特性对六种污染物的毒性影响。结合不同的水质，进行土著敏感生物的现场校验，得到相应的 WER 值。

1. 白鲢急性毒性实验

根据中华人民共和国国家标准 GB/T 13267—1991 中关于物质对淡水鱼急性毒性测定方法的规定，先将实验鱼种放在与试验时相同环境下，在连续曝气的水中至少驯养两周。实验前 24 h 停止喂食，每天清除粪便及食物残渣。驯养期间死亡率不得超过 10%。限度试验表明：100 mg/L 的六价铬与硝基苯的试验液均未使白鲢鱼死亡，因此这两种污染物对白鲢极不敏感，没有必要进行更高浓度的实验。

利用对应的三种现场水体分别配制剩余 4 种污染物的浓度梯度，分别在 48 h 和 96 h 时间点，测定其半致死效应浓度 48 h-LC_{50} 和 96 h-LC_{50}，并且结合南京自来水测得的毒性实验结果进行比对。其结果如表 7.3-2 和图 7.3-5 所示。

表 7.3-2 白鲢半致死毒性效应浓度 LC_{50} （单位：mg/L）

毒性物质	测定项目	测定日期	横山水库水	大浦河水	太湖水	南京自来水
镉	48 h-LC_{50}	2014.6.20	3.823	7.454	7.871	4.450
	96 h-LC_{50}	2014.6.22	3.392	5.387	5.507	3.816
铜	48 h-LC_{50}	2014.6.24	2.756	6.963	7.202	3.716
	96 h-LC_{50}	2014.6.26	2.651	6.445	6.652	3.264
氨氮	48 h-LC_{50}	2014.6.28	102.7	92.50	105.9	101.7
	96 h-LC_{50}	2014.6.30	41.03	37.65	45.25	37.65
毒死蜱	48 h-LC_{50}	2014.7.2	1.696	2.001	2.156	1.385
	96 h-LC_{50}	2014.7.4	0.743	1.719	1.884	0.870

注：a. LC_{50}值均保留四位有效数字；
b. 六价铬与硝基苯均超过限度浓度值。

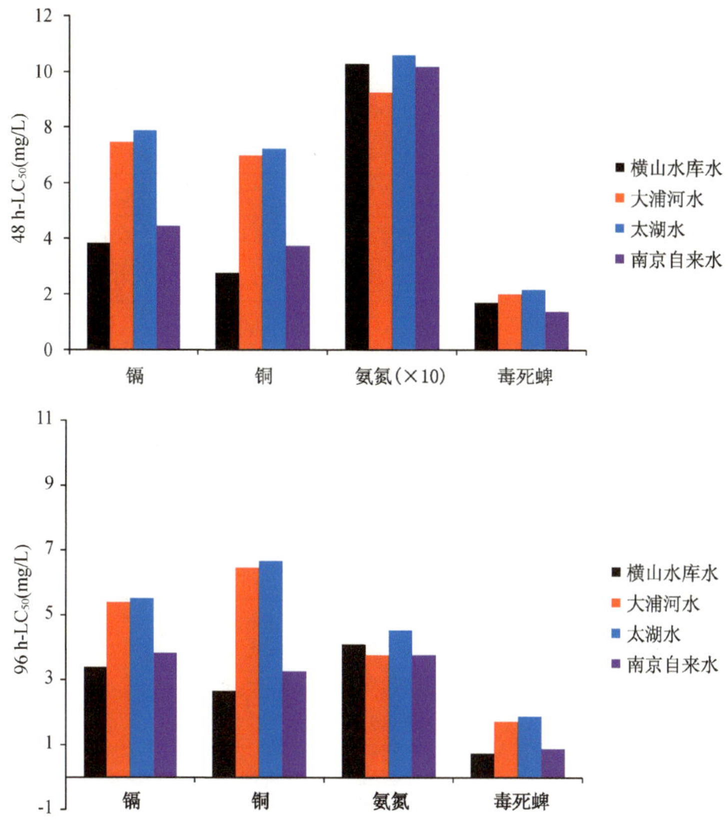

图 7.3-5　现场校验的白鲢半致死浓度 48 h-LC_{50} 和 96 h-LC_{50} 值

对白鲢进行限度试验表明，六价铬与硝基苯的试验液均未使白鲢鱼死亡，因此这两种污染物对白鲢极不敏感。通过现场实验数据发现，毒死蜱比镉、铜和氨氮的毒性大很多。从 4 种不同水质来看，大浦河水与太湖水明显的减弱了这 4 种污染物的毒性。

2. 白鱼苗急性毒性实验

根据中华人民共和国国家标准 GB/T 13267—1991 中关于物质对淡水鱼急性毒性测定方法的规定，先将实验鱼种放在与试验时相同环境下，在连续曝气的水中至少驯养两周。实验前 24 h 停止喂食，每天清除粪便及食物残渣。驯养期间死亡率不得超过 10%。这六种污染物对白鱼苗的致死浓度均未达到限度试验浓度，因此可以进一步确定其急性毒性值。

利用对应的 4 种现场水体分别配制 6 种污染物的浓度梯度，分别在 48 h 和 96 h 时间点，测定其半致死效应浓度 48 h-LC_{50} 和 96 h-LC_{50}，并且结合南京大学环境学院实验室自来水(南京自来水)测得的毒性实验结果进行比对。测定的 48 h-LC_{50} 和 96 h-LC_{50} 结果如表 7.3-3 和图 7.3-6 所示。

表 7.3-3　白鱼苗半致死毒性效应浓度 LC_{50}　（单位：mg/L）

毒性物质	测定项目	测定日期	横山水库水	大浦河水	太湖水	南京自来水
镉	48 h-LC_{50}	2014.7.6	1.009	1.212	1.64	1.152
	96 h-LC_{50}	2014.7.8	0.338	0.294	0.354	0.485
铜	48 h-LC_{50}	2014.7.10	0.173	0.288	0.284	0.207
	96 h-LC_{50}	2014.7.12	0.147	0.195	0.172	0.147
铬	48 h-LC_{50}	2014.7.14	35.63	43.83	37.64	41.91
	96 h-LC_{50}	2014.7.16	15.04	20.85	17.98	18.26
氨氮	48 h-LC_{50}	2014.7.18	71.04	52.89	47.25	47.19
	96 h-LC_{50}	2014.7.20	38.35	20.83	23.03	32.08
硝基苯	48 h-LC_{50}	2014.7.22	37.44	67.97	65.75	47.49
	96 h-LC_{50}	2014.7.24	23.74	39.28	32.2	27.63
毒死蜱	48 h-LC_{50}	2014.7.26	0.438	0.579	0.646	0.579
	96 h-LC_{50}	2014.7.28	0.154	0.123	0.161	0.261

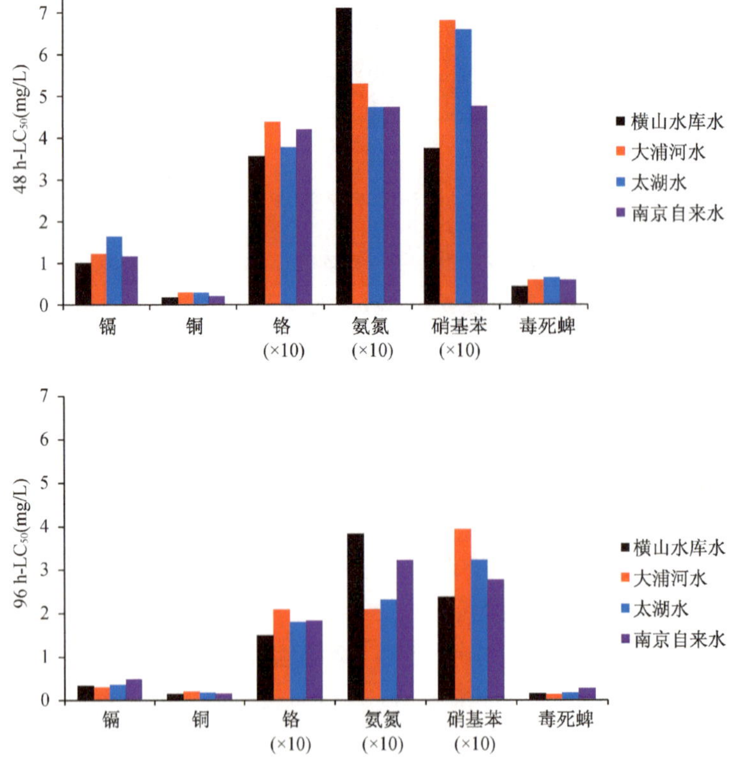

图 7.3-6　现场校验的白鱼半致死浓度 48 h-LC_{50} 和 96 h-LC_{50} 值

通过实验测定结果可以看出六价铬、氨氮与硝基苯对白鱼的致死率很低，说明这 3 种污染物（六价铬，氨氮与硝基苯）对白鱼的敏感性不强，相反，镉、铜与毒死蜱对白鱼的敏感性较强。同时，采用第二种修正方法进行基准校正时，太湖流域的这六种污染物基准校正的规律不一致。

3. 青虾急性毒性实验

青虾均采自宜兴大浦河水渔场，试验开始前于实验室驯养两周以上，试验方法参照中华人民共和国国家标准 GB/T 13267—1991 中关于物质对淡水鱼急性毒性测定方法的规定，先将实验鱼种放在与试验时相同环境下，在连续曝气的水中至少驯养两周。实验前 24 h 停止喂食，每天清除粪便及食物残渣。驯养期间死亡率不得超过 10%。再经预实验确定 6 种特定污染物浓度范围，分别设立空白对照组，每种浓度放青虾 10 只，共设定 3 个平行组，测试终点为 48 h-LC_{50} 和 96 h-LC_{50}。实验结果如表 7.3-4 和图 7.3-7 所示。

表 7.3-4　青虾半致死毒性效应浓度 LC_{50}　　（单位：mg/L）

毒性物质	测定项目	测定日期	横山水库水	大浦河水	太湖水	南京自来水
镉（ppb）	48 h-LC_{50}	2014.6.3	8.989	20.61	9.176	8.213
	96 h-LC_{50}	2014.6.5	1.430	11.10	4.652	2.286
铜	48 h-LC_{50}	2014.6.7	0.146	0.194	0.194	0.144
	96 h-LC_{50}	2014.6.9	0.119	0.133	0.155	0.087
铬	48 h-LC_{50}	2014.6.11	0.673	1.093	1.009	0.772
	96 h-LC_{50}	2014.6.13	0.171	0.352	0.365	0.205
氨氮	48 h-LC_{50}	2014.6.15	277.6	322.2	314.3	261.5
	96 h-LC_{50}	2014.6.17	112.3	258.4	243.9	182.5
硝基苯	48 h-LC_{50}	2014.6.19	41.61	17.87	26.99	56.98
	96 h-LC_{50}	2014.6.21	35.25	10.94	19.04	46.67
毒死蜱（ppb）	48 h-LC_{50}	2014.6.23	2.235	2.325	2.984	1.378
	96 h-LC_{50}	2014.6.25	0.923	1.183	1.429	0.673

通过实验测定结果可以看出铜对青虾最为敏感，镉与六价铬次之，氨氮对其敏感性最弱。从 4 种不同水质角度看，大浦河水-太湖水与横山水库水-南京自来水进行比对发现，硝基苯现场校正的结果与其他 5 种污染物截然相反，因此，进行基准校正时，不同的污染物基准校正的 WER 值是截然不同的。

7.3.3　现场生物校验研究结果

根据国家水质基准的方法为毒性物质进行百分数排序（Toxicity Percentile

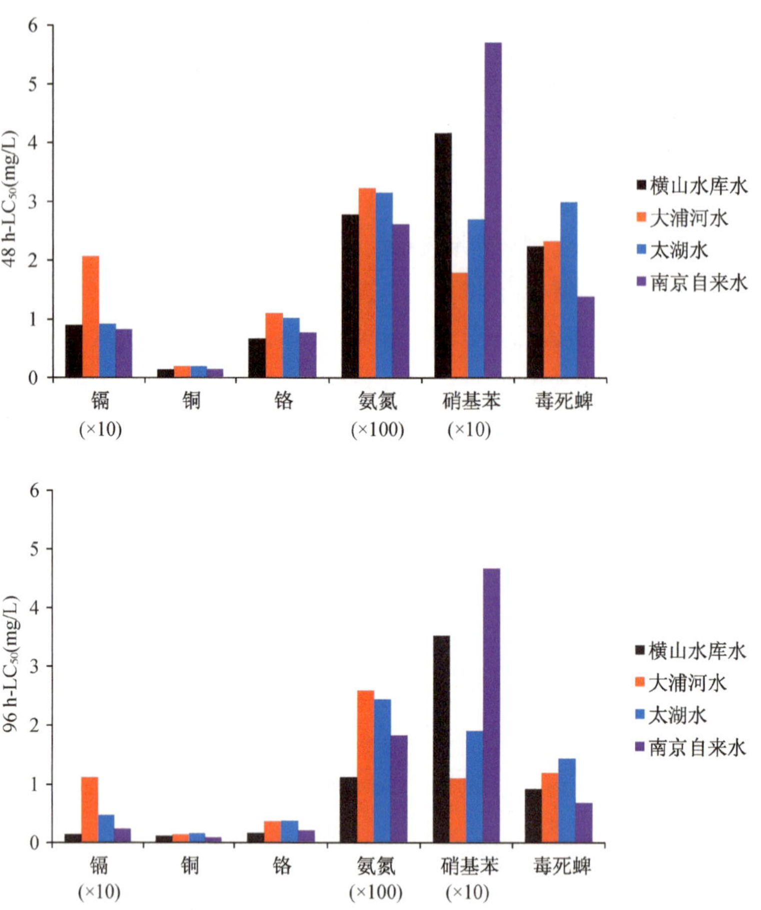

图 7.3-7　现场校验的青虾半致死浓度 48 h-LC_{50} 和 96 h-LC_{50} 值

Rank，TPR)，以物种对污染物的敏感度进行排序，每种污染物选择进入敏感性排序的 3 种或 4 种生物进行毒性测定，得到各种污染物的 WER 值。6 种特征污染物对应的受试生物如表 7.3-5 所示。

表 7.3-5　6 种污染物对应受试土著生物

污染物名称	受试土著生物
镉	白鲢，白鱼苗，青虾
铜	白鲢，白鱼苗，青虾
铬	白鱼苗，青虾
氨氮	白鲢，白鱼苗，青虾
硝基苯	白鱼苗，青虾
毒死蜱	白鲢，白鱼苗，青虾

1. 土著生物敏感性排序

在表 7.3-5 中的土著生物中，根据受试物种对 6 种特征污染物的敏感性顺序，将 6 种特征污染物的生物毒性数据(选取 96 h-LC_{50}值)进行校正，将另外 3 种现场水的生物毒性数据除以相应的南京自来水的生物毒性数据，得出水效应比值(WER)，结果如表 7.3-6 所示。

表 7.3-6　3 种土著生物暴露 96 h 后的半致死毒性效应浓度 96 h-LC_{50}值

(单位:mg/L)

毒性物质	受试生物	横山水库水	大浦河水	太湖水	南京自来水(比对)	WER 值		
						横山水库水	大浦河水	太湖水
镉	白鲢	3.392	5.387	5.507	3.816	0.89	1.41	1.44
	白鱼苗	0.338	0.294	0.354	0.485	0.70	0.61	0.73
	青虾 (ppb)	1.431	11.16	4.652	2.286	0.63	4.86	2.03
铜	白鲢	2.651	6.445	6.652	3.264	0.81	1.97	2.04
	白鱼苗	0.147	0.195	0.172	0.147	1.00	1.33	1.17
	青虾	0.119	0.133	0.155	0.087	1.37	1.53	1.78
铬	白鲢	—	—	—	—	—	—	—
	白鱼苗	15.04	20.85	17.98	18.26	0.82	1.14	0.98
	青虾	0.171	0.352	0.365	0.205	0.83	1.72	1.78
氨氮	白鲢	41.03	37.65	45.25	37.65	1.09	1.00	1.20
	白鱼苗	38.35	20.83	23.03	32.08	1.20	0.65	0.72
	青虾	112.3	258.4	243.9	182.5	0.62	1.42	1.34
硝基苯	白鲢	—	—	—	—	—	—	—
	白鱼苗	23.74	39.28	32.20	27.63	0.86	1.42	1.17
	青虾	35.25	10.94	19.04	46.67	0.76	0.23	0.41
毒死蜱	白鲢	0.743	1.719	1.884	0.870	0.85	1.98	2.17
	白鱼苗	0.154	0.123	0.161	0.261	0.59	0.47	0.62
	青虾 (ppb)	0.923	1.183	1.429	0.673	1.37	1.76	2.12

2. 现场生物校验的水效应比值(WER)

根据美国 EPA 推荐的用于修订国家水质基准的方法，关注水质差异，将污染物在原水中的毒性终点除以在配置水中的同一毒性终点，得到 WER 值如表 7.3-7 所示。

表 7.3-7　6 种特征污染物的 WER 值

	镉	铜	铬	氨氮	硝基苯	毒死蜱
最敏感生物	青虾	青虾	青虾	白鱼	白鱼	青虾
横山水库水	0.63	1.37	0.83	1.20	0.86	1.37
大浦河水	4.86	1.53	1.72	0.65	1.42	1.76
太湖水	2.03	1.78	1.78	0.72	1.17	2.12

由表 7.3-7 可知，这 6 种污染物的 WER 值在横山水库水、大浦河水与太湖水这 3 种现场水体之间差异较大。对于镉污染物，WER 值波动最大，仍需要进一步的考证。对于氨氮污染物，大浦河水与太湖水的 WER 值均比 1 小很多，而其他污染物的 WER 值均大于 1。

3. 总结

采用美国 EPA 推荐的水效应比值法进行计算。根据现场土著敏感生物校验，可以发现 6 种污染物的 WER 值在河水和湖水中有一定的差别，其中镉污染物的 WER 值差别最大，可知不同水生态系统的环境因子会影响水环境中的污染物的物理和化学性质。要想得到更为准确的 WER 值，仍需要进一步校正。而铜、六价铬、氨氮、硝基苯和毒死蜱的 WER 值相对比较稳定，可以作为太湖流域水质基准修订与校正的基础。

7.4　大型溞繁殖实验

7.4.1　实验准备工作

1. 典型污染物的确定

太湖流域污染情况复杂，包括营养盐、重金属和有机物等多种污染物，同时污染来源广泛，涵盖工业、农业和生活污水等，这些污染物广泛分布于大气、水和底泥中。结合“十一五”典型污染物的水质基准研究成果，以及不同分区的水生态功能，以满足太湖水环境功能和生态系统健康为目标，针对太湖地区的水生生态特征和不同功能分区的生态保护目标，采用统计分析，模型模拟等方法开展太湖水质标准制定与校正技术，确定六种典型污染物为：二价镉、六价铬、二价铜、氨氮、硝基苯、毒死蜱。

2. 水的预处理和水质因子的测定

(1) 水样的预处理

由于湖水和河水中有各种微生物、杂质等水质干扰因素，采用 3～6 m/h 的小型活性炭吸附过滤器装置进行预处理，有效净化水体中异味、胶体，降低水体浊度、色度。

(2) 水质因子的测定

研究组对太湖流域进行了特定水体的现场采样，采样点包括：宜兴市大浦港自动站自来水、宜兴市大浦港河水、宜兴市距离大浦港 20 km 处太湖水。并且进行了水质物理化学特性的测定，具体的水质因子指标如表 7.4-1 所示。

表 7.4-1　水样的具体水质因子指标

检测项目	宜兴自来水	宜兴大浦河水	宜兴太湖水	南京自来水
东经	119°55′58″	119°55′58″	120°1′38″	118°56′53″
北纬	30°18′57″	30°18′57″	31°17′6″	32°07′152″
水温(℃)	25.89	26.32	26.35	22.71
电导率(uS/cm)	249	588	576	352
电阻(Ω/cm)	3 940.94	1 657.98	1 692.72	3 373.14
TDS(g/L)	0.162	0.382	0.374	0.229
盐度(ppt)	0.12	0.28	0.28	0.17
pH	6.72～6.82	6.78～6.84	7.32～7.37	7.28
浊度(NTU)	0.0	36.6	20.4	0.0
叶绿素(μg/L)	0.1	11.3	7.8	0.0
叶绿素相对荧光	0.0	2.7	1.9	0.0
溶解氧(mg/L)	7.35	5.88	7.30	9.61

另外，采用 Thermo M6 SOLAAR AA 原子吸收光谱仪对样品中几种金属含量进行了测定，结果如表 7.4-2 所示。

表 7.4-2　水样中的金属含量　　(单位：mg/L)

检测项目	测定日期	宜兴自来水	宜兴大浦河水	宜兴太湖水	南京自来水
Ca^{2+}	2013.7.26	20.1	39.9	22.4	28.7
Mg^{2+}	2013.7.26	3.72	11.3	5.22	7.01
K^{+}	2013.7.26	2.54	7.61	5.60	2.45
Na^{+}	2013.7.26	8.01	19.9	21.5	12.9

7.4.2　大型溞繁殖实验介绍

许多研究表明一些污染物的慢性作用能引起水生生物繁殖率下降、发育迟缓，造成水生生物种群下降，危害生态健康，水生生物繁殖和发育功能指标是十分有效的慢性毒性效应指标。选择大型溞为受试生物，通过实验测定其最低可观察效应浓度(LOEC，mg/L)，来评价可能暴露于所选 6 种污染物对大型溞的影响。

大型溞生活于自然水域，属于浮游甲壳类动物，世界种，是国际公认的标准实验生物，因此用大型溞对毒物进行慢性毒性效应的研究受到了很大重视。根据国家标准 GB/T 21828—2008 中化学品——大型溞繁殖实验测定方法，将溞龄小于 24 h 的幼雌溞(亲溞)暴露于 3 种特定水体中，进行在 3 种水体基质中 6 种污染物对大型溞的繁殖毒性实验，且将南京自来水作为对照水体。试验根据急性毒性试验浓度范围，设置 6 个浓度梯度，5 个平行组以及相应的空白对照组，每天早晚两次喂食，食物为栅藻(*Scenedesums subspicatus*)，试验周期为 21 d。试验培养基隔两天更换一次，温度维持在 24℃，pH 值为 7.8。从头胎溞开始，每天从试验器皿中移出幼溞并计数，同时记录死胎和死亡的幼溞。试验结束时，对每只存活的亲溞繁殖的存活幼溞的总数量进行统计(即不包括试验期间死亡的幼溞)。通过对暴露于受试物中的亲溞繁殖量与对照比较，用 SPSS 统计方法确定最低可观察效应浓度(LOEC)。大型溞繁殖试验观察记录如下表 7.4-3 至表 7.4-26 所示。

1. 大型溞繁殖试验观察记录表

表 7.4-3　受试物:镉　　水源:南京自来水

实验时间(d)		4	5	6	7	8	9	10	11	12	13	14	15	16	17	18	19	20	21	总数
培养基更新(√)			√			√			√			√			√			√		
pH		7.8	7.8	7.8	7.8	7.8	7.8	7.8	7.8	7.8	7.8	7.8	7.8	7.8	7.8	7.8	7.8	7.8	7.8	
O_2浓度(mg/L)																				
温度(℃)		24	24	24	24	24	24	24	24	24	24	24	24	24	24	24	24	24	24	
是否提供食物(√)		√	√	√	√	√	√	√	√	√	√	√	√	√	√	√	√	√	√	
存活幼溞数量																				
对照组	1			0	4	0	5	0	28	0	27	0	0	11	0	21	9	0	12	117
	2			9	0	0	8	0	27	0	32	0	0	15	0	19	0	0	18	128
	3			0	17	1	0	17	0	28	2	22	3	0	11	1	19	0	0	121
	4			9	0	0	5	0	34	0	25	0	0	20	0	13	1	0	8	115
	5			0	10	0	5	0	32	0	28	0	0	24	0	0	5	0	11	115
	6			0	4	0	5	0	28	0	27	0	0	11	0	21	9	0	15	120
	7			7	0	0	8	0	27	0	31	0	0	15	0	19	0			107
	8			0	19	1	0	17	0	28	0	25	0	0	13	0	19	0	0	122
	9			11	0	0	0	35	0	0	30	0	0	20	0	13	1	0	8	118
	10			0	12	0	0	33	0	0	29	0	0	24	0	15	0	21	0	134

续 表

0.000 5	1			5	0	9	0	31	0	27	0	0	0	16	0	29	0	11	0	128
	2			0	0	0	5	0	0	33	0	23	0	0	17	0	0	14	0	92
	3			9	0	0	7	0	22	3	0	21	0	0	0	0	0	8	0	61
	4			0	8	0	0	0	0	0	35	0	0	16	0	0	12	0	0	71
	5			0	8	5	0	15	0	0	30	0	1	0	0	18	0	0	10	87
	6			7	0	0	11	0	25	0	25	0	0	25	0	0	21	0	20	127
	7			8	0	0	8	0	26	0	23	0	0	33	0	22	0	0	0	112
	8			0	7	0	6	0	27	0	26	0	0	24	0	23	0	0	0	113
	9			0	0	4	6	0	0	32	0	34	15	26	0	0	22	0	0	139
	10			0	10	0	13	0	16	0	0	25	22	0	28	0	13	1	0	128
0.001 0	1			0	9	0	0	8	0	12	2	4	10	0	0	0	2	8	0	55
	2			0	8	2	0	11	0	15	0	13	0	0	16	0	13	0	0	78
	3			0	9	0	7	0	20	0	19	0	0	11	0	0	8	0	3	77
	4			6	0	0	6	0	12	0	13	0	13	0	0	0	5	0	15	70
	5			0	7	0	8	0	16	0	18	0	0	15	0	7				71
	6			0	11	0	0	8	0	12	2	4	10	0	0	0	2	8	0	57
	7			0	9	0	13	0	15	0	13	0	0	16	0	17	0	0	0	83
	8			9	0	7	0	21	0	18	0	0	11	0	0	11	0	3	0	80
	9			0	0	6	0	19	0	13	0	13	0	0	0	10	0	15	0	76
	10			8	0	8	0	23	0	18	0	0	15	0	7	0				79
0.005 0	1			0	0	7	0	8	0	18	0	0	10	0	0	5	1	0	0	49
	2			8	0	0	10	0	13	0	12	0	0	9	0	0	6	0	2	60
	3			0	7	0	7	0	9	0	0	6	0	0	4	0				33
	4			0	9	0	7	0	13	0	0	8	2	0	0	0	0			39
	5			0	8	0	9	0	14	0	0	10	0	10	1	0	0	0	0	52
	6			0	7	0	8	0	21	0	0	17	0	0	5	1	0	0	11	70
	7			0	0	10	0	15	0	12	0	0	9	0	0	6	0	2	0	54
	8			7	0	7	0	11	0	0	6	0	0	4	0					35
	9			9	0	7	0	19	0	0	11	2	0	0	0	0				48
	10			8	0	9	0	11	0	0	10	0	15	1	0	0	0	0		54

续 表

0.010 0	1			0	0	7	0	0	0	0										7
	2			0	0	0	0	0	0	0										0
	3			0	0	4														4
	4			0	0	7	0	0	0	0	0	0								7
	5			0	0	10	0	0	0	0	0	0								10
	6			0	0	12	0	0	0	0										12
	7			0	0	0	0	0	0	0										0
	8			0	0	0	5													5
	9			0	0	0	8	0	0	0	0	0	0							8
	10			0	0	0	17	0	0	0	0	0	0							17
0.050 0	1	AB																		
	2																			
	3																			
	4																			
	5																			
	6																			
	7																			
	8																			
	9																			
	10																			
0.100 0	1	AB																		
	2																			
	3																			
	4																			
	5																			
	6																			
	7																			
	8																			
	9																			
	10																			

表 7.4-4　受试物:镉　　水源:宜兴自来水

实验时间(d)		4	5	6	7	8	9	10	11	12	13	14	15	16	17	18	19	20	21	总数
培养基更新(√)			√			√			√			√			√			√		
pH		7.8	7.8	7.8	7.8	7.8	7.8	7.8	7.8	7.8	7.8	7.8	7.8	7.8	7.8	7.8	7.8	7.8	7.8	
O_2浓度(mg/L)																				
温度(℃)		24	24	24	24	24	24	24	24	24	24	24	24	24	24	24	24	24	24	
是否提供食物(√)		√	√	√	√	√	√	√	√	√	√	√	√	√	√	√	√	√	√	
存活幼溞数量																				
对照组	1			0	0	0	16	0	20	23	0	28	0	0	0	0				87
	2			0	12	0	11	0	29	0	43	0	0	17	0	17	1	0	18	148
	3			3	3	0	6	0	20	0	32	0	15	1	0	23	2	0	10	115
	4			2	0	0	9	0	35	0	31	0	13	0	0	19	1	30	0	140
	5			0	15	0	11	0	42	0	0	32	0	24	0	0	32	2	23	181
	6			0	0	0	0	0	16	0	20	23	0	13	0	19	1	30	0	122
	7			0	11	0	12	0	11	0	29	0	43	0	0	17	1	0	18	142
	8			3	7	0	3	0	6	0	20	0	32	0	15	23	2	0	10	121
	9			2	0	0	0	0	9	0	35	0	31	0	13	19	1	30	0	140
	10			0	16	0	15	0	11	0	42	0	0	32	0	0	32	2	23	173
0.000 5	1			9	0	9	0	31	0	27	0	0	0	0	22	0	0	15	0	113
	2			7	0	5	0	0	33	0	23	0	28	0	13	1	0	22	0	132
	3			3	0	7	0	22	3	0	21	0	0	0	0	21	0	20	0	94
	4			0	8	0	0	0	0	35	0	0	16	0	22	0	20	0	11	112
	5			0	8	0	15	0	0	30	0	11	0	0	23	0	19	0	0	106
	6			0	0	11	0	25	0	25	0	0	25	0	0	21	0	20	0	127
	7			8	0	8	0	26	0	23	0	0	33	0	22	0	0			112
	8			0	7	6	0	27	0	26	0	0	24	0	23	0				113
	9			0	0	6	0	0	32	0	34	0	26	0	0	22	0	0	15	135
	10			0	10	13	0	16	0	0	25	0	0	28	0	13	1	0	22	128
0.001 0	1			3	0	0	15	0	2	0	15	3	0	14	0	10	2			64
	2			0	8	1	12	0	18	0	8	5	0	12	0	0	22	0	9	95
	3			0	0	9	2	7	2	16	0	0	0							36
	4			0	10	0	10	0	20	0	11	2	0	0	0	0	0	11	0	64
	5			0	0	8	1	7	0	4	0	1	0	0	0	0	3	0	2	26
	6			0	0	16	0	0	0	19	0	0	24	0	17	0				76
	7			8	0	11	0	18	0	13	0	0	21	0	0	25	0	16	0	112
	8			0	9	0	7	0	18	0	0	0	0	0	0	19	0	0	0	53
	9			10	0	15	0	22	0	14	0	0	0	0	0	7	9	0	0	77
	10			0	8	0	9	0	7	0	0	0	0	0	0	3	0	0	9	36

续　表

0.005 0	1			0	8	0	0	8	0	6	0	0	0	0	0	0	0	0	0	22
	2			0	0	8	0	9	0	1	13	0	0	1	0	9	3	6	1	51
	3			0	0	9	0	10	0	0	12	0	0	0	0	0	0	0	0	31
	4			0	0	7	0	9	0	8	0	0	0	0	0	0	1			25
	5			0	0	12	0	0	0	0	5	0	0	0	0	0	4	0	0	21
	6			0	8	0	0	9	0	0	0	0	0	0	0	0	0		0	17
	7			0	0	14	0	0	11	0	0	1	0	9	3	6	1		1	46
	8			0	0	12	0	0	13	0	0	0	0	0	0	0	0		0	25
	9			0	0	0	0	8	0	0	0	0	0	0	1					9
	10			0	0	0	0	0	9	0	0	0	0	0	4	0	0		0	13
0.010 0	1			0	0	3	0	0	0	0	0	0	0							3
	2			0	0	4	0	0												4
	3			0	0	7	0	0	0	0	0	0	0							7
	4			0	0	3	0													3
	5			0	0	7	0	0	0	0	0	0	0							7
	6			0	0	0	0	0	0	0	0	0	0							0
	7			0	0	4	0	0												4
	8			0	0	0	0	7	0	0	0	0	0							7
	9			0	0	5	0	0												5
	10			0	0	0	0	7	0	0	0	0	0							7
0.050 0	1	AB																		
	2																			
	3																			
	4																			
	5																			
	6																			
	7																			
	8																			
	9																			
	10																			
0.100 0	1	AB																		
	2																			
	3																			
	4																			
	5																			
	6																			
	7																			
	8																			
	9																			
	10																			

表 7.4-5　受试物:镉　　水源:宜兴太湖水

实验时间(d)		4	5	6	7	8	9	10	11	12	13	14	15	16	17	18	19	20	21	总数
培养基更新(√)			√			√			√			√			√			√		
pH		7.8	7.8	7.8	7.8	7.8	7.8	7.8	7.8	7.8	7.8	7.8	7.8	7.8	7.8	7.8	7.8	7.8	7.8	
O_2浓度(mg/L)																				
温度(℃)		24	24	24	24	24	24	24	24	24	24	24	24	24	24	24	24	24	24	
是否提供食物(√)		√	√	√	√	√	√	√	√	√	√	√	√	√	√	√	√	√	√	
存活幼溞数量																				
对照组	1			0	7	0	4	0	31	0	27	0	0	16	0	17	4	0	12	118
	2			0	9	0	4	0	35	0	37	0	3	18	0	19	3	0	17	145
	3			0	0	9	0	19	0	24	1	0	27	0	21	0	18	3	0	122
	4			0	13	0	16	0	0	43	1	37	1	0	15	0	11	0	0	137
	5			7	0	3	1	0	29	0										40
	6			11	0	0	0	0	29	0	27	0	0	17	0	20	0	0	21	125
	7			0	9	0	0	0	39	0	37	0	3	15	0	19	0	0	0	122
	8			9	0	9	0	21	0	29	0	0	27	0	20	0	18	0	0	133
	9			0	15	0	17	0	0	40	0	41	1	0	19	0	11	0	0	144
	10			8	0	3	1	0	27	0	25	0	27	0	20	0	18	0	0	129
0.000 5	1			3	0	9	0	31	0	27	0	0	0	16	0	29	0	11	0	126
	2			11	0	5	0	0	33	0	23	0	0	17	0	0	14	0	0	103
	3			3	0	7	0	22	3	0	21	0	0	0	0	0	8	0	0	61
	4			0	8	0	17	0	0	35	0	0	16	0	0	12	0	0	0	88
	5			0	8	0	15	0	0	30	0	11	0	0	18	0	0	10	1	93
	6			0	0	11	0	25	0	25	0	0	25	0	0	21	0	20	0	127
	7			0	0	8	0	26	0	28	0	0	38	0	22	0				122
	8			0	7	6	0	27	0	26	0	0	24	0	23	0				113
	9			0	0	6	0	0	32	0	33	0	28	0	0	24	0	0	15	138
	10			0	10	13	0	15	0	0	29	0	0	28	0	13	1	0	22	131
0.001 0	1			0	0	10	0	12	0	25	3	0	17	1	17	0	0	13	0	98
	2			8	0	0	10	0	15	0	17	0	10	0	0	9	4	23	0	96
	3			0	12	0	9	0	16	0	21	0	0	20	0	13	6	0	17	114
	4			0	12	0	8	0	19	0	19	0	15	0	0	19	2	15	0	109
	5			0	9	0	12	0	20	0	20	0	0	12	0	15	7	0	3	98
	6			7	0	11	0	19	0	25	0	0	21	0	17	0	0			100
	7			11	0	0	9	0	10	0	15	0	12	0	4	23	0			84
	8			0	12	0	9	0	21	0	16	0	0	18	0	0	6	0	16	98
	9			0	12	0	11	0	16	0	19	0	13	0	0	19	0	11	0	101
	10			0	9	0	10	0	23	0	17	0	0	17	0	19	7	0	3	105

续 表

0.005 0	1			0	0	0	3	0	6	0	0	0	5	0	2	0	4	0	0	20
	2			0	0	0	3	0	10	0	0	9	1	5	0	0	2	1	0	31
	3			0	0	0	3	0	10	0	10	0	0	11	0	1	5	0	0	40
	4			0	0	0	5	0	8	0	4	0	0							17
	5			0	0	7	0	0	0	0	2	0	0	0	2	2	0	7	0	20
	6			0	0	0	7	0	0	0	5	0	2	0	4	0	0	6	0	24
	7			0	3	0	9	0	0	9	1	6	0	0	2	1	0	12	0	43
	8			0	0	0	10	0	15	0	0	13	0	1	5	0	0			44
	9			0	5	0	8	0	9	0	0	0	9	1	6	0				38
	10			7	0	0	0	0	7	0	0	0	2	2	0	7	0			25
0.010 0	1			0	0	0	2	0	0	0	0	0	0	0	0	0	0			2
	2			0	0	0	3	2	0	0	0	0	0							5
	3			0	0	0	0	0	0	0	0	0	0	0	0	0	0			0
	4			0	0	5	0	0	0	0	0	0	0	0	0	0	0	0	0	5
	5			0	0	4	0	0	0	0	0	0	0	0						4
	6			0	3	0	5	0	2	0	0	0	0	0	0	0				10
	7			0	0	0	5	0	3	2	0	0	0	0	0					10
	8			0	7	0	0	0	0	0	0	0	0	0	0	0	0	0	0	7
	9			0	0	0	0	5	0	0	0	0	0	0	0	0	0	0	0	5
	10			0	5	0	0	4	0	0	0	0	0	0	0	0				9
0.050 0	1	AB																		
	2																			
	3																			
	4																			
	5																			
	6																			
	7																			
	8																			
	9																			
	10																			
0.100 0	1	AB																		
	2																			
	3																			
	4																			
	5																			
	6																			
	7																			
	8																			
	9																			
	10																			

表 7.4-6　受试物:镉　　水源:宜兴大浦河水

实验时间(d)		4	5	6	7	8	9	10	11	12	13	14	15	16	17	18	19	20	21	总数
培养基更新(√)			√			√			√			√			√			√		
pH		7.8	7.8	7.8	7.8	7.8	7.8	7.8	7.8	7.8	7.8	7.8	7.8	7.8	7.8	7.8	7.8	7.8	7.8	
O_2浓度(mg/L)																				
温度(℃)		24	24	24	24	24	24	24	24	24	24	24	24	24	24	24	24	24	24	
是否提供食物(√)		√	√	√	√	√	√	√	√	√	√	√	√	√	√	√	√	√	√	
存活幼溞数量																				
对照组	1			0	3	2	0	2	31	0	37	0	9	6	0	13	1	0	19	123
	2			0	20	0	1	0	33	0	22	6	0	17	0	0	16	0	0	115
	3			0	9	0	4	0	24	0	30	0	0	16	0	16	0	1	19	119
	4			0	0	4	0	8	0	20	0	0	27	0	21	0	0	18	0	98
	5			0	10	3	0	0	26	0	1	2								42
	6			0	0	7	0	0	0	33	0	37	0	21	0	0	17	0	0	115
	7			0	0	21	0	11	0	35	0	22	0	0	17	0	0	16	0	122
	8			0	5	11	0	0	0	27	0	30	0	0	16	0	16	0	1	106
	9			0	10	0	19	0	8	0	20	0	0	27	0	24	0	0	18	126
	10			0	0	15	0	0	0	25	0	19	0	25	0	21	0	0	11	116
0.000 5	1			0	10	0	0	4	2	37	0	0	29	0	44	0	0	0	0	126
	2			3	1	0	23	0	21	0	29	0	0	21	0	19	0	0	0	117
	3			0	0	0	0	4	2	15	0	41	0	0	36	0	0	30	0	128
	4			8	0	10	0	25	0	24	0	29	0	25	0	14	0	0	0	135
	5			7	0	3	0	0	26	0	21	0	22	0	0	34	0	0	0	113
	6			0	9	0	3	15	0	26	0	0	24	0	25	0	14	0	29	145
	7			0	0	9	0	0	0	0	35	0	31	0	0	29	0			104
	8			7	0	0	17	0	26	0	23	0	0	25	0	14	0	0	0	112
	9			0	0	0	0	12	0	14	0	41	0	0	36	0	0	30	0	133
	10			8	0	0	0	19	0	27	0	29	0	25	0	14	0	0	0	122
0.001 0	1			0	17	0	0	14	0	20	0	21	0	0	12	0	8	0	0	92
	2			8	1	0	9	0	15	0	12	1	0	5	0	0	18	0	2	71
	3			0	13	0	12	3	0	25	0	18	0	0	6	0	9	0	0	86
	4			0	7	0	13	2	16	1	21	3	0	16	0	0	6	0	18	103
	5			10	0	0	16	0	19											45
	6			0	0	15	0	0	15	0	25	0	23	0	15	0	18	0	0	111
	7			8	3	0	0	9	0	15	0	12	1	0	5	0	0	18	2	73
	8			0	0	13	0	15	0	0	25	0	21	0	16	0	0	0	0	90
	9			0	11	0	0	13	2	16	1	21	3	0	16	0	0			83
	10			10	0	0	0	16	0	19	0	16	0	0	6	18				85

0.005 0	1			6	0	1	9	0	11	0	0	12	0	4	0	0	5	0	0	48
	2			0	6	0	10	0	9	0	4	13	0	0	0	0	4	0	0	46
	3			4	0	0	8	1	15	0	0	10	0	4	0	0	0	0	0	42
	4			7	0	11	0	0	18	0	16	1	0	0	0	0	0	0	0	53
	5			0	8	0	5	1	6	4	0	0	0	0	0	0	4	0	0	28
	6			0	7	0	15	0	0	16	0	0	11	0	14	0	0	5	0	68
	7			5	0	6	0	13	0	10	0	4	15	0	0	11	0	4	0	63
	8			0	5	0	0	9	0	17	0	0	21	0	0	19	0	0	0	71
	9			0	6	0	12	0	0	21	0	16	0	0	0	21	0	0	0	76
	10			9	0	8	0	7	0	9	0	0	0	0	0	0	0	0	0	24
0.010 0	1			0	0	0	5	1	0	0	0	0	0	0	0	0	0	0	0	6
	2			0	0	0	2	0	0	0	0	0	0	0	0	0	0	0	0	2
	3			0	0	4	0	0	0	0	0	0	0	0	0	0	0	0	0	4
	4			0	0	0	0	0	0	0	0	0								0
	5			0	0	0	9	0	0	0	0	0	0	0	0	0	0	0	0	9
	6			0	0	0	7	1	0	0	0	0	0	0	0	0	0	0	0	8
	7			0	0	0	0	8	0	0	0	0	0	0	0	0	0	0	0	8
	8			0	0	0	0	0	0	0	0	0	0	0	0	0	0	0	0	0
	9			0	0	0	0	0	0	0	0	0								0
	10			0	0	0	3	0	0	0	0	0	0	0	0	0	0	0	0	3
0.050 0	1	AB																		
	2																			
	3																			
	4																			
	5																			
	6																			
	7																			
	8																			
	9																			
	10																			
0.100 0	1	AB																		
	2																			
	3																			
	4																			
	5																			
	6																			
	7																			
	8																			
	9																			
	10																			

表 7.4-7　受试物:铜　　水源:南京自来水

实验时间(d)		4	5	6	7	8	9	10	11	12	13	14	15	16	17	18	19	20	21	总数
培养基更新(√)			√			√			√			√			√			√		
pH		7.8	7.8	7.8	7.8	7.8	7.8	7.8	7.8	7.8	7.8	7.8	7.8	7.8	7.8	7.8	7.8	7.8	7.8	
O_2浓度(mg/L)																				
温度(℃)		24	24	24	24	24	24	24	24	24	24	24	24	24	24	24	24	24	24	
是否提供食物(√)		√	√	√	√	√	√	√	√	√	√	√	√	√	√	√	√	√	√	
存活幼溞数量																				
对照组	1			0	4	0	5	0	28	0	27	0	0	11	0	21	9	0	12	117
	2			9	0	0	8	0	27	0	32	0	0	15	0	19	0	0	18	128
	3			0	17	1	0	17	0	28	2	22	3	0	11	1	19	0	0	121
	4			9	0	0	5	0	34	0	25	0	0	20	0	13	1	0	8	115
	5			0	10	0	5	0	32	0	28	0	0	24	0	0	5	0	11	115
	6			0	4	0	5	0	28	0	27	0	0	11	0	21	9	0	15	120
	7			7	0	0	8	0	27	0	31	0	0	15	0	19	0			107
	8			0	19	1	0	17	0	28	0	25	0	0	13	0	19	0	0	122
	9			11	0	0	0	35	0	0	30	0	0	20	0	13	1	0	8	118
	10			0	12	0	0	33	0	0	29	0	0	24	0	15	0	21	0	134
0.000 5	1			5	0	9	0	31	0	27	0	0	0	17	0	17	0	16	2	124
	2			0	0	0	5	0	0	33	0	23	16	0	14	0	0	18	0	109
	3			9	0	0	7	0	22	3	0	21	0	23	0	19	0	0	14	118
	4			0	8	0	0	0	0	0	35	0	0	0	15	0	25	0	0	83
	5			0	8	5	0	15	0	0	30	0	16	0	14	0	20	0	0	108
	6			7	0	0	11	0	25	0	25	0	0	17	0	17	0	16	2	120
	7			8	0	0	8	0	26	0	23	0	16	0	14	0	0	18	0	113
	8			0	7	0	6	0	27	0	26	0	0	23	0	19	0	0	14	122
	9			0	0	4	6	0	0	32	0	34	0	0	15	0	25	0	0	116
	10			0	10	0	13	0	16	0	0	25	16	0	14	0	20	0	0	114
0.001 0	1			0	0	6	0	6	0	0	13	0	16	0	0	13	0	14	0	68
	2			0	7	0	3	0	14	0	0	22	0	19	0	0	19	0	7	91
	3			0	0	5	0	9	0	0	15	0	12	0	0	13	0	16	0	70
	4			0	0	6	0	10	0	0	17	0	19	0	0	21	0	0	7	80
	5			0	0	9	0	0	0	16	0	19	0	0	22	0	21	4	0	91
	6			5	0	7	0	0	13	0	15	0	0	14	0	15	0	15	0	84
	7			0	3	0	15	0	0	23	0	21	0	0	16	0	7	0	21	106
	8			4	0	8	0	0	11	0	14	0	0	16	0	13	0	14	0	80
	9			3	0	11	0	0	13	0	16	0	0	19	0	0	0	16	0	78
	10			5	0	9	0	15	0	27	0	0	23	0	22	0	0	0	0	101

续 表

0.005 0	1			0	0	0	0	7	0	0	16	0	24	0	0	20	0	19	0	86
	2			0	0	3	0	7	0	0	12	0	18	0	15	7	0	21	0	83
	3			0	0	2	0	7	6	0	20	0	28	0	0	18	0	22	0	103
	4			0	0	3	0	3	9	0	21	0	24	0	0	18	0	24	0	102
	5			0	0	5	0	4	0	22	0	0	26	0	30	0	6	26	0	119
	6			0	0	0	0	7	0	0	16	0	24	0	0	20	0	19	0	86
	7			0	0	3	0	7	0	0	12	0	18	0	22	0	0	19	0	81
	8			0	0	2	0	7	6	0	0	0	28	0	18	0	19	0	0	80
	9			0	0	3	0	3	9	0	11	0	24	0	0	18	0	24	0	92
	10			0	0	5	0	4	0	19	0	16	0	0	23	0	0	17	0	84
0.010 0	1			0	0	4	0	12	0	0	17	0	21	0	0	22	0	21	0	97
	2			0	0	7	0	7	0	0	16	0	23	0	22	0	0	22	0	97
	3			0	0	4	0	10	0	0	15	0	24	0	0	31	0	16	0	100
	4			0	9	0	0	0	15	0	25	0	0	26	0	23	0	0	17	115
	5			0	0	2	0	0	9	0	15	0	0	21	0	26	0	0	20	93
	6			3	0	12	0	0	17	0	21	0	0	22	0	21	0	0	0	96
	7			7	0	7	0	0	16	0	23	0	22	0	0	22	0	11	0	108
	8			5	0	10	0	0	15	0	24	0	0	31	0	16	0	0		101
	9			0	0	0	15	0	19	0	0	16	0	23	0	0	17	0	0	90
	10			0	0	0	9	0	15	0	0	21	0	26	0	0	20	0	15	106
0.050 0	1			0	0	6	0	8	0	0	22	0	23	0	26	0	0	13	0	98
	2			0	0	8	0	11	0	21	0	0	21	0	2	23	0	10	0	96
	3			0	0	2	0	14	0	0	21	0	12	0	0	32	0	17	0	98
	4			0	8	0	0	0	14	0	26	0	0	17	0	25	0	0	20	110
	5			0	0	7	0	8	0	20	0	0	27	0	39	0	23	0	0	124
	6			0	0	5	0	0	21	0	19	0	26	0	0	13	0	12	0	96
	7			0	0	10	0	19	0	0	23	0	0	25	0	19	0	0	0	96
	8			0	0	11	0	0	17	0	19	0	0	31	0	17	0	0		95
	9			0	0	0	13	0	23	0	0	21	0	22	0	0	22	0		101
	10			7	0	9	0	18	0	0	25	0	29	0	13	0	0	0	0	101
0.100 0	1			0	0	0	3	0	6											9
	2			4	0	3	0	0	11	0	19	0	30	0	0	22	0	0		89
	3			5	0	5	0	0	12	0	25	0	27	0	0	19	0	0	0	93
	4			0	7															7
	5			0	1	0	7	0	1	0	18	0	0	0	0	12	0	0	26	65
	6			0	0	0	3	0	6	0	0	0	21	0	2	23	0	10	0	65
	7			3	0	3	0	0	11	0	19	0	12	0	0	32	0	17	0	97
	8			7	0	5	0	0	12	0	25	0	0	17	0	25	0	0		91
	9			0	11	0	11	0	27	0	24	0	23	0	0					96
	10			0	0	0	7	0	1	0	18	0	26	0	0	13	0	12	0	77

表 7.4-8 受试物:铜　　水源:宜兴自来水

实验时间(d)		4	5	6	7	8	9	10	11	12	13	14	15	16	17	18	19	20	21	总数
培养基更新(√)			√			√			√			√			√			√		
pH		7.8	7.8	7.8	7.8	7.8	7.8	7.8	7.8	7.8	7.8	7.8	7.8	7.8	7.8	7.8	7.8	7.8	7.8	
O_2浓度(mg/L)																				
温度(℃)		24	24	24	24	24	24	24	24	24	24	24	24	24	24	24	24	24	24	
是否提供食物(√)		√	√	√	√	√	√	√	√	√	√	√	√	√	√	√	√	√	√	
存活幼溞数量																				
对照组	1			0	0	5	6	0	0	0	21	0	36	0	0	23	0	22	0	113
	2			1	8	0	12	0	1	0	23	0	31	0	0	22	0	16	0	114
	3			0	0	1	0	0	16	0	21	0	23	0	21	0	15	0	21	118
	4			0	0	0	0	0	18	0	24	0	31	0	0	33	0	0	16	122
	5			0	11	2	0	16	0	0	22	0	27	0	0	25	0	27	0	130
	6			0	0	0	0	4	2	15	0	41	0	0	36	0	0	30	0	128
	7			1	8	10	0	25	0	24	0	29	0	25	0	14	0	0	0	136
	8			0	0	3	0	0	26	0	21	0	22	0	0	34	0	0	0	106
	9			0	0	0	3	15	0	26	0	0	24	0	25	0	14	0	29	136
	10			0	11	0	0	0	0	16	1									28
0.000 5	1			0	0	7	8	0	0	0	20	0	20	0	0	25	0	20	0	100
	2			5	2	0	0	7	15	0	0	28	0	26	0	31	0	0	33	147
	3			0	4	4	0	2	18	0	19	0	0	27	0	21	0	0	10	105
	4			0	0	8	13	0	0	0	20	0	21	2	0	28	0	22	0	114
	5			0	0	11	10	0	0	12	0	0	19	0	0	0				52
	6			0	7	8	0	0	0	20	0	20	0	0	25	0	20	0	0	100
	7			5	0	0	7	15	0	0	28	0	26	0	31	0	0	33	0	145
	8			0	4	0	2	18	0	19	0	0	27	0	21	0	0	10	0	101
	9			0	8	13	0	0	0	20	0	21	2	0	28	0	22	0	0	114
	10			0	11	10	0	0	12	0	0	12	0	0						45
0.001 0	1			0	0	2	6	0	0	12	1	0	20	0	20	0	0	27	0	88
	2			0	0	12	0	23	0	31	0	0	20	0	1	26	0	12	0	125
	3			0	0	7	0	21	0	23	0	21	21	0	0	13	0	8	0	114
	4			0	0	4	0	24	0	31	0	0	11	0	0	20	0	16	0	106
	5			0	0	8	0	22	0	27	0	0	24	0	24	1	0	29	0	135
	6			0	0	2	15	0	41	0	0	36	20	0	20	0	0	27	0	161
	7			0	0	12	24	0	29	0	25	0	20	0	1	26	0	12	0	149
	8			0	0	7	0	21	0	22	0	0	21	0	0	13	0	8	0	92
	9			0	0	4	26	0	0	24	0	25	11	0	0	20	0	16	0	126
	10			0	0	8	9	0	0	15	0	0	24	0	24	1	0	29	0	110

续　表

0.005 0	1			0	0	5	14	0	0	0	0	0	24	0	0	28	0	21	0	92
	2			0	0	8	8	0	0	9	27	0	23	1	29	0	0	21	0	126
	3			0	0	7	10	0	0	0	0	23	0	21	21	0	0	20	0	102
	4			0	0	10	2	0	0	19	0	31	0	0	11	0	0	21	0	94
	5			7	0	11	0	5	12	0	0	27	0	0	24	0	0	0	21	107
	6			0	0	5	14	0	0	0	41	0	0	36	20	0	0	21	0	137
	7			0	0	8	8	0	0	9	29	0	25	0	20	0	0	21	0	120
	8			0	0	7	10	0	0	0	0	22	0	0	21	0	0	20	0	80
	9			0	0	10	2	0	0	19	0	24	0	25	11	0	0	21	0	112
	10			7	0	11	0	5	12	0	1	17	0	16	1	27	0	0	21	118
0.010 0	1			8	0	0	0	0	15	0	22	0	18	3	0	20	0	22	0	108
	2			0	6	0	0	2	11	0	14	0	0	9	0	22	0	0	16	80
	3			0	7	0	0	0	13	2	14	0	0	18	0	12	0	0	17	83
	4			0	0	4	0	0	7	2	0	0	12	3	0	17	0	0	10	55
	5			0	0	4	5	0	1	0	0	0	21	0	17	8	0	23	0	79
	6			0	0	0	15	0	22	0	18	0	0	20	0	22	0			97
	7			0	0	2	11	0	14	0	0	9	0	9	0	22	0	0	16	83
	8			0	0	0	13	2	14	0	0	18	0	18	0	12	0	0	17	94
	9			4	0	0	7	2	0	0	12	3	0	3	0	17	0	0	10	58
	10			4	5	0	1	0	0	0	21	0	17	0	17	8	0	23	0	96
0.050 0	1			6	1	2	0	0	13	0	15	0	0	13	0	25	0	0	11	86
	2			0	0	0	0	1	0	0	0	0	0	0	0	0	0	0	0	1
	3			0	13	0	3	0	1	25	0	0	20	0	0	0	0	0	0	62
	4			3	1	7	0	0	19	0	26	0	0	14	0	19	0	0	32	121
	5			8	0	0	0	4	15	0	1	0	0	0	0	0	0	4	0	32
	6			6	0	1	25	0	0	20	0	0	0	0	0	25	0	0	11	88
	7			0	0	19	0	26	0	0	14	0	19	0	0	0	0	0	0	78
	8			0	4	15	0	1	0	0	0	0	0	0	4	0	0	0	0	24
	9			3	0	13	0	15	0	0	13	0	25	0						69
	10			8	1	0	0	0	0											9
0.100 0	1			0	0	2	0	0	8	0	8	0	14	0	0	0	0	0	0	32
	2			0	0	0	14	0	0	0	32	0	2	0	0	0	0	0	0	48
	3			0	0	7	3	0	0	11	3	0	11	0	0	14	0	0	5	54
	4			0	0	0	0	0	17	0	14	0	20	1	0	13	0	13	0	78
	5			0	0	0	0	2	14	0	11	0	0	31	0	23	0	0	0	81
	6			0	0	0	17	0	14	0	20	1	0	13	0	0	0	0	0	65
	7			0	0	2	14	0	11	0	0	31	0	23	0	0	0	0	0	81
	8			0	0	0	8	0	8	0	14	0	0	0	0	14	0	0	5	49
	9			0	14	0	0	0	32	0	2	0	0	0	0	13	0	13	0	74
	10			0	3	0	0	11	3	0	11	0	0	14	0	23	0	0	0	65

表 7.4-9 受试物:铜 水源:宜兴太湖水

实验时间(d)		4	5	6	7	8	9	10	11	12	13	14	15	16	17	18	19	20	21	总数
培养基更新(√)			√			√			√			√			√			√		
pH		7.8	7.8	7.8	7.8	7.8	7.8	7.8	7.8	7.8	7.8	7.8	7.8	7.8	7.8	7.8	7.8	7.8	7.8	
O_2浓度(mg/L)																				
温度(℃)		24	24	24	24	24	24	24	24	24	24	24	24	24	24	24	24	24	24	
是否提供食物(√)		√	√	√	√	√	√	√	√	√	√	√	√	√	√	√	√	√	√	
存活幼溞数量																				
对照组	1			0	0	0	0	0	8	0	24	0	24	0	1	21	0	24	0	102
	2			0	0	3	8	0	27	0	32	0	0	15	0	19	24	0	2	130
	3			0	0	3	0	17	0	28	2	22	3	0	11	1	0	21	0	108
	4			0	0	0	5	0	34	0	25	0	0	20	0	13	0	18	0	115
	5			0	0	3	5	0	32	0	28	0	0	24	0	0	0	0	26	118
	6			0	0	0	5	0	28	0	27	0	0	11	0	21	0	24	0	116
	7			0	0	3	8	0	27	0	31	0	0	15	0	19	24	0	2	129
	8			0	0	3	0	17	0	28	0	25	0	0	13	0	0	21	0	107
	9			0	0	0	0	35	0	0	30	0	0	20	0	13	0	18	0	116
	10			0	0	3	0	0	9	0	14	0	32	19	0	33	0	0	26	136
0.000 5	1			0	0	1	1	0	17	0	19	4	0	18	0	22	0	17	0	99
	2			0	0	2	1	0	17	0	19	0	0	19	0	23	0	0	21	102
	3			0	0	5	0	14	0	0	25	0	19	1	0	31	0	0	4	99
	4			0	0	0	0	13	0	0	24	0	23	0	0	29	0	9	4	102
	5			0	0	4	0	13	0	0	28	0	19	0	0	29	0	19	0	112
	6			0	0	5	0	19	0	21	0	0	20	0	23	0	17	0	0	105
	7			0	3	0	0	17	0	19	0	0	21	0	23	0	29	0	19	131
	8			0	5	0	15	0	0	19	0	21	1	0	19	0	0	4	0	84
	9			0	0	0	16	0	0	24	0	15	0	1	19	0	9	0	0	84
	10			0	5	0	13	0	0	30	0	22	0	0	31	0	28	0	0	129
0.001 0	1			0	0	2	1	11	0	0	14	0	16	1	28	0	0	19	0	92
	2			0	0	0	0	5	0	0	16	0	24	0	2	24	0	17	0	88
	3			0	0	7	0	8	0	20	1	0	27	0	30	0	0	17	0	110
	4			0	0	2	1	12	0	0	26	0	21	0	0	26	0	20	0	108
	5			0	0	0	2	14	0	0	27	0	25	0	0	14	0	12	0	94
	6			0	2	0	0	12	0	0	15	0	16	1	28	0	0	19	0	93
	7			0	0	0	0	9	0	0	16	0	24	0	0	22	0	17	0	88
	8			0	7	0	0	0	0	21	0	0	27	0	21	0	0	17	0	93
	9			0	2	1	0	13	0	0	25	0	20	0	0	26	0	15	0	102
	10			0	0	5	0	11	0	0	27	0	24	0	0	14	0	12	0	93

续 表

0.005 0	1			0	0	0	0	11	0	0	21	0	21	0	0	15				68
	2			0	0	0	0	12	0	0	23	0	21	0	0	26	0	15	2	99
	3			0	0	0	0	10	0	0	30	0	23	0	0	10				73
	4			0	0	2	0	0	15	0	18	0	37	0	0	40	0			112
	5			0	0	0	0	15	0	0	27	0	30	1	1	24	0	0	0	98
	6			0	0	3	0	10	0	22	0	19	0	0	0	15				69
	7			0	5	0	0	15	0	0	19	0	21	0	0	26	0			86
	8			0	3	0	0	9	0	0	27	0	23	0	0	10	0	17	0	89
	9			0	0	2	0	0	0	19	0	30	0	0	0	40	0			91
	10			0	3	0	0	16	0	0	27	0	22	1	1	24	0	0	0	94
0.010 0	1			0	0	0	0	12	0	0	18	0	27	0	0					57
	2			0	0	1	0	2	16	0	15	0	0	17	0	28	0	0	15	94
	3			0	0	0	1	11	0	20	1	0	29	0	30	0	0	28	0	120
	4			0	7	1	0	0	13	0	18	0	31	0	2	44	0	21	0	137
	5			0	0	4	1	12	0	18	0	0	22	0	25	0	0	16	0	98
	6			0	6	0	6	0	0	13	0	16	0	0	13	0	14	0	0	68
	7			0	0	3	0	14	0	0	22	0	19	0	0	19	0			77
	8			0	5	0	9	0	0	15	0	12	0	0	13	0	16	0	0	70
	9			0	6	0	10	0	0	17	0	19	0	0	21	0	0	7	0	80
	10			0	9	0	0	0	16	0	19	0	0	22	0	21	4	0	0	91
0.050 0	1			0	0	0	0	8	0	0	17	0	32	0	40	0	0	0	0	97
	2			0	0	0	0	10	0	0	18	0	25	0	2	29	0	26	0	110
	3			0	0	0	2	8	2	0	11	0	19	0	2	12	0	10	0	66
	4			0	0	0	0	6	2	0	21	0	23	4	0	25	0	6	0	87
	5			0	0	0	0	6	0	0	16	0	23	0	22	5	0	18	0	90
	6			0	0	0	0	12	0	0	17	0	15	0	0	27	0	18	0	89
	7			9	0	0	0	9	5	0	21	0	22	0	0	20	0			86
	8			0	0	0	0	10	0	17	0	0	11	0	19	3	26	1	0	87
	9			0	1	2	0	0	16	0	0	22	0	21	0	28	0			90
	10			0	2	0	0	0	16	0	22	0	3	31	0					74
0.100 0	1			0	0	8	1	6	0	15	0	0	21	0	21	0	0			72
	2			4	0	5	0	0	15	0	16	0	0	15	0	20	0	11	0	86
	3			8	0	7	0	0	16	0	17	0	17	1	0					66
	4			6	0	0	5	0	11	0	21	0	0	20	0	19	0	0	11	93
	5			6	0	0	4	0	14	0	16	0	6	26	0	11	0	0	13	96
	6			0	0	4	0	7	0	17	0	0	15	0	25	0	0	12	0	80
	7			0	0	3	0	7	0	1	16	0	14	0	20	0	0	20	0	81
	8			0	5	0	2	0	17	0	0	17	0	17	0	16				74
	9			0	4	4	0	0	6	0	16	0	14	0	0	18	0	17	0	79
	10			0	0	0	2	0	14	0	0	23	0	19	0	0	14	0	3	75

表 7.4-10　受试物:铜　　水源:宜兴大浦河水

实验时间(d)		4	5	6	7	8	9	10	11	12	13	14	15	16	17	18	19	20	21	总数
培养基更新(√)			√			√			√			√			√			√		
pH		7.8	7.8	7.8	7.8	7.8	7.8	7.8	7.8	7.8	7.8	7.8	7.8	7.8	7.8	7.8	7.8	7.8	7.8	
O_2浓度(mg/L)																				
温度(℃)		24	24	24	24	24	24	24	24	24	24	24	24	24	24	24	24	24	24	
是否提供食物(√)		√	√	√	√	√	√	√	√	√	√	√	√	√	√	√	√	√	√	
存活幼溞数量																				
对照组	1			8	0	0	0	14	0	0	24	0	17	0	25	0	29	0	19	136
	2			0	3	1	0	0	14	0	19	0	24	0	31	0	21	0	22	135
	3			0	5	1	0	0	16	0	21	0	23	0	21	0	15	0	21	123
	4			0	7	0	0	0	18	0	24	0	31	0	0	33	0	0	16	129
	5			0	0	2	0	16	0	0	22	0	27	0	0	25	0	27	0	119
	6			0	0	0	0	4	2	15	0	41	0	0	36	0	0	30	0	128
	7			8	0	10	0	25	0	24	0	29	0	25	0	14	0	0	0	135
	8			7	0	3	0	0	26	0	21	0	22	0	0	34	0	0	0	113
	9			0	9	0	3	15	0	26	0	0	24	0	25	0	14	0	29	145
	10			0	0	9	0	0	0	0	35	0	31	0	0	29	0	22	0	126
0.000 5	1			4	1	2	0	0	19	0	28	0	0	28	0	23	0	0	20	125
	2			0	0	6	0	15	0	0	27	0	24	0	0	25	0	30	0	127
	3			0	0	5	0	12	0	0	20	0	23	0	0	24	0	18	0	102
	4			0	0	4	0	10	2	0	19	0	19	0	0	19	0	32	0	105
	5			0	0	4	0	13	0	0	17	0	24	0	0	23	0	28	0	109
	6			2	0	0	19	0	28	0	0	28	0	23	0	0	20	0	0	120
	7			6	0	15	0	0	27	0	24	0	0	25	0	30	0	15	0	142
	8			5	0	12	0	0	20	0	23	0	0	24	0	18	0	12	0	114
	9			4	0	10	2	0	19	0	19	0	0	19	0	32	0	0	10	115
	10			4	0	13	0	0	17	0	24	0	0	23	0	28	0	0	13	122
0.001 0	1			0	0	2	0	10	0	0	18	0	26	0	0	25	0	23	0	104
	2			0	0	3	0	5	6	0	28	0	29	0	0	25	0	16	0	112
	3			0	2	0	0	0	15	0	25	0	0	29	0	10	0	0	15	96
	4			0	2	0	0	0	13	0	17	0	0	21	0	20	0	0	0	73
	5			0	1	0	1	0	11	0	19	0	0	24	0	33	0	0	30	119
	6			0	5	0	15	0	19	0	0	26	0	0	21	0	23	0	11	120
	7			0	5	0	5	6	0	28	0	31	0	0	27	0	16	0	0	118
	8			4	0	0	0	15	0	23	0	0	25	0	22	0	0	15	0	104
	9			2	0	0	0	13	0	21	0	0	29	0	20	0	0			85
	10			3	0	0	0	11	0	18	0	0	24	0	33	0	0	30	0	119

续 表

0.005 0	1			0	0	3	0	12	0	0	21	0	33	0	19	17	0	24	0	129
	2			0	0	0	0	10	0	0	21	0	34	0	0	27	0	18	0	110
	3			0	0	2	0	15	0	0	19	0	20	0	0	22	0	16	0	94
	4			0	0	0	0	0	11	0	23	0	29	0	0	21	0	0	16	100
	5			0	0	0	0	10	0	18	0	0	32	0	28	0	0	26	0	114
	6			0	0	3	0	12	0	15	0	24	0	19	0	0	24	0	0	97
	7			0	0	0	0	10	0	21	0	31	0	0	21	0	18	0	19	120
	8			0	0	2	0	15	0	19	0	20	0	0	25	0	21	0	0	102
	9			0	0	0	0	0	11	0	23	0	27	0	21	0	0	19	0	101
	10			0	0	0	0	10	0	18	0	0	25	0	23	0	0	26	0	102
0.010 0	1			0	0	0	0	12	0	0	22	0	19	0	0	27	0	18	0	98
	2			9	0	0	0	9	5	0	21	0	22	0	0	20	0	17	0	103
	3			0	0	0	0	10	0	17	0	0	11	0	19	3	26	1	0	87
	4			0	1	2	0	0	16	0	18	22	0	21	0	28	0	0	22	130
	5			0	2	0	0	0	16	0	22	0	3	31	0	28	0	0	20	122
	6			0	0	11	0	0	22	0	19	0	0	27	0	18	0	18	0	115
	7			7	0	9	5	0	21	0	22	0	0	20	0	17	0	17	0	118
	8			0	0	9	0	17	0	0	11	0	19	3	26	1	0	1	0	87
	9			0	3	0	11	0	18	0	0	21	0	25	0	0	22	0	22	122
	10			0	2	0	9	0	22	0	0	31	0	28	0	0	20	0	20	132
0.050 0	1			0	6	0	3	0	19	0	19	0	0	17	0	0	0	13	11	88
	2			8	0	5	0	0	16	0	27	0	0	25	0	9	11	0	10	111
	3			7	0	3	0	0	19	0	26	0	0	23	0	24	0	0	16	118
	4			11	0	0	2	0	20	0	0	0	0	14	0	0	24	3	8	82
	5			0	0	3	0	0	12	0	22	0	0	21	0	28	0	0	9	95
	6			6	0	3	0	19	0	19	0	17	0	0	0	0	0	13	11	88
	7			0	5	0	0	16	0	27	0	25	0	9	0	0	11	0	10	103
	8			0	3	0	0	19	0	26	0	23	0	24	0	0	0			95
	9			0	0	2	0	20	0	0	0	14	0	0	0	0	24	0	0	60
	10			0	3	0	0	12	0	22	0	30	0	28	0	0	0	0	0	95
0.100 0	1			0	5	2	0	0	13	0	20	0	0	21	0	13	0	0	18	92
	2			0	0	7	0	6	0	22	0	0	15	0	22	0	0	24	0	96
	3			0	0	7	0	7	0	17	0	0	25	0	17	0	0	22	0	95
	4			0	6	0	0	0	18	0	25	0	0	18	0	18	0			85
	5			0	0	6	0	5	0	14	0	0	28	0	14	0	0	22	0	89
	6			0	5	2	0	0	13	0	20	0	0	21	0	13	0	0	18	92
	7			7	0	6	0	22	0	0	17	0	19	0	0	21	0			92
	8			0	0	7	0	7	0	17	0	0	25	0	17	0	0	22	0	95
	9			0	6	0	0	0	18	0	25	0	0	18	0	18	0	0		85
	10			0	0	6	0	5	0	14	0	0	28	0	14	0	0	22	0	89

表 7.4-11　受试物:铬　　水源:南京自来水

实验时间(d)		4	5	6	7	8	9	10	11	12	13	14	15	16	17	18	19	20	21	总数
培养基更新(√)			√			√			√			√			√			√		
pH		7.8	7.8	7.8	7.8	7.8	7.8	7.8	7.8	7.8	7.8	7.8	7.8	7.8	7.8	7.8	7.8	7.8	7.8	
O_2浓度(mg/L)																				
温度(℃)		24	24	24	24	24	24	24	24	24	24	24	24	24	24	24	24	24	24	
是否提供食物(√)		√	√	√	√	√	√	√	√	√	√	√	√	√	√	√	√	√	√	
存活幼溞数量																				
对照组	1			0	0	1	2	6	0	19	1	21	5	0	26	0	23	0	0	104
	2			0	4	0	13	0	0	16	0	28	0	26	2	0	24	0	0	113
	3			0	0	0	1	12	0	26	0	20	0	0	21	0	12	8	0	100
	4			0	0	0	2	7	0	21	1	32	1	0	25	0	18	3	0	110
	5			0	0	0	1	5	0	36	5	31	1	0	36	0	24	4	0	143
	6			0	0	1	37	0	32	0	30	0	0	22	26	0	0			148
	7			0	4	0	0	31	28	1	0	34	0	20	2	0	24	0	0	144
	8			0	0	0	0	0	25	41	0	0	23	0	21	0	23	0	0	133
	9			0	0	0	0	28	0	37	0	0	31	0	25	0	25	0	0	146
	10			0	0	0	35	0	35	0	26	0	19	0	36	0				151
0.002 5	1			0	0	3	0	11	0	19	0	0	28	0	30	0	14	1	0	106
	2			0	0	1	3	5	0	34	1	26	1	0	29	0	20	2	1	123
	3			0	0	0	3	15	0	30	2	0	32	0	28	0	0	15	0	125
	4			0	0	2	2	9	0	23	0	24	6	0	29	0	9	1	0	105
	5			0	0	3	0	10	0	22	3	14	9	0	36	0	13	2	0	112
	6			0	3	0	0	28	0	0	23	0	11	1	30	0	14	1	0	111
	7			0	0	3	4	2	37	0	0	29	0	44	0	0	20	2	1	142
	8			0	0	3	0	21	0	37	0	0	18	0	28	0	0	15	0	122
	9			0	0	2	4	2	14	0	39	0	0	30	0	0	9	1	0	101
	10			0	3	0	19	0	22	0	33	0	0	37	0	0	13	2	0	129
0.005 0	1			0	0	2	7	0	0	28	0	29	1	18	2					87
	2			0	1	0	0	10	0	25	0	33	5	0	32	0	31	1	0	138
	3			0	0	0	0	8	0	22	1	25	0	0	26	0	14	1	0	97
	4			0	0	1	5	0	0	25	0	25	2	19	0	0	35	1	8	121
	5			0	2	0	0	12	0	18	0	30	0	0	36	0	26	0	0	124
	6			0	0	2	1	0	28	0	28	0	0	23	0					82
	7			0	1	0	0	0	0	4	2	37	0	0	29	0	31	1	0	105
	8			0	0	0	0	11	0	0	15	0	29	3	0	0	14	1	0	73
	9			0	0	1	0	3	0	4	0	14	0	41	0	0	35	1	8	107
	10			0	2	0	7	0	0	19	0	27	0	22	0	0	26	0	0	103

续 表

0.010 0	1			0	0	4	0	13	0	25	0	1	15							58
	2			0	5	0	1	9	0	16	0	30	1	28	0	3	18	0	4	115
	3			0	4	2	1	2	0	3	0	0	0	32	0	1	28	2	14	89
	4			0	6	0	1	0	0	1	14	27	21	0	0	20	0	21	1	112
	5			0	0	2	0	0	0	3	1	0								6
	6			0	0	4	0	0	4	2	37	0	0	29	0	0				76
	7			0	5	0	11	0	0	15	0	29	3	0	0					63
	8			0	4	2	3	0	4	0	14	0	41	0	14	0	3	0	0	85
	9			0	6	0	0	0	19	0	27	0	22	0	0	7	0	0	0	81
	10			0	0	2	9	0	25	0	22	0	24	0	0	0	9	0		91
0.050 0	1			0	0	1	1	7	0	0	9	0	27	0	34	0	6	32	0	117
	2			0	0	6	0	3	0	24	3	12	4							52
	3			0	0	1	0	12	0	15	0	0	22	0	26	0	0	32	0	108
	4			0	0	2	0	9	0	0	19	0								30
	5			0	0	4	0	8	0	19	1	0	22	0	6	6	0	0	0	66
	6			0	0	1	1	0	3	0	4	0	14	0	41	0	14	0	0	78
	7			0	0	6	0	7	0	0	19	0	27	0	22	0	0	7		88
	8			0	0	1	0	0	9	0	25	0	22	0	24	0	0	0	0	81
	9			0	0	2	0	0	0	21	0	31	0	0	29	0	0	0		83
	10			0	0	4	0	0	0	15	0	26	0	21	0	22	0	0	0	88
0.100 0	1			0	0	4	2	0	0	0	23	0	0	0						29
	2			0	0	3	0	11	0	15	3	0	15	0	0					47
	3			0	0	3	0	0	0	1	18	0	0	10	0	0	19	0	0	51
	4			0	0	0	4	13	0	10	7	0								34
	5			0	0	0	3	1	0	21	0	10	0	13	2	0	15	0	0	65
	6			0	4	2	0	0	0	23	0	0	0	0						29
	7			0	3	0	11	0	15	3	0	0	15	0	0					47
	8			0	3	0	0	0	1	18	0	0	0	10	0	0				32
	9			0	0	4	13	0	10	7	0	0								34
	10			0	0	3	1	0	21	0	10	0	0	13	0	0				48
0.500 0	1	AB																		
	2																			
	3																			
	4																			
	5																			
	6																			
	7																			
	8																			
	9																			
	10																			

表 7.4-12　受试物:铬　　水源:宜兴自来水

实验时间(d)		4	5	6	7	8	9	10	11	12	13	14	15	16	17	18	19	20	21	总数
培养基更新(√)			√			√			√			√			√			√		
pH		7.8	7.8	7.8	7.8	7.8	7.8	7.8	7.8	7.8	7.8	7.8	7.8	7.8	7.8	7.8	7.8	7.8	7.8	
O_2浓度(mg/L)																				
温度(℃)		24	24	24	24	24	24	24	24	24	24	24	24	24	24	24	24	24	24	
是否提供食物(√)		√	√	√	√	√	√	√	√	√	√	√	√	√	√	√	√	√	√	
存活幼溞数量																				
对照组	1			0	0	0	0	7	0	21	0	35	0	0	30	0	35	0	0	128
	2			0	0	0	0	0	5	23	0	35	1	0	33	0	22	0	0	119
	3			0	0	0	0	0	6	27	0	38	0	0	25	0	33	0	0	129
	4			0	0	0	0	0	5	24	0	0	29	0	46	0	41	0	0	145
	5			0	0	0	0	0	2	26	0	35	0	0	28	0	29	0	0	120
	6			0	11	0	2	26	0	32	0	0	0	2	31	0	0		0	104
	7			0	0	0	12	0	25	0	0	21	0	27	1	0	22		20	128
	8			3	1	0	22	0	17	0	29	3	0	21	0	19	0	27	0	142
	9			0	0	0	0	4	2	14	0	41	0	0	36	0	0	30	0	127
	10			5	15	0	0	19	0	22	0	23	0	0	37	0	0	29	0	150
0.002 5	1			0	0	1	1	14	1	25	0	0	25	0	35	0	18	0	0	120
	2			0	7	0	0	0	4	24	0	18	0	0	37	0	22	0	1	113
	3			0	0	8	0	8	3	20	0	0	24	0	34	0	15	0	2	114
	4			0	0	4	0	0	10	26	0	0	29	0	36	0	30	0	0	135
	5			0	0	3	0	4	4	15	0	0	16	0	34	0	22	0	1	99
	6			0	0	0	0	4	2	14	0	41	0	0	36	0	0	30	0	127
	7			6	0	11	0	21	0	27	0	29	0	25	0	19	0	0	0	138
	8			5	0	0	15	0	16	0	21	0	22	0	0	34	0	0	0	113
	9			0	7	0	3	15	0	16	0	0	24	0	25	0	14	0	19	123
	10			0	0	9	0	0	0	0	25	0	0	31	0	0	29	0	27	121
0.005 0	1			0	0	4	0	0	3	21	1	27	0	22	0	0	38	0	16	132
	2			0	11	0	0	0	30	0	29	0	0	33	0	25	0	0	21	149
	3			0	1	1	0	6	0	17	0	22	0	27	0	2	28	0	22	126
	4			0	0	1	0	0	9	23	2	0	15	0	32	0	0	0	21	103
	5			0	0	4	0	9	0	20	0	0	23	0	29	0	15	0	0	100
	6			0	14	0	32	1	0	22	0	0	15	0	33	0	0			117
	7			0	19	0	0	37	0	33	0	0	10	0	44	0	0			143
	8			0	17	0	0	0	28	0	20	19	0	2	0	24	1	0		111
	9			1	4	0	24	0	0	0	30	1	17	1	27	0	0	11	0	116
	10			0	3	0	27	0	32	0	0	0	33	0	0	21	0	16	0	132

续表

0.010 0	1			0	0	4	0	13	0	20	0	0	22	0	29	0	0	17	0	105
	2			0	0	2	1	10	5	24	0	0	17	0	30	0	0	16	0	105
	3			0	0	4	0	0	5	20	0	0	12	0	25	0	28	0	0	94
	4			0	6	0	0	10	0	31	1	0	0	24	0	4	30	0	25	131
	5			0	0	3	0	17	0	17	0	25	9	3	29	0	0	13	0	116
	6			0	0	0	0	0	0	4	2	37	0	0	29	0	0	0	0	72
	7			5	17	0	0	11	0	0	21	0	29	3	0	0	0	11	21	118
	8			7	0	14	0	3	0	4	0	14	0	41	0	14	0	3	0	100
	9			0	6	0	7	0	0	19	0	27	0	22	0	0	7	0	0	88
	10			0	9	0	0	9	0	25	0	22	0	24	0	0	0	9	0	98
0.050 0	1			0	6	0	0	2	4	12	0	0	0	22	0	0	23	0	26	95
	2			0	0	4	0	0	11	0	16	16	3	12	0	18	0	6	3	89
	3			0	0	0	0	10	3	11	2	0	6	6	11					49
	4			0	0	5	0	8	4	18	0	0	7	10	26	0	0	6	0	84
	5			0	0	3	0	4	3	18	0	0	13	4	22	0	0	13	0	80
	6			5	0	0	2	4	12	0	0	0	22	0	0	23	0	26	0	94
	7			0	0	0	0	11	0	16	16	3	12	0	18	0	6	0	11	93
	8			6	0	0	10	3	11	2	0	6	0	11	0	19	0			68
	9			0	5	0	8	0	21	0	0	7	10	26	0	0	6	0	11	94
	10			0	0	0	12	3	17	0	0	13	0	17	0	0	19	0	0	81
0.100 0	1			0	0	3	6	0	0	0	10									19
	2			0	0	3	0	4	0	0	9									16
	3			0	0	0	0	0	0	0	7	0	0	6	0					13
	4			0	0	8	0	5	0	9										22
	5			0	0	7	0	3	0	0	0									10
	6			0	3	0	0	0	2	10										15
	7			0	3	0	0	0	0	9										12
	8			0	0	0	0	0	10	7	0	0	6	0						23
	9			0	8	9	5	0	8	0	0									30
	10			0	7	0	0	0	12	0										19
0.500 0	1	AB																		
	2																			
	3																			
	4																			
	5																			
	6																			
	7																			
	8																			
	9																			
	10																			

表 7.4-13　受试物:铬　　水源:宜兴太湖水

实验时间(d)		4	5	6	7	8	9	10	11	12	13	14	15	16	17	18	19	20	21	总数
培养基更新(√)			√			√			√			√			√			√		
pH		7.8	7.8	7.8	7.8	7.8	7.8	7.8	7.8	7.8	7.8	7.8	7.8	7.8	7.8	7.8	7.8	7.8	7.8	
O_2浓度(mg/L)																				
温度(℃)		24	24	24	24	24	24	24	24	24	24	24	24	24	24	24	24	24	24	
是否提供食物(√)		√	√	√	√	√	√	√	√	√	√	√	√	√	√	√	√	√	√	
存活幼溞数量																				
对照组	1			0	7	2	2	1	24	0	29	0	0	32	2	1	22	30	15	167
	2			0	7	0	0	23	0	3	2									35
	3			0	4	0	1	21	0	33	1	0	42	0	25	0	2	15	0	144
	4			0	0	0	3	16	0	21	0	0	34	0	23	0	14	0	0	111
	5			0	0	0	4	14	0	22	0	0	38	0	32	0	12	1	0	123
	6			0	7	2	0	0	40	0	11	3	0	18	0	1	22	30	15	149
	7			0	7	0	27	0	25	0	0	35	0	0	34	0	0			128
	8			0	4	0	29	0	28	0	0	38	0	22	0	0	2	15	0	138
	9			0	0	0	30	0	36	0	0	34	0	23	0	0	14	0	0	137
	10			0	0	0	1	32	0	33	0	0	38	0	24	0	12	1	0	141
0.002 5	1			0	0	0	11	2	0	26	0	27	0	28	2	0	18	2	24	140
	2			0	0	0	0	11	0	27	0	0	35	0	45	0	0	15	0	133
	3			0	0	0	0	10	0	20	0	5	33	0	19	0	0	15	0	102
	4			0	0	0	0	13	0	23	0	33	0	6	6	2	1	0	0	84
	5			0	0	1	0	13	2	23	0	34	0	0	32	0	10	0	0	115
	6			0	0	0	11	2	0	31	0	0	0	38	0	25	0	2	22	131
	7			0	0	0	0	11	0	28	0	0	22	0	0	20	0	15	0	96
	8			0	0	0	0	10	0	0	33	0	27	0	0	29	0	241	0	340
	9			0	0	0	0	13	0	0	32	0	25	14	0	0	1	0	0	85
	10			0	0	1	0	13	2	0	33	32	0	0	0	34	0	0	0	115
0.005 0	1			0	0	0	0	6	0	22	1	28	0	32	3	0	21	0	22	135
	2			0	0	0	0	7	0	23	0	29	0	0	32	0	26	0	0	117
	3			0	0	0	0	5	0	9	3	0	6	0	0	11	0	3	6	43
	4			0	0	0	0	0	0	14										14
	5			0	0	0	0	5	0	8	3	0	31	0	21	0	0	12	0	80
	6			0	0	0	0	6	0	0	30	30	0	34	0	38	0	0	22	160
	7			0	0	0	0	7	0	23	0	0	0	0	29	0	0	0	0	59
	8			0	0	0	0	5	0	20	0	27	0	0	27	0	0	11	0	90
	9			0	0	0	0	0	0	27	0	0	0	7	22	0	19	0	0	75
	10			0	0	0	0	5	0	0	31	0	0	0	0	24	0	19	0	79

续　表

0.010 0	1			0	0	0	0	0	10	0	28	0	26	0	0	36	0	0	0	100
	2			0	0	0	0	8	0	18	0	0	31	0	33	0	0	0	0	90
	3			0	0	0	0	8	0	16	0	0	35	0	26	0	0	13	0	98
	4			0	0	0	0	7	0	24	0	0	40	0	25	0	0	19	0	115
	5			0	0	0	0	6	0	0	4	0	25	0	19	0	0	23	0	77
	6			0	0	0	15	0	0	26	0	0	36	0	21	0	0	0	0	98
	7			0	0	0	0	8	0	31	0	33	0	11	0	0	19	0	0	102
	8			0	0	0	0	8	0	35	0	26	0				0	13	0	82
	9			0	0	0	0	7	0	24	0	0	40	0	25	0	0	19	0	115
	10			0	0	0	0	6	0	0	4	0	25	0	21	0	0	11	0	67
0.050 0	1			0	0	0	0	9	0	14	4	0	31	0	14	0	3	31	0	106
	2			0	0	0	0	14	0	0	23	0	33	0	0	23	0	30	0	123
	3			0	0	0	0	10	0	26	0	28	0	4	35	0	26	2	0	131
	4			0	0	0	0	9	0	19	0	29	0	0	30	0	30	4	0	121
	5			0	0	0	0	20	0	20	0	32	0	0	27	0	25	1	0	125
	6			0	0	0	0	9	0	14	0	24	0	8	19	0	0	0	0	74
	7			0	0	0	0	14	0	0	23	0	36	0	0	18	0	1	0	92
	8			0	0	0	0	10	0	26	0	30	0	0	23	0	0	15	0	104
	9			0	0	0	0	9	0	19	0	0	0	4	2	37	0	0	0	71
	10			0	0	0	0	20	0	20	0	11	0	0	21	0	29	0	0	101
0.100 0	1			0	0	3	0	15	0	17	0	0	30	0	21	0				86
	2			0	0	0	0	8	5	17	0									30
	3			0	0	3	0	16	0	23	0	0	26	2	29	0	3	0	0	102
	4			0	0	2	0	11	0	19	2	0	27	0	30	0	6	0	1	98
	5			0	0	0	0	15	0	15	0	0	23	1	11	4	0	12	0	81
	6			0	0	3	15	0	0	0	33	0	0	0	0	0	31	0	0	82
	7			0	0	0	0	0	5	0	8	19	0	0	0	37	0			69
	8			0	0	3	21	0	0	36	0	0	18	0	0	0	15	0	0	93
	9			0	0	2	15	0	0	0	0	23	0	0	15	1	23	1	9	89
	10			0	0	0	17	0	0	0	4	2	37	0	0	0	12	0	21	93
0.500 0	1	AB																		
	2																			
	3																			
	4																			
	5																			
	6																			
	7																			
	8																			
	9																			
	10																			

表 7.4-14　受试物:铬　　水源:宜兴大浦河水

实验时间(d)		4	5	6	7	8	9	10	11	12	13	14	15	16	17	18	19	20	21	总数
培养基更新(√)			√			√			√			√			√			√		
pH		7.8	7.8	7.8	7.8	7.8	7.8	7.8	7.8	7.8	7.8	7.8	7.8	7.8	7.8	7.8	7.8	7.8	7.8	
O_2浓度(mg/L)																				
温度(℃)		24	24	24	24	24	24	24	24	24	24	24	24	24	24	24	24	24	24	
是否提供食物(√)		√	√	√	√	√	√	√	√	√	√	√	√	√	√	√	√	√	√	
存活幼溞数量																				
对照组	1			0	6	0	9	0	1	23	0	25	0	28	0	0	23	0	12	127
	2			0	8	0	8	0	0	29	1	21	0	0	31	0	33	0	0	131
	3			2	0	4	0	18	0	27										51
	4			0	11	0	8	0	1	26	0	28	0	25	0	0	21	0	21	141
	5			0	10	0	0	0	35	0	37	0	19	0	3	20	0	0	15	139
	6			0	4	2	14	0	41	0	0	36	0	0	0	0	23	0	12	132
	7			0	27	0	27	0	29	0	25	0	14	0	31	0	33	0	0	186
	8			2	0	26	0	21	0	22	0	0	34	0						105
	9			0	15	0	26	0	0	24	0	25	0	14	0	0	21	0	21	146
	10			0	0	0	0	35	0	0	31	0	0	29	3	20	0	0	15	133
0.002 5	1			0	0	2	0	0	22	29	0	0	12	0	17	0				82
	2			0	5	0	5	9	0	32	0	13	1	0	32	0	36	0	13	146
	3			1	7	0	0	19	1	0	23	0	27	0	1	13	0	31	0	123
	4			0	3	0	5	3	0	21	0	34	0	29	0	0	33	0	25	153
	5			0	0	3	0	18	0	34	0	0	22	0	32	0	0	21	0	130
	6			0	0	2	0	21	0	35	0	0	24	0	17	0				99
	7			0	5	0	5	0	0	35	0	0	24	0	18	0	36	0	13	136
	8			1	7	0	0	33	0	39	0	0	23	0	0	41	0	0	0	144
	9			0	3	0	5	24	0	3	31	0	0	28	0	27	0	0	25	146
	10			0	0	3	0	0	29	0	0	43	0	24	0	0	0	21	0	120
0.005 0	1			0	0	0	0	7	2	21	1	0	32	0	30	0	0	19	0	112
	2			0	0	0	0	12	0	30	0	30	0	0	20	0	30	0	1	123
	3			0	0	0	0	7	0	21	0	40	0	0	29	0	27	0	0	124
	4			0	0	0	0	16	4	30	0	32	0	27	0	0				109
	5			0	0	0	8	4	0	22	1	28	0	31	0	33				127
	6			0	0	0	0	0	0	0	37	13	0	24	0	8	12	0	19	113
	7			0	0	0	0	26	0	0	31	2	0	2	36	0	0	0	1	98
	8			0	0	0	0	2	21	0	23	0	17	30	0	0	0	0	0	93
	9			0	0	0	0	0	32	0	0	19	0	23	0	0	13			87
	10			0	0	0	8	27	0	0	41	0	3	11	0	22	0			112

续 表

0.010 0	1			0	3	1	5	0	2	23	0	28	20	0	29	0	25	0	11	147
	2			0	5	1	0	11	2											19
	3			0	0	0	0	16	4	18	20	0	0	0	22	0	0	23	0	103
	4			0	0	0	8	0	0	0	0	26	0	22	0	0	18	0	14	88
	5			0	6	1	0	22	1	34	0	0	25	0	11	3				103
	6			3	0	12	0	34	0	27	0	0	0	16	0	29	0	11	0	132
	7			11	0	10	0	0	33	0	23	0	0	17	0	0	14	0	21	129
	8			0	0	12	0	20	3	0	21	0	0	0	0					56
	9			8	0	0	19	0	0	35	0	0	16	0	0	12	0	0	31	121
	10			8	0	0	18	0	0	40	0	11	3	0	18	0	0	10	0	108
0.050 0	1			0	0	0	0	9	1	21	0	0	37	0	21	0	0	21	0	110
	2			0	0	0	0	11	0	25	0	20	0	0	32	0	35	0	0	123
	3			0	0	0	0	16	0	22	0	0	21	0	36	0	0	8	0	103
	4			0	0	0	0	10	0	24	0	0	27	0	34	0	0	19	0	114
	5			0	0	0	5	3	0	16	0	37	0	25	0	0	24	0	32	142
	6			0	0	9	1	21	0	0	37	0	21	0	0	0	0	21	0	110
	7			0	7	0	25	0	0	25	0	0	29	0	32	0	39	0	0	157
	8			0	5	0	22	0	0	0	19	0	37	0	0	0	0	0	0	83
	9			0	0	10	0	24	0	0	22	0	33	0	0	0	0	19	0	108
	10			0	0	5	0	16	0	33	0	22	0	0	24	0	24	0	29	153
0.100 0	1			0	0	3	0	15	2	0	0	0	24	0	34	0	0	25	0	103
	2			0	0	5	0	15	0	0	29	0	22	0	25	0				96
	3			0	6	0	13	0	0	0	0	32	0	0	19	0	21	0	0	91
	4			0	0	3	0	2	3	0	25	0	21	0	8	0	0	14	0	76
	5			0	9	1	0	0	22	0	0	0	0	35	0	26	0	0	21	114
	6			0	0	3	0	5	0	1	0	0	0	21	0	0	0	25	0	55
	7			0	0	5	0	15	0	22	0	18	0	0	20	0	0	22	0	102
	8			0	6	0	13	0	0	14	0	0	9	0	9	0	21	0	0	72
	9			0	0	3	0	13	2	14	0	0	18	0	18	0	0	14	0	82
	10			0	9	1	0	7	2	0	0	12	3	0	3	26	0	0	21	84
0.500 0	1	AB																		
	2																			
	3																			
	4																			
	5																			
	6																			
	7																			
	8																			
	9																			
	10																			

表 7.4-15　受试物:氨氮　　水源:南京自来水

实验时间(d)		4	5	6	7	8	9	10	11	12	13	14	15	16	17	18	19	20	21	总数
培养基更新(√)			√			√			√			√			√			√		
pH		7.8	7.8	7.8	7.8	7.8	7.8	7.8	7.8	7.8	7.8	7.8	7.8	7.8	7.8	7.8	7.8	7.8	7.8	
O_2浓度(mg/L)																				
温度(℃)		24	24	24	24	24	24	24	24	24	24	24	24	24	24	24	24	24	24	
是否提供食物(√)		√	√	√	√	√	√	√	√	√	√	√	√	√	√	√	√	√	√	
存活幼溞数量																				
对照组	1			9	0	0	18	0	37	0	32	0	27	0	19	0	18	0	21	181
	2			0	17	1	0	17	0	28	2	22	3	0	11	1	19	0	0	121
	3			8	0	19	0	0	4	2	29	0	0	43	0	54	0	0	30	189
	4			0	0	16	0	0	0	0	0	0	42	0	0	37	0	0	29	124
	5			0	7	0	14	0	0	26	0	0	24	0	29	0	31	0	12	143
	6			0	0	6	0	22	5	0	20	0	23	0	0	20	0	31	0	127
	7			0	3	12	0	34	0		29	0	0	16	0	29	0	11	0	134
	8			0	11	10	0	0	33	0	23	0	37	0	25	0	14	0	29	182
	9			0	8	0	18	0	21	0	42	0	19	0	18	0	27	0	13	166
	10			0	9	0	21	0	23	0	37	0	22	0	15	0	31	0	0	158
0.1	1			0	4	0	0	0	0	0	0	32	0	0	32	0	25	0	0	93
	2			0	3	0	4	0	0	0	0	38	0	44	0	0	57	0	29	175
	3			5	0	0	8	2	0	0	0	4	0	39	0	0	38	0	28	124
	4			0	0	6	11	2	0	22	2	57	0	0	64	0	0	23	0	187
	5			0	4	0	10	0	0	0	0	50	0	39	10	0	0	19	1	133
	6			0	0	22	0	36	0	0	28	0	25	0	31	0	0	31	0	173
	7			0	0	13	1	26	7	0	4	0	13	0	0	35	0		24	123
	8			12	8	0	0	32	0	35	0	0	42	0	33	0	0	0	20	182
	9			0	5	0	9	11	0	21	0	0	47	0	36	1	0	29	1	160
	10			3	0	11	27	0	17	0	27	0	31	0	31	0	20	0	25	192
0.5	1			5	0	0	24	0	14	0	0	1	0	42	0	46	1	0	33	166
	2			0	4	2	40	0	0	15	0	0	68	0	55	0	0	11	1	196
	3			0	0	15	0	0	25	0	8	0	44	0	0	43	1	0	24	160
	4			0	0	4	0	25	0	10	0	0	47	0	36	1	0	29	1	153
	5			0	5	0	33	0	24	1	12	26	0	50	0	0	24	0	0	175
	6			0	0	0	3	1	25	0	37	0	0	17	0	0	10			93
	7			0	0	8	0	0	17	0	18	0	0	25	0	0	31			99
	8			0	0	11	0	1	19	0	27	0	0	31	0	29	0			118
	9			0	15	0	27	0	7	26	0	27	0	0	31	0	20	0	25	178
	10			0	0	11	0	19	0	0	17	0	37	0	25	0	31	0	24	164

续 表

1.0	1			0	0	9	0	0	0	0	0	0	52	0	0	52	1	35	0	149
	2			0	0	7	0	35	2	22	1	0	62	0	45	0	0			174
	3			0	0	15	0	25	2	0	25	0	3	0						70
	4			0	0	13	0	0	0	0	0	0	54	0	0	42	1	26	2	138
	5			0	8	0	5	0	0	6	0	37								56
	6			0	0	2	0	28	3	0	37	0	10	14	0	17	0	25	0	136
	7			0	7	2	0	26	0	0	32	0	21	0	0	19	0			107
	8			0	11	1	23	0	27	0	26	0	26	0	12	1	0	0	0	127
	9			0	9	0	25	0	19	0	31	0	24	0	11	0	0	0	0	119
	10			0	0	17	0	0	11	0	21	0	54	0	0	42	1	26	2	174
5.0	1			0	5	0	14	0	0	7	1	3	30	0	39	0	0	14	0	113
	2			0	2	0	3													5
	3			0	3	0	0	0	0	0	0	0	0	17	0	0	50	0	46	116
	4			0	0	5	0	20	0	38	0	0	55	2	56	0	0	19	0	195
	5			0	0	12	0	0	0	0	0	0	58	0						70
	6			0	0	5	0	20	0	11	0	21	0	31	0	24	0	11	0	123
	7			0	7	2	0	26	0	32	0	21	0	0	19	0	21	0	0	128
	8			5	0	1	9	0	28	3	0	37	0	10	14	0	17			124
	9			2	0	28	3	0	37	0	10	14	0	17	0	25	0	27	0	163
	10			0	5	0	0	25	0	19	0	31	0	24	0	11	0	0	0	115
10.0	1			0	3	0	29	0	15	0	38	1	0	74	0	36	3	0		199
	2																			
	3			0	2	0	14	0	0	0	0	64	1	65	0	0	0			146
	4			0	0	9	0	0	0	0										9
	5			0	4	0	30	0	0	16	3	59	0	0	54	0	0	2		168
	6			5	0	13	0	0	0	0	0	0	54	0	0	42	1	26	2	143
	7			2	0	11	0	21	0	36	0	23	10	0	21	0	0	25	0	149
	8			0	7	2	0	26	0	0	32	0	21	0	0	19	0			107
	9			0	11	1	23	0	27	0	26	0	26	0	12	1	0	0	0	127
	10			0	13	0	0	0	0	0	0	54	0	0	42	1	26	2		138
50.0	1			0	5	0	14	0	0	1	0	62	0	0	21	0	0	0	0	103
	2			0	0	6	0	32	0	52	2	0	1	1	0	0	0	0	0	94
	3			0	0	8	0	0	0	0	0	0	0							8
	4			0	2	0	2	0	0	0	0	0	0	32	0	0	20	0	0	56
	5			0	1	2	11	0	0	0	0	13	20	0	27	0	0	14	0	88
	6			0	6	0	11	0	37	2	27	1	11	0	9	0	0	0		104
	7			0	5	0	9	0	21	1	0	25	0	31	0	11	0	0	0	103
	8			0	8	0	11	0	21	0	0	10	0							50
	9			0	0	9	0	11	0	13	0	5	0	0						38
	10			0	0	12	0	13	0	0	0	0	49	0	0					74

表 7.4-16 受试物:氨氮 水源:宜兴自来水

实验时间(d)		4	5	6	7	8	9	10	11	12	13	14	15	16	17	18	19	20	21	总数
培养基更新(√)			√			√			√			√			√			√		
pH		7.8	7.8	7.8	7.8	7.8	7.8	7.8	7.8	7.8	7.8	7.8	7.8	7.8	7.8	7.8	7.8	7.8	7.8	
O_2浓度(mg/L)																				
温度(℃)		24	24	24	24	24	24	24	24	24	24	24	24	24	24	24	24	24	24	
是否提供食物(√)		√	√	√	√	√	√	√	√	√	√	√	√	√	√	√	√	√	√	
存活幼溞数量																				
对照组	1		0	0	0	18	0	39	0	32	0	27	0	19	0	18	0	21	0	174
	2		0	17	1	0	28	0	28	2	22	3	0	11	1	19	0	37	0	169
	3		0	0	21	0	0	4	2	41	0	0	43	0	54	0	0	30	0	195
	4		0	0	19	0	0	0	0	0	0	42	0	0	37	0	0	29	0	127
	5		0	7	0	14	0	0	26	0	0	24	0	29	0	31	0	31	0	162
	6		0	0	6	0	22	5	0	20	0	39	0	0	20	0	31	0	29	172
	7		0	3	12	0	45	0		29	0	0	16	0	29	0	31	0	41	206
	8		0	11	10	0	0	33	0	23	0	37	0	25	0	14	0	29	0	182
	9		0	8	0	18	0	21	0	42	0	19	0	18	0	27	0	13	0	166
	10		0	7	0	14	0	0	26	0	0	24	0	25	0	14	0	29	0	139
0.1	1		0	0	0	18	0	39	0	32	0	27	0	19	0	18	0	21	0	174
	2		0	7	1	0	28	0	28	2	22	3	0	11	1	19	0	37	0	159
	3		0	0	11	0	0	4	2	41	0	0	43	0	54	0	0	30	0	185
	4		0	0	17	0	0	0	0	0	0	42	0	0	37	0	0	29	0	125
	5		0	7	0	14	0	0	26	0	0	24	0	29	0	31	0	31	0	162
	6		0	0	6	0	22	5	0	20	0	39	0	0	20	0	31	0	29	172
	7		0	0	12	0	45	0	29	0	0	16	0	29	0	31	0	41	0	203
	8		0	0	10	0	0	33	0	23	0	37	0	25	0	14	0	29	0	171
	9		0	8	0	18	0	21	0	42	0	19	0	18	0	27	0	13	0	166
	10		0	7	0	14	0	0	26	0	0	24	0	25	0	14	0	29	0	139
0.5	1		0	0	0	18	0	29	0	23	0	37	0	29	0	18	0	21	0	175
	2		0	3	1	0	31	0	21	0	22	3	0	21	0	19	0	27	0	148
	3		0	0	0	0	0	4	2	14	0	39	0	0	49	0	0	30	0	138
	4		0	5	17	0	0	0	0	0	0	42	0	0	37	0	0	29	0	130
	5		0	7	0	14	0	0	26	0	0	24	0	29	0	37	0	28	0	165
	6		0	0	6	0	22	5	0	20	0	39	0	0	20	0	31	0	29	172
	7		0	0	9	0	29	0	29	0	16	0	29	0	31	0	31	0	17	191
	8		0	0	5	0	0	33	0	23	0	37	0	25	0	14	0	29	0	166
	9		0	6	0	18	0	21	0	42	0	19	0	18	0	27	0	13	0	164
	10		0	8	0	14	0	0	26	0	0	24	0	25	0	14	0	29	0	140

续 表

1.0	1		0	7	0	14	0	0	26	0	0	24	0	29	0	31	0	31	0	162
	2		0	0	6	0	22	5	0	20	0	0	31	0	0	0	31	0	29	144
	3		0	8	0	18	0	21	0	42	0	19	0	18	0	27	0	13	0	166
	4		0	7	0	0	14	0	26	0	0	24	0	25	0	14	0	29	0	139
	5		0	0	0	0	0	0	0	31	0	0	41	0	0	29	0	0	0	101
	6		0	7	0	0	14	0	26	0	0	24	0	29	0	31	0	31	0	162
	7		0	6	0	18	0	21	0	42	0	19	0	18	0	27	0	13	0	164
	8		0	8	0	0	21	0	26	0	0	24	0	25	0	14	0	29	0	147
	9		0	7	0	3	15	0	26	0	0	24	0	25	0	14	0	29	0	143
	10		0	0	9	0	0	0	0	35	0	0	31	0	0	29	0	27	0	131
5.0	1		0	0	0	18	0	0	0	41	0	27	0	29	0	18	0	21	0	154
	2		0	7	1	0	28	0	28	0	0	23	0	11	1	19	0	37	0	155
	3		0	0	11	0	0	4	2	37	0	0	29	0	44	0	0	0	0	127
	4		0	3	1	0	21	0	21	0	29	3	0	21	0	19	0	27	0	145
	5		0	0	0	0	0	4	2	14	0	41	0	0	36	0	0	30	0	127
	6		0	5	17	0	0	19	0	27	0	22	0	0	37	0	0	29	0	156
	7		0	7	0	14	0	25	0	22	0	24	0	29	0	0	37	0	21	179
	8		0	8	0	0	21	0	31	0	0	29	0	25	0	14	0	29	0	157
	9		0	7	0	3	15	0	26	0	21	0	22	0	0	34	0	0	0	128
	10		0	0	9	0	11	0	0	35	0	0	31	0	0	29	0	27	0	142
10.0	1		0	0	11	0	0	4	2	37	0	0	29	0	44	0	0	0	0	127
	2		0	3	1	0	21	0	21	0	29	0	0	21	0	19	0	0	0	115
	3		0	0	0	0	0	4	2	14	0	41	0	0	36	0	0	30	0	127
	4		0	8	0	11	0	27	0	27	0	29	0	25	0	14	0	0	0	141
	5		0	7	0	3	15	0	26	0	21	0	22	0	0	34	0	0	0	128
	6		0	0	7	0	3	15	0	26	0	0	24	0	25	0	14	0	29	143
	7		0	0	0	9	0	0	0	0	35	0	0	31	0	0	29	0	27	131
	8		0	7	0	0	17	0	26	0	23	0	0	25	0	14	0	29	0	141
	9		0	0	0	0	0	4	2	14	0	41	0	0	36	0	0	30	0	127
	10		0	8	0	11	0	17	0	27	0	29	0	25	0	14	0	0	0	131
50.0	1		0	0	0	18	0	0	0	0	0	41	0	27	0	18	0	0	0	104
	2		0	3	1	0	1	0	28	0	28	0	0	23	0	0	1	0	28	113
	3		0	0	0	0	0	0	0	4	2	37	0	0	29	0	0	0	0	72
	4		0	5	17	0	0	11	0	0	21	0	29	3	0	0	0	11	21	118
	5		0	7	0	14	0	3	0	4	0	14	0	41	0	14	0	3	0	100
	6		0	0	6	0	7	0	0	19	0	27	0	22	0	0	7	0	0	88
	7		0	0	9	0	0	9	0	25	0	22	0	24	0	0	0	9	0	98
	8		0	0	5	0	0	0	21	0	31	0	0	29	0	0	0	0	21	107
	9		0	6	0	18	0	0	15	0	26	0	21	0	22	0	0	0	15	123
	10		0	8	0	14	0	11	0	0	0	35	0	0	31	0	0	11	11	121

表 7.4-17　受试物：氨氮　　水源：宜兴太湖水

实验时间(d)		4	5	6	7	8	9	10	11	12	13	14	15	16	17	18	19	20	21	总数
培养基更新(√)			√			√			√			√			√			√		
pH		7.8	7.8	7.8	7.8	7.8	7.8	7.8	7.8	7.8	7.8	7.8	7.8	7.8	7.8	7.8	7.8	7.8	7.8	
O_2浓度(mg/L)																				
温度(℃)		24	24	24	24	24	24	24	24	24	24	24	24	24	24	24	24	24	24	
是否提供食物(√)		√	√	√	√	√	√	√	√	√	√	√	√	√	√	√	√	√	√	
存活幼溞数量																				
对照组	1		0	0	21	1	50	0	0	41	0	47	7	0	36	0	1	15	0	219
	2		0	7	0	35	0	9	40	3	58	0	0							152
	3		0	2	0	33	0	50	0	0	46	3	43	0	0	22	2	0	23	224
	4		0	0	21	0	51	0	69	0	57	0	0	23	0	0	14	0	0	235
	5		0	7	0	36	0	1	0	34	2	49	0							129
	6		0	0	6	7	8	17	6	7	29	1	21	9	10	11	12	13	0	157
	7		0	1	0	21	1	21	0	21	0	35	0	50	0	0	41	0	21	212
	8		0	0	7	0	35	0	7	0	31	0	0	9	40	3	58	0	0	190
	9		0	5	2	0	33	0	2	0	33	0	50	0	0	46				171
	10		0	3	0	21	0	11	0	21	0	36	0	0	69	0	0	57	0	218
0.1	1		0	7	0	22	0	20	10	0	32	0	41	0	0	39	4	0	0	175
	2		0	8	0	25	0	0	41	0	9	39	7							129
	3		0	0	21	0	44	1	35	0	0	51	6	0	40	0	1	6	2	207
	4		0	0	21	0	42	0	0	44	0	55	3	0	43	0	0	8	3	219
	5		0	0	11	0	0	23	0											34
	6		7	0	0	0	22	0	20	0	27	0	35	0	21	0	0	41	0	166
	7		8	0	11	0	25	0	0	41	0	31	0	0	0	40	3	58	0	209
	8		0	0	0	21	0	37	0	35	0	33	0	50	0	0	46	0	21	243
	9		0	5	0	21	0	45	0	0	34	0	21	0	0					126
	10		0	11	0	11	0	0	23	0	32	0	41	0	39	4	0	0	0	161
0.5	1		0	8	0	35	0	45	5	0	64	0	58	0	0	0	4			219
	2		0	0	21	0	34	0	36	14	1	69	2	0	47	0	1	15	1	241
	3		0	0	20	0	0	38	0	35	0	42	3	0	30	2	0			170
	4		0	0	24	0	0	61	0	42	1	0	36	0	0	8	0	0	7	179
	5		0	0	23	0	39	7	0	43	0	6	8	0	41	0	2			169
	6		0	0	7	0	40	0	42	2	0	60	0	0	22	0	0	10		183
	7		0	5	1	29	0	50	1	0	51	0	39	0	31	0	15	0	0	222
	8		0	0	0	27	0	46	0	27	0	31	0	0	25	0	19	0	0	175
	9		0	0	0	25	5	0	27	0	39	0	0	32	0	34	6	0		168
	10		0	0	18	1	29	0	37	0	17	0	29	0	20	0	37	0	0	188

续 表

1.0	1		0	0	23	0	50	0	0	37	2	61	0	0	36	3	0	14	0	226
	2		0	0	19	0	34	5	0	38	4	41	3	0	18	1	0			163
	3		0	0	20	0	16	4	0	40	0	62	0	0	32	1	0			175
	4		0	7	0	30	0	0	59	0	46	0	0	44	0	0	13	0	0	199
	5		0	0	24	0	0	43	0	28	3	32	1	0	13	2	0	15	1	162
	6		0	0	14	0	46	1	46	0	0	54	0	0	20	0	0	14	0	195
	7		0	9	0	28	0	45	1	0	42	0	40	0	0	8	0	0	17	190
	8		0	0	8	0	37	2	53	2	0	55	0	0	19	0	0	9	0	185
	9		0	0	13	0	44	2	38	6	0	56	0	0	23	0	0	10	0	192
	10		0	0	8	0	42	0	44	0	0	49	0	39	0					182
5.0	1		0	10	0	41	0	1	12	0	46	0	7	27	0	0	0			144
	2		0	0	17	0	29	1	41	0	1	41	1	0	30	0	0			161
	3		0	0	25	0	28	9	0	42	3	53	0	0	4	6	0	21	0	191
	4		0	10	0	33	0	0	45	7	46	0	0	36	0	0	13	0	0	190
	5		0	5	0	27	0	0	34	0	46	0	39	0	0	20	4	0	21	196
	6		0	0	5	0	28	0	45	1	0	42	0	40	0	0	8	0	0	169
	7		0	0	0	8	0	37	2	43	2	0	51	0	0	19	0	0	9	171
	8		0	0	0	13	0	24	2	38	6	0	53	0	0	23	0	0	10	169
	9		0	0	0	8	0	31	0	39	0	0	45	0	39	0	0	8	0	170
	10		0	0	7	0	11	0	30	0	16	3	49	0	0	54	0	0	2	172
10.0	1		0	0	0	37	0	61	0	0	69	0	41	0	0	1	0	0	17	226
	2		0	4	0	25	0	0	27	0	45	0	0	58	0	21	0	0	2	182
	3		0	0	0	23	0	38	1	44	5	0	37	0	0	24	0	12	2	186
	4		0	0	19	0	26	13	0	51	0	49	2	0	13	0	1	12	0	186
	5		0	4	0	20	0	0	21	0	33	2	0	27	0	36	3	0	13	159
	6		0	0	13	0	31	2	38	6	0	56	0	0	23	0	0	10	0	179
	7		0	0	8	0	21	0	29	0	0	49	0	39	0	0	8	0	8	162
	8		0	7	0	11	0	30	0	16	3	39	0	34	0	0	2	21	2	165
	9		0	9	1	19	0	20	0	38	0	55	0	56	0	19	0	0	0	217
	10		0	13	0	0	31	4	56	0	0	57	0	0	25	0	0	11	0	197
50.0	1		0	0	0	8	0	30	0	25	1	0	55	0						119
	2		0	0	0	0	1	29	0	21	2	48	0	38	0	2	0	0	0	141
	3		0	0	0	24	0	0	34	0	39	0	0	44	0	0	0	0	0	141
	4		0	0	0	9	0	8												17
	5		0	0	0	15	0	31	0	31	4	0	46	0	22	0	0	0	0	149
	6		0	0	3	3	37	1	0	41	0	51	0	0	10	0				146
	7		0	8	0	17	0	0	42	0	39	0	0	0	2	0	15	0	0	123
	8		0	0	4	0	26	0	48	0	19	25	0	14	0	0				136
	9		0	0	0	0	23	0	51	0	25	0	0	31	0	0	15	0		145
	10		0	0	1	0	27	0	27	0	7	0	0	13	0	27	0	7	0	109

表 7.4-18　受试物:氨氮　　水源:宜兴大浦河水

实验时间(d)		4	5	6	7	8	9	10	11	12	13	14	15	16	17	18	19	20	21	总数
培养基更新(√)			√			√			√			√			√			√		
pH		7.8	7.8	7.8	7.8	7.8	7.8	7.8	7.8	7.8	7.8	7.8	7.8	7.8	7.8	7.8	7.8	7.8	7.8	
O_2浓度(mg/L)																				
温度(℃)		24	24	24	24	24	24	24	24	24	24	24	24	24	24	24	24	24	24	
是否提供食物(√)		√	√	√	√	√	√	√	√	√	√	√	√	√	√	√	√	√	√	
存活幼溞数量																				
对照组	1			0	0	11	0	31	4	56	0	0	57	0	0	25	0	0	11	195
	2			0	7	0	43	0	1	63	0	62	0	0	22					198
	3			4	0	0	27	0	43	0	44	0	0	45	0	0	17	0	0	180
	4			0	7	0	39	0	0	59	0	54	0	0	30	0	18	15	0	222
	5			0	0	5	0	49	0	46	0	0	69	0	5					174
	6			3	0	11	0	15	0	38	1	0	74	0	36	3	0			181
	7			0	7	0	0	30	0	0	16	3	59	0	0	54	0	0	2	171
	8			0	9	1	0	20	0	38	0	0	55	2	56	0	0	19	0	200
	9			2	0	6	0	11	0	21	0	0	47	0	36	1	0	29	1	154
	10			7	0	9	0	15	0	0	68	0	55	0	0	11	1	12	0	178
0.1	1			0	0	14	0	46	1	46	0	0	54	0	0	20	0	0	14	195
	2			0	5	0	28	0	45	1	0	42	0	40	0	0	8	0	0	169
	3			0	0	8	0	37	2	53	2	0	55	0	0	19	0	0	9	185
	4			0	0	13	0	44	2	38	6	0	56	0	0	23	0	0	10	192
	5			0	0	8	0	42	0	44	0	0	49	0	39	0	0	8	0	190
	6			0	7	0	11	0	30	0	16	3	59	0	0	54	0	0	2	182
	7			0	9	1	19	0	20	0	38	0	55	0	56	0	19	0	0	217
	8			0	13	0	0	31	4	56	0	0	57	0	0	25	0	0	11	197
	9			0	8	0	43	0	1	63	0	62	0	0	22					199
	10			0	0	11	0	0	43	0	44	0	0	45	0	0	17	0	0	160
0.5	1			0	0	5	37	1	0	45	0	55	0	0	12	0	0			155
	2			0	0	18	0	44	0	0	29	0	45	0	0	17	0	0	12	165
	3			0	6	0	28	2	46	3	0	38	0	32	0	0	6	0	0	161
	4			0	0	21	0	0	40	0	29	0	27	0	0	20	0	0	16	153
	5			0	7	0	26	0	50	3	0	45	0	27	0	22	0	0		180
	6			0	0	5	0	27	0	0	12	0	12	0	19	0				75
	7			0	0	18	29	0	37	0	17	0	0	12	0	31	0	0	19	163
	8			5	6	0	0	29	0	32	0	24	0	0	6	0	0			102
	9			0	0	21	29	0	27	0	31	0	20	0	0	16				144
	10			3	7	0	0	44	0	0	29	0								83

续 表

1.0	1			0	3	0						32	0	33	0	0	10	0	0	78
	2			0	6	0	33	0	0	43	0	3								85
	3			0	0	7	0	40	0	42	2	0	60	0	0	22	0	0	10	183
	4			0	0	1	29	0	50	1	0	51	0	39	0	0	0	15	0	186
	5			0	2	0	27	0	46	0	0	0								75
	6			3	0	0	25	5	0	27	0	0	12	0	32	0	0	6	0	110
	7			6	0	18	1	29	0	37	0	17	0		0	0	20	0	0	128
	8			0	7	0		0	0	29	0	32	0	24	27	0	22	0	0	141
	9			0	1	9	0	21	29	0	27	0	31	0	0	19	0			137
	10			2	0	7	2	0	27	0	29	0	12	0	31	0	0			110
5.0	1			0	5	0	27	0	0	40	0	37	0	0	7	0	0	13	2	131
	2			0	5	0	25	0	1	42	0	50	0	0	15	0	0	8	0	146
	3			0	5	0	31	0	0	37	0	45	0	0	12	0	0	9	1	140
	4			12	0	11	0	0	32	0	33	0	29	2	0	16	0	0	16	151
	5			0	0	10	0	39	3	30	1	0	47	0	0	33	0	0	7	170
	6			0	0	27	0	27	0	27	0	7	0	0	13					101
	7			5	0	25	1	29	0	25	0	15	0	0	8	0	21			129
	8			5	0	31	0	0	21	31	0	12	0	0	9	0				109
	9			0	11	0	21	0	25	0	2	0	16	0	0	33	0	31	0	139
	10			3	10	0	3	0	31	0	0	0	33	0	0	25	0	18	0	123
10.0	1			0	7	1	33	0	0	42	2	0								85
	2			0	3	3	37	1	0	41	0	51	0	0	10	0	0	12	0	158
	3			8	0	17	0	0	42	0	39	0	0	0	2	0	15	0	0	123
	4			0	4	0	26	0	48	0	19	25	0	14	0	0	14	0	0	150
	5			0	0	0	23	0	51	0	41	0	0	56	0	0	15	0	0	186
	6			0	1	0	27	0	27	0	7	0	0	13	0	27	0	7	0	109
	7			3	3	1	29	0	25	0	15	0	0	8	0	25	0	15	0	124
	8			5	0	0	0	21	31	0	12	0	0	9	21	31	0	12	0	142
	9			4	0	21	0	25	0	2	0	16	0	0	25	0	2	0	21	116
	10			0	7	3	0	31	0	0	0	33	0	0	31	0	11	0	27	143
50.0	1			4	0	14	2	0	17	0	37	0	0	24	1	0	10	0	0	109
	2			0	4	0	28	0	31	0	0	26	0	18	0	0	0	0	0	107
	3			0	0	11	0	24	0	1	33	0	36	0	0	11	1	0	0	117
	4			0	0	13	0	37	0	33	0	0	22	0	0	10	0	0	0	115
	5			0	0	15	0	29	1	28	1	0	7	0	0	1	1	0	14	97
	6			0	4	0	26	0	37	0	19	0	14	0	0	14	0	0	0	114
	7			0	0	0	23	0	51	0	25	0	0	14	0	0	15	0	0	128
	8			3	1	0	17	0	15	0	7	0	21	0	0	27	0	7	0	98
	9			3	3	1	14	0	25	0	15	0	19	0	0	11	0	15	0	106
	10			4	0	0	0	21	19	0	12	0	21	5	0	23	0	12	0	117

表 7.4-19　受试物:硝基苯　水源:南京自来水

实验时间(d)		4	5	6	7	8	9	10	11	12	13	14	15	16	17	18	19	20	21	总数
培养基更新(√)			√			√			√			√			√			√		
pH		7.8	7.8	7.8	7.8	7.8	7.8	7.8	7.8	7.8	7.8	7.8	7.8	7.8	7.8	7.8	7.8	7.8	7.8	
O_2浓度(mg/L)																				
温度(℃)		24	24	24	24	24	24	24	24	24	24	24	24	24	24	24	24	24	24	
是否提供食物(√)		√	√	√	√	√	√	√	√	√	√	√	√	√	√	√	√	√	√	
存活幼溞数量																				
对照组	1			0	0	3	5	12	0	29	0	29	0	31	0	12	0	23	0	144
	2			0	0	0	0	0	0	0	0	0								0
	3			0	0	11	4	18	7	0	23	0	31	0	11	0	0	23	0	128
	4			0	0															0
	5			0	0	19	0	0	4	2	29	0	0	37	0	48	0	30	30	199
	6			3	0	16	0	0	0	0	0	0	45	0	0	37	0	0	29	130
	7			0	3	0	14	0	0	29	0	0	24	0	29	0	31	0	12	142
	8			0	0	6	0	22	5	0	20	0	23	0	0	20	0	31	0	127
	9			0	7	12	0	34	0		29	0	0	16	0	31	0	11	0	140
	10			0	5	6	0	22	5	0	23	0	23	0	0	20	0	0	13	117
0.1	1			0	0	18	0	28	0	20	0	0	0	0	0	18	0		21	105
	2			0	0	22	0	36	0	0	28	0	0	0	0					86
	3			0	0	13	1	26	7	0	4	0	13	0	0	35	0		24	123
	4			0	0	22	0	21	0	27	0	0	15	0	0	17	0		7	109
	5			0	0	11	0	35	3	0	32	0	0	0	0	34	0		23	138
	6			0	0	2	0	28	3	0	35	0	10	14	0	17	0	25	0	134
	7			0	7	2	0	23	0	0	32	0	21	0	0	19	0			104
	8			0	11	1	23	0	25	0	26	0	29	0	12	1	0	0	0	128
	9			0	9	0	25	0	19	0	31	0	24	0	11	0	0	0	0	119
	10			0	3	0	0	0	0	0	0	0	0	17	0	0	47	0	46	113
0.5	1			0	0	0	3	1	33	0	37	0	0	17	0	0	10		0	101
	2			0	0	0														0
	3			0	0	8	0	0	17	0	31	0	0	25	0	0	31		34	146
	4			0	0	11	0	1	19	0	27	0	0	31	0	29	0			118
	5			0	0	8	0	0	19	0	21	0	0	25	0	0	0			73
	6			0	10	0	26	0	32	0	25	14	0	0	0	6	0	0		113
	7			10	0	1	0	0	33	32	0	0	0	34	0	0	14	0		124
	8			0	7	25	29	0	31	0	0	37	0	25	0	24	10	0	0	188
	9			0	8	0	29	0	28	0	22	0	0	20	0	25	3	7	0	142
	10			0	10	0	25	0	33	0	27	0	0	29	0	25	0			149

续　表

1.0	1			0	0	2	0	25	0	37	0	19	0	0	21	0	0			104
	2			0	0	0	0	0	0											0
	3			0	0	2	0	16	15	0	20	0	7	0	0	13	0		0	73
	4			0	7	0	0	27	0	30	0	0	16	0	0	0				80
	5			0	7	0	31	0	29	1	0	6	0	0	3	0				77
	6			0	0	9	0	0	18	0	25	0	0	24	0	0	0		0	76
	7			0	0	11	0	21	0	0	29	0	23	2	0	27	0		24	137
	8			0	0	5	0	1	27	1	25	0	0	18	0	0	0			77
	9			0	0	7	0	0	27	0	30	0	0	16	0	0	0			80
	10			0	0	7	0	31	0	29	1	0	6	0	0	3	0		0	77
5.0	1			0	0	9	0	0	18	0	25	0	0	24	0	0	0		0	76
	2			0	0	11	0	21	0	0	29	0								61
	3			0	0	5	0	1	27	1	27	0	0	18	0	0	0			79
	4			0	0	7	0	0	27	0	30	0	0	16	0	0	0			80
	5			0	0	7	0	31	0	29	1	0	6	0	0	3	0		0	77
	6			0	8	0	16	0	27	0	24	7								82
	7			0	8	0	5	14	0	31	0	0	0	0	24	0	18	2	0	102
	8			0	13	0	12	0	30		0	34	0	19	0	0		0	0	108
	9			0	0	10	0	0	23	0	0	0	29	0	0	0	3	0		65
	10			0	0	8	1	0	20	27	0	0	27	0	0	13	3	0		99
10.0	1			0	0	0	0	21	0	25	0	34	0	0	34	0	0	18	0	132
	2			0	0	0	0	0	0											0
	3			0	0	0	0	0	0	1	26	0	2	14	0	7	0	0	0	50
	4			0	0	0	4	1	0	0	0	0	0	1	0	0				6
	5			0	0	0	0	0	3	13	2	22	3	0	19	0	0	3	0	65
	6			0	0	0	0	17	0	13	0	21	0	0	15	0	0	18	0	84
	7			0	0	0	0	0	3	13	2	22	3	0	27	0	0	13	0	83
	8			0	0	0	0	0	0	1	26	0	2	14	0	7	0	0	0	50
	9			0	0	0	4	1	0	0	0	0	0	1	0	0				6
	10			0	0	0	0	0	3	13	2	22	3	0	19	0	0	0	3	65
20.0	1			0	0	0	0	0	0											0
	2			0	0	0	0	0	0	0	0	0	0	0	0	0	0	0	0	0
	3			0	0	0	0	0	0	0	0	0	0	0	0	0				0
	4			0	0	0	0	0	0	0	0	0	0	0	0	0	0	0	0	0
	5			0	0	0	0	0	0	0	0	0	0	0	0	1	0	0	0	1
	6			0	0	0	0	0	0	0	0	0	0	0	0	0	0	0		0
	7			0	0	0	0	0	0	0	0	0	0	0	0	1	0	0		1
	8			0	0	0	0	0	0	0	0	0	0	0	0	0				0
	9			0	0	0	0	0	0	0	0	0	0	0	0	0	0			0
	10			0	0	0	0	0	0	0	0	0	0	0	0	1	0			1

表 7.4-20　受试物:硝基苯　　水源:宜兴自来水

实验时间(d)		4	5	6	7	8	9	10	11	12	13	14	15	16	17	18	19	20	21	总数
培养基更新(√)			√			√			√			√			√			√		
pH		7.8	7.8	7.8	7.8	7.8	7.8	7.8	7.8	7.8	7.8	7.8	7.8	7.8	7.8	7.8	7.8	7.8	7.8	
O_2浓度(mg/L)																				
温度(℃)		24	24	24	24	24	24	24	24	24	24	24	24	24	24	24	24	24	24	
是否提供食物(√)		√	√	√	√	√	√	√	√	√	√	√	√	√	√	√	√	√	√	
存活幼溞数量																				
对照组	1			0	0	18	0	29	0	32	0	27	0	19	0	18	0	21	0	164
	2			7	1	0	27	0	28	0	31	3	0	11	1	19	0	37	0	165
	3			0	11	0	0	4	2	36	0	0	43	0	44	0	0	30	0	170
	4			0	17	0	0	0	0	0	0	37	0	0	49	0	0	29	0	132
	5			7	0	14	0	0	26	0	0	31	0	29	0	31	0	31	0	169
	6			0	6	0	22	5	0	20	0	38	0	0	20	0	31	0	29	171
	7			0	12	0	25	0	29	0	0	16	0	29	0	31	0	41	0	183
	8			0	10	0	0	33	0	23	0	37	0	25	0	0	0	29	0	157
	9			8	0	18	0	21	0	38	0	19	0	18	0	27	0	13	0	162
	10			7	0	14	0	0	26	0	0	24	0	25	0	14	0	29	0	139
0.1	1			0	0	18	0	19	0	23	0	47	0	29	0	21	0	19	0	176
	2			3	1	0	21	0	33	0	16	3	0	27	0	19	0	25	0	148
	3			0	0	7	0	9	0	14	0	36	0	0	46	0	0	31	0	143
	4			5	17	0	0	18	0	0	0	33	0	0	41	0	0	29	0	143
	5			7	0	14	0	0	26	0	0	24	0	29	0	37	0	28	0	165
	6			0	17	0	0	0	0	0	0	37	0	0	33	0	0	29	0	116
	7			7	0	14	0	0	31	0	0	22	0	19	0	29	0	31	0	153
	8			0	6	0	22	5	0	20	0	39	0	0	20	0	31	0	29	172
	9			0	12	0	25	0	29	0	0	16	0	29	0	31	0	41	0	183
	10			0	10	0	0	33	0	23	0	37	0	25	0	14	0	29	0	171
0.5	1			0	5	17	0	0	0	0	0	0	42	0	0	37	0	0	29	130
	2			0	7	0	14	0	0	26	0	0	24	0	29	0	37	0	28	165
	3			0	0	6	0	29	5	0	20	0	39	0	0	20	0	31	0	150
	4			0	0	9	0	17	0	29	0	16	0	29	0	31	0	31	0	162
	5			0	0	5	0	0	33	0	23	0	37	0	25	0	14	0	29	166
	6			7	0	0	14	0	26	0	0	24	0	29	0	31	0	31	0	162
	7			6	0	18	0	21	0	42	0	19	0	18	0	27	0	13	0	164
	8			8	0	0	21	0	26	0	0	24	0	25	0	24	0	25	0	153
	9			7	0	3	15	0	31	0	0	29	0	25	0	14	0	33	0	157
	10			0	9	0	0	0	0	33	0	0	31	0	0	29	0	27	0	129

续 表

1.0	1			0	0	18	0	0	0	41	0	27	0	29	0	18	0	21	0	154
	2			7	1	0	28	0	28	0	0	23	0	11	1	19	0	37	0	155
	3			0	11	0	0	4	2	37	0	0	29	0	44	0	0	0	0	127
	4			3	1	0	21	0	21	0	29	3	0	21	0	19	0	27	0	145
	5			0	0	0	0	4	2	14	0	41	0	0	36	0	0	30	0	127
	6			5	17	0	0	19	0	27	0	22	0	0	37	0	0	29	0	156
	7			7	0	14	0	25	0	22	0	24	0	29	0	0	37	0	21	179
	8			8	0	0	21	0	31	0	0	29	0	25	0	14	0	29	0	157
	9			7	0	3	15	0	26	0	21	0	22	0	0	34	0	0	0	128
	10			0	9	0	11	0	0	35	0	0	31	0	0	29	0	27	0	142
5.0	1			0	0	18	0	0	0	41	0	27	0	29	0	18	0	21	0	154
	2			0	1	0	0	0	28	0	0	23	0	11	1	19	0	37	0	120
	3			0	11	0	0	4	2	37	0	0	29	0	44	0	0	0	0	127
	4			3	1	0	21	0	21	0	37	0	0	18	0	19	0	27	0	147
	5			0	0	0	0	4	2	14	0	39	0	0	30	0	0	30	0	119
	6			5	17	0	0	19	0	22	0	33	0	0	37	0	0	29	0	162
	7			7	0	14	0	25	0	22	0	24	0	29	0	0				121
	8			0	0	0	21	0	31	0	0	29	0	25	0	14	0	29	0	149
	9			7	0	3	15	0	31	0	21	0	22	0	0					99
	10			0	9	0	11	0	0	25	0	0	31	0	0	29	0	27	0	132
10.0	1			0	11	0	0	4	2	37	0	0	29	0						83
	2			0	1	0	21	0	21	0	29	0	0	21	0	19	0	0	0	112
	3			0	0	0	0	4	2	14	0	41	0	0	36	0				97
	4			8	0	11	0	27	0	27	0	29	0	25	0	14	0	0	0	141
	5			0	0	3	15	0	39	0	21	0	22	0	0	25	0	0	0	125
	6			0	7	0	3	15	0	26	0	0	24	0	25	0	14	0	29	143
	7			0	0	9	0	0	0	0	35	0	0	31	0	0				75
	8			0	0	0	17	0	26	0	23	0	0	25	0	14	0	29	0	134
	9			0	0	0	0	4	2	14	0	41	0	0	36	0	0	30	0	127
	10			8	0	11	0	17	0	27	0	29	0	25	0					117
20.0	1			0	0	18	0	0	0	0	0	41	0	27	0					86
	2			3	1	0	1	0	28	0	28	0	0	23	0	0	1	0	28	113
	3			0	0	0	0	0	0	4	2	37	0	0	29	0	0	0	0	72
	4			0	17	0	0	11	0	0	15	0	29	3	0	0				75
	5			7	0	14	0	3	0	4	0	14	0	41	0	14	0	3	0	100
	6			0	6	0	7	0	0	19	0	27	0	22	0	0	7	0	0	88
	7			0	9	0	0	9	0	25	0	22	0	24	0	0	0	9	0	98
	8			0	5	0	0	0	21	0	31	0	0	29	0	0	0	0	21	107
	9			0	0	18	0	0	15	0	26	0	21	0	22	0	0	0	15	117
	10			8	0	14	0	11	0	0	0	25	0	0	31	0				89

表 7.4-21　受试物:硝基苯　　水源:宜兴太湖水

实验时间(d)		4	5	6	7	8	9	10	11	12	13	14	15	16	17	18	19	20	21	总数
培养基更新(√)			√			√			√			√			√			√		
pH		7.8	7.8	7.8	7.8	7.8	7.8	7.8	7.8	7.8	7.8	7.8	7.8	7.8	7.8	7.8	7.8	7.8	7.8	
O_2浓度(mg/L)																				
温度(℃)		24	24	24	24	24	24	24	24	24	24	24	24	24	24	24	24	24	24	
是否提供食物(√)		√	√	√	√	√	√	√	√	√	√	√	√	√	√	√	√	√	√	
存活幼溞数量																				
对照组	1			0	21	1	50	0	0	41	0	47	7	0	36	0	1	15	0	219
	2			7	0	35	0	9	40	3	58	0	0							152
	3			2	0	33	0	50	0	0	46	3	43	0	0	22	2	0	23	224
	4			0	21	0	51	0	69	0	57	0	0	23	0	0	14	0	0	235
	5			7	0	36	0	1	0	34	2	49	0							129
	6			0	6	7	8	17	6	7	29	1	21	9	10	11	12	13	0	157
	7			1	0	21	1	21	0	21	0	35	0	50	0	0	41	0	21	212
	8			0	7	0	35	0	7	0	31	0	0	9	40	3	58	0	0	190
	9			5	2	0	33	0	2	0	33	0	50	0	0	46				171
	10			3	0	21	0	11	0	21	0	36	0	0	69	0	0	57	0	218
0.1	1			0	0	13	1	30	0	0	21	0	4	3	0	29	0		14	115
	2			0	12	0	0	28	0	37	0	0	0	0	36	3	1		19	136
	3			0	13	0	20	0	36	0	0	12	1	0	27	0	22		2	133
	4			0	17	0	2	26	0	32	0	0	0	2	31	0	0		0	110
	5			11	0	0	12	0	25	0	0	21	0	27	1	0	22		20	139
	6			3	1	0	21	0	21	0	29	3	0	21	0	19	0	27	0	145
	7			0	0	0	0	4	2	14	0	41	0	0	36	0	0	30	0	127
	8			5	17	0	0	19	0	27	0	22	0	0	37	0	0	29	0	156
	9			7	0	14	0	25	0	22	0	24	0	29	0	0	37	0	21	179
	10			8	0	0	21	0	31	0	0	29	0	25	0	14	0	29	0	157
0.5	1			0	0	0	0	17	0	0	10	0	0	15	0	0	0		0	42
	2			0	0	6	1	30	1	37	0	0	0	0	0	0	0		0	75
	3			0	0	10	0	30	1	0	28	0	1	0	0	30	0		0	100
	4			0	0	9	0	16	0	28	0	0	8	1	13	2	0		0	77
	5			0	10	0	0	27	0	34	0	0	7	0	1	7	0		0	86
	6			0	0	0	0	0	0	4	2	37	0	0	29	0	0	0	0	72
	7			5	17	0	0	11	0	0	21	0	29	3	0	0	0	11	21	118
	8			7	0	14	0	3	0	4	0	14	0	41	0	14	0	3	0	100
	9			0	6	0	7	0	0	19	0	27	0	22	0	0	7	0	0	88
	10			0	9	0	0	9	0	25	0	22	0	24	0	0	0	9	0	98

续 表

1.0	1			0	0	18	1	29	0	0	22	0	0	1	0	0	0		0	71
	2			0	14	16	0	35	0	0	30	1	0	3	0	0				99
	3			0	0	1	20	0	27	0	0	31	0	0	20	7	13		0	119
	4			0	19	0	0	36	0	38	0	0	8	0	44	1				146
	5			0	0	22	0	36	0	37	21	3	0	0	44	34	0		22	219
	6			0	0	0	0	4	2	14	0	41	0	0	36	0	0	30	0	127
	7			8	0	11	0	27	0	27	0	29	0	25	0	14	0	0	0	141
	8			7	0	3	15	0	26	0	21	0	22	0	0	34	0	0	0	128
	9			0	7	0	3	15	0	26	0	0	24	0	25	0	14	0	29	143
	10			0	0	9	0	0	0	0	35	0	0	31	0	0	29	0	27	131
5.0	1			0	15	0	0	27	0	0	21	2	0	17	0	0				82
	2			0	15	1	0	31	0	33	0	0	0	0	41					121
	3			0	14	1	0	24	0	8	19	0	0	0	37	37	0		26	166
	4			0	9	0	20	2	36	0	0	18	6	1	1	1	24		0	118
	5			0	0	8	0	30	0	0	23	0	0	15	0	1	11		19	107
	6			0	0	0	0	0	0	4	2	37	0	0	29	0	0	0	0	72
	7			5	17	0	0	11	0	0	21	0	29	3	0	0	0	11	21	118
	8			7	0	14	0	3	0	4	0	14	0	41	0	14	0	3	0	100
	9			0	6	0	7	0	0	19	0	27	0	22	0	0	7	0	0	88
	10			0	9	0	0	9	0	25	0	22	0	24	0	0	0	9	0	98
10.0	1			0	0	8	2	23	0	0	0	0	0							33
	2			0	9	0	14	2	27	0	27	2	0	24	0	0	7	0		112
	3			0	0	6	2	0	36	0	0	19	1	28	2	0	8	0	0	102
	4			0	0	8	1	0	27	0	29	0	0	12	0	0	0	0	0	77
	5			0	0	7	0	0	36	0	41	0	0	27	0	0	6	0	0	117
	6			0	0	14	0	3	0	4	0	14	0	41	0	14	0	3		93
	7			0	6	0	7	0	0	19	0	27	0	22	0	0	7	0	0	88
	8			0	9	0	0	9	0	25	0	22	0	24	0	0	0			89
	9			0	5	0	0	0	21	0	31	0	0	29	0	0	0			86
	10			0	0	18	0	0	15	0	26	0	21	0	22	0	0			102
20.0	1			0	0	0	0	0	0	0	0	0	0							0
	2			0	0	0	0	0	0	0	0	0	0	0	0	0	0		0	0
	3			0	0	0	0	0	0	0	0	0	0	0	0	0	0		0	0
	4			0	0	0	0	0	0	0										0
	5			0	0	0	0	0	0	0	0	0	0	0	0	0	0	0	0	0
	6			0	0	0	0	0	0	0	0									0
	7			0	0	0	0	1	0	0	0	0								1
	8			0	0	0	0	0	0	0	0	0	0	0	0	0	0	0	0	0
	9			0	0	0	0	3	0	0	0	0	0	0	0	0	5	0	0	8
	10			0	0	0	0	0	0	0	0	0	0	0	0	0	0	0	0	0

表 7.4-22　受试物：硝基苯　　水源：宜兴大浦河水

实验时间(d)		4	5	6	7	8	9	10	11	12	13	14	15	16	17	18	19	20	21	总数
培养基更新(√)			√			√			√			√			√			√		
pH		7.8	7.8	7.8	7.8	7.8	7.8	7.8	7.8	7.8	7.8	7.8	7.8	7.8	7.8	7.8	7.8	7.8	7.8	
O_2浓度(mg/L)																				
温度(℃)		24	24	24	24	24	24	24	24	24	24	24	24	24	24	24	24	24	24	
是否提供食物(√)		√	√	√	√	√	√	√	√	√	√	√	√	√	√	√	√	√	√	
存活幼溞数量																				
对照组	1			0	0	8	0	24	0	0	18	1	0	23	0	0	34	0	29	137
	2			0	0	6	0	27	0	0	34	4	1	16	0	27	0	23	0	138
	3			0	0	8	1	16	0	0	41	0	0	9	0	36	0	24	0	135
	4			0	0	0	2	24	1	35	4	0	18	0	0	41	0	30	0	155
	5			0	10	0	0	32	0	36	0	0	4	0	41	0	0	26	0	149
	6			0	7	0	18	0	29	0	1	0	18	0	24	0	34	0	29	160
	7			0	5	0	1	0	16	0	4	0	28	0	27	0	0	23	0	104
	8			0	5	1	0	0	19	0	31	0	37	0	16	0	21	0	0	130
	9			0	0	2	0	1	0	4	0	29	0	24	0	41	0	30	0	131
	10			0	10	0	4	0	0	29	0	31	0	32	0	21	0	26	0	153
0.1	1			0	0	6	1	22	1	0	19	0	8	0	0	37	0		29	123
	2			0	8	0	0	26	4	0	32	0	0	0	0	0	0		24	94
	3			0	14	0	0	24	0	30	4	1	2	0	0	9	0		13	97
	4			0	10	0	26	0	0	30	0	0	12	0	26	0	0		12	116
	5			0	0	11	0	29	0	0	33	0	0	0	0	0	0		0	73
	6			4	0	5	0	20	0	11	0	21	0	41	0	24	0	11	0	137
	7			0	7	2	0	25	0	31	0	21	0	0	19	0	21	0	0	126
	8			7	0	1	9	0	28	3	0	27	0	10	0	21	0	0	0	106
	9			3	0	25	3	0	27	0	10	14	0	17	0	0				99
	10			0	5	0	0	25	0	19	0	19	0	21	0	11	0	0	0	100
0.5	1			0	0	9	0	24	1	0	10	0	0	14	0	45	0		49	152
	2			0	0	9	0	31	0	34	0	1	0	0	37	1	1		19	133
	3			0	14	0	0	12	0	26	0	1	7	0	29	0	0		20	109
	4			0	0	11	0	21	0	0	29	0	0	0	0	0	23		0	84
	5			0	0	10	0	29	0	0	30	1	0	14	0	0	6		17	107
	6			0	0	5	0	20	0	11	0	21	0	31	0	24	0	11	0	123
	7			0	7	2	0	25	0	29	0	21	0	0	19	0	21	0	0	124
	8			5	0	1	9	0	28	3	0	41	0	10	14	0	17			128
	9			2	0	31	3	0	33	0	10	14	0	17	0					110
	10			0	5	0	0	25	0	19	0	27	0	21	0	11	0	0	0	108

续 表

1.0	1			0	0	11	0	24	0	0	0	2	0	18	0	52	0	31	0	138
	2			0	14	0	0	29	1	0	0	0	0	0	36	0	0	22	0	102
	3			0	0	12	15	34	2	0	18	2	0	1	2	0	0	0		86
	4			0	0	13	0	23	6	1	29	3	0	24	0	0	0			99
	5			0	9	0	0	0	38	0	0	19	1	30	2	0	0	0		99
	6			5	0	11	0	21	0	0	25	0	2	0	18	0	21	0	31	134
	7			0	14	0	0	31	0	1	0	0	0	0	0	36	0	0	22	104
	8			5	0	12	15	0	34	2	0	18	2	0	1	2	0	0	0	91
	9			0	0	13	0	19		6	1	29	3	0	24	0	0	0		95
	10			0	9	0	29	0	19	1	37	2	0	0	0					97
5.0	1			0	15	0	0	31	0	0	0	0	8	0	0	39	2	45	0	140
	2			0	18	0	0	36	0	28	23	0	0	0	17	10	0	21	0	153
	3			0	18	0	36	0	0	0	26	0	6	0	0	8	0	21	0	115
	4			0	0	13	1	38	0	0	12	0	0							64
	5			0	0	21	0	41	0	0	31	0	0	0	0	0	0	25	0	118
	6			0	15	0	0	25	0	24	0	0	18	0	0	21	2	31	0	136
	7			0	18	0	0	39	0	31	0	27	0	0	17	0	19	0		151
	8			0	18	0	36	0	0	0	26	0	6	0	0	8	0	21	0	115
	9			0	0	13	1	38	0	0	12	0	12	0	0	18	0	15	0	109
	10			0	0	21	0	41	0	0	31	0	0	0	0	0	0	25	0	118
10.0	1			0	17	0	0	28	0	20	19	0	2	0	31	1	0		28	146
	2			0	4	0	24	0	0	30	1	17	1	0	30	0	0		11	118
	3			0	3	0	27	0	0	32	0	33	0	0	22	0	12		0	129
	4			0	14	0	32	1	0	22	0	0	15	0	43	0	0		25	152
	5			0	19	0	0	37	0	33	0	0	10	0	54	0	0		20	173
	6			0	17	0	0	0	28	0	20	19	0	2	0	24	1	0	28	139
	7			1	4	0	24	0	0	0	30	1	17	1	30	0	0	11	0	119
	8			0	3	0	27	0	32	0	0	0	33	0	0	19	0	12	0	126
	9			5	14	0	32	0	22	0	0	0	0	15	0	34	0	0	25	147
	10			7	19	0	0	0	37		13	0	0	10	0	31	0	0	20	137
20.0	1			0	0	0	0	0	0	0	0									0
	2			0	0	0	0	1	0	0	0	0								1
	3			0	0	0	0	0	0	0	0	0	0	0	0	0	0			0
	4			0	0	0	0	3	0	0	0	0	0	0	0	0	7			10
	5			0	0	0	0	0	0	0	0	0	0	0	0	0	0	0	0	0
	6			0	0	0	0	0	0	0	0									0
	7			0	0	0	0	1	0	0	0	0								1
	8			0	0	0	0	0	0	0	0	0	0	0	0	0	0	0	0	0
	9			0	0	0	0	3	0	0	0	0	0	0	0	0	5	0	0	8
	10			0	0	0	0	0	0	0	0	0	0	0	0	0	0	0	0	0

表 7.4-23　受试物:毒死蜱　水源:南京自来水

实验时间(d)		4	5	6	7	8	9	10	11	12	13	14	15	16	17	18	19	20	21	总数
培养基更新(√)			√			√			√			√			√			√		
pH		7.8	7.8	7.8	7.8	7.8	7.8	7.8	7.8	7.8	7.8	7.8	7.8	7.8	7.8	7.8	7.8	7.8	7.8	
O_2浓度(mg/L)																				
温度(℃)		24	24	24	24	24	24	24	24	24	24	24	24	24	24	24	24	24	24	
是否提供食物(√)		√	√	√	√	√	√	√	√	√	√	√	√	√	√	√	√	√	√	
存活幼溞数量																				
对照组	1				0	8	1	29	0	0	33	0	15	0	0	22	0	23	1	132
	2				0	2	0	23	0	33	0	0	19	0	0	14	0	0		91
	3				0	12	0	30	0	31	0	0	0	40	1	17	0	0	4	135
	4				0	10	0	28	0	0	28	0	0	37	0	25	0	0	0	128
	5				7	0	19	0	32	0	35	0	0	42	0	33	0	0	0	168
	6				0	15	0	27	0		26	0	35	0	0	34	0	20	0	157
	7				0	9	0	29	0	28	0	0	38	0	0	27	0	28	0	159
	8				0	9	0	27	0	38	0	0	41	0	0	28	0	19	0	162
	9				0	9	0	24	0	23	0	28	8	27	0	16	0	0		135
	10				0	9	2	35	0		37	0	38	0	0	20	0	18	0	159
0.000 15	1				0	9	2	35	0	37	0	0	38	0	0	20	0	18	0	159
	2				0	10	1	27	0	27	0	0	25	9	0	24	0	0		123
	3				0	8	0	26	0	0	28	0	31	0	0	13	0	0		106
	4				4	0	26	0	0	0	36	28	0	0	14	0	20	0	0	128
	5				0	17	0	0	33	0	25	0	0	19	0	5	0	0	11	110
	6				9	0	2	25	0	27	0	0	38	0	0	20	0	18	0	139
	7				2	10	1	27	0	31	0	0	25	9	0	24	0	0	21	150
	8				0	8	0	21	0	0	25	0	31	0	0	23	0	0		108
	9				5	0	26	0	0	0	26	28	0	0	11	0	20	0	0	116
	10				7	0	0	0	33	0	31	0	0	26	0	5	0	0	21	123
0.000 30	1				0	15	0	27	0	25	0	0	35	0	0	34	0	20	0	156
	2				0	9	0	29	0	0	28	0	38	0	0	27	0	28	0	159
	3				0	9	0	27	0	38		0	41	0	0	28	0	19	0	162
	4				0	9	0	24	0	0	23	28	8	27	0	16	0	0		135
	5				0	0	15	0	0	36		0	0	0	16	0	16	3	0	86
	6				7	0	0	21	0	0	26	0	35	0	0	34	0	20	0	143
	7				0	9	0	29	0	28	0	0	38	0	0	27	0	28	0	159
	8				9	0	0	25	0	0	38	0	41	0	0	28	0	19	0	160
	9				0	7	0	22	0	31	0	8	0	27	0	16	0	0		111
	10				9	0	25	0	17	0	36	0	15	0	21	0	16	3	0	142

续　表

0.001 5	1				12	0	26	0	32	0	0	30	0	0	20	0	18	0	9	147
	2				0	14	1	36	0	0	32	0	0	32	0	22	0	0	0	137
	3				0	13	1	29	0	28	0	0	0	26	0	12	1	0	0	110
	4				0	16	0	28	0	26	0	0	0	24	0	11	0	0	0	105
	5				0	13	0	24	6	0	22	0	0	30	0	17	0	0	0	112
	6				12	0	26	0	32	0	0	30	0	0	20	0	18	0	9	147
	7				0	14	1	36	0	32	0	0	0	32	0	22	0	0	0	137
	8				0	13	1	29	0	0	21	0	0	26	0	12	1	0	0	103
	9				0	16	0	28	0	26	0	0	0	24	0	11	0	0	0	105
	10				0	13	0	24	6	0	22	0	0	30	0	17	0	0	0	112
0.003	1				0	7	0	32	1	0	30	0	33	0	29	0	0			132
	2				0	9	0	24	0	0	30	0	36	0	20	0	0			119
	3				0	11	0	27	0	34	0	0	0	40	0	20	0	0		132
	4				0	7	0	35	0	28	0	0	0	45	0	23	0	0	0	138
	5				0	11	0	32	0	0	25	0	30	1	0	18	2	0	0	119
	6				6	0	0	22	1	0	29	0	33	0	0	29	0	0	0	120
	7				11	0	21	0	0	0	30	0	36	0	0	0	0	23	0	121
	8				0	11	0	27	0	25	0	27	0	19	0	0	0	18	0	127
	9				7	0	25	0	0	28	0	22	0	21	0	23	0	0	0	126
	10				9	0	0	32	0	0	31	0	30	1	0	18	2	0	0	123
0.006	1				0	11	0	15	0	0	24	0	0	33	0					83
	2				0	9	0	18	0	0	22	0	11	22	0		0	24	0	106
	3				0	10	0	0	10	0	15	0	0	32	0	26	0	0	17	110
	4				0	10	1	0	8	0	21	0	0	32	0	27	0	0	21	120
	5				0	10	0	0												10
	6				6	0	0	22	1	0	21	0	23	0	0	29	0	0	0	102
	7				11	0	21	0	0	0	30	0	26	0	0	0	0	0	0	88
	8				0	11	0	27	0	0	0	27	0	19	0	0	0	18	0	102
	9				7	0	25	0	0	28	0	22	0	19	0	0				101
	10				9	0	0	32	0	0	31	0	0	21	0	18	2	0	0	113
0.015	1	AB																		
	2																			
	3																			
	4																			
	5																			
	6																			
	7																			
	8																			
	9																			
	10																			

表 7.4-24 受试物:毒死蜱 水源:宜兴自来水

实验时间(d)		4	5	6	7	8	9	10	11	12	13	14	15	16	17	18	19	20	21	总数
培养基更新(√)			√			√			√			√			√			√		
pH		7.8	7.8	7.8	7.8	7.8	7.8	7.8	7.8	7.8	7.8	7.8	7.8	7.8	7.8	7.8	7.8	7.8	7.8	
O_2浓度(mg/L)																				
温度(℃)		24	24	24	24	24	24	24	24	24	24	24	24	24	24	24	24	24	24	
是否提供食物(√)		√	√	√	√	√	√	√	√	√	√	√	√	√	√	√	√	√	√	
存活幼溞数量																				
对照组	1				3	12	0	34	0	27	0	0	0	16	0	29	0	11	0	132
	2				11	10	0	0	33	0	23	0	0	17	0	0	14	0	0	108
	3				0	12	0	20	3	0	21	0	0	0	0	0	8	0	0	64
	4				8	0	19	0	0	35	0	0	16	0	0	12	0	0	0	90
	5				8	0	18	0	0	40	0	11	3	0	18	0	0	10	1	109
	6				0	15	0	27	0	25	0	0	35	0	0	34	0	20	0	156
	7				0	9	0	29	0	28	0	0	38	0	22	0	0	28	0	154
	8				7	5	0	30	0	36	0	0	34	0	23	0	0	24	0	159
	9				0	6	0	1	32	0	33	0	0	38	0	24	0	0	15	149
	10				10	10	0	10	17	0	29	0	0	28	0	13	1	0	22	140
0.000 15	1				3	6	0	26	0	0	31	2	0	0	0	17	0	0	0	85
	2				9	0	18	2	41	0	3	18	0	0	14	0	0	4	1	110
	3				6	0	18	0	32	0	1	19	0	0	0	0	13	0		89
	4				5	4	0	27	0	0	41	0	3	11						91
	5				10	0	20	0	0	0	37	13	0	0	10	0	12	5	0	107
	6				0	6	0	26	0	0	31	2	0	0	0	17	0	0	0	82
	7				0	0	18	2	21	0	23	0	17	0	14	0	0	4	1	100
	8				6	0	18	0	32	0	0	19	0	23	0	0	13	0		111
	9				0	4	0	27	0	0	41	0	3	11	0	22	0			108
	10				0	0	20	0	0	0	37	0	23	0	10	0	12	5	0	107
0.000 30	1				0	8	0	28	0	0	28	0	0	0						64
	2				2	7	0	0	52	0	21	0	0	16	0	0	0			98
	3				0	8	0	10	18	0	28	0	0	34	0	0	16	0	0	114
	4				0	14	0	0	28	0	9	4	0	0	0	0	16	0	0	71
	5				0	12	0	0	0		0									12
	6				0	8	0	28	0	29	0	0	0	34	0	0	16	0	0	115
	7				5	7	0	0	52	0	21	0	0	16	0	0	0			101
	8				0	8	0	10	18	0	31	0	0	34	0	0	16	0	0	117
	9				9	0	0	0	22	0	9	4	0	0	0	0	16	0	0	60
	10				0	12	0	0	31	0	0	34	0	0	25	0	0			102

续 表

0.001 5	1				2	17	0	0	34	0	0	0	0	14	0	25	0	0	0	92
	2				0	9	0	30	0	19	0	0	0	13	0	20	0	0	0	91
	3				0	20	0	1	39	0	19	2	0	13	0	0	26	0	0	120
	4				0	5	0	30	0	0	27	0	0	27						89
	5				0	8	0	0	34	0	21	0	0	6	0	0	17	0	0	86
	6				5	17	0	0	34	0	0	0	0	14	0	25	0	0	0	95
	7				0	9	0	30	0	25	0	0	17	0	20	0	0	0		101
	8				0	20	0	1	39	0	21	2	15	0	0	26	0	0		124
	9				9	0	0	30	0	0	27	0	0	21	0					87
	10				0	8	0	0	34	0	21	0	0	16	0	0	21	0	0	100
0.003	1				0	11	0	0	45	0	20	0	0	24	0	0	13	0	0	113
	2				5	0	16	0	0	0	21	22	0	0	19	0	12	0	0	95
	3				0	8	0	15	4	0	23	0	0	0						50
	4				0	11	0	0	37	0	1	29	0	5	20	0	17	0	0	120
	5				0	7	0	1	36	0	18	0	0	14	0	0	2	0	0	78
	6				0	11	0	0	45	0	20	0	0	24	0	0	13	0	0	113
	7				5	0	0	30	0	0	27	0	0	27						89
	8				0	8	0	0	34	0	21	0	0	6	0	0	17	0	0	86
	9				0	11	0	0	34	0	0	0	0	14	0	25	0	0	0	84
	10				0	7	0	1	36	0	18	0	0	14	0	0	2	0	0	78
0.006	1				0	11	0	0	24	0	26	1	0	38	0	27	0	5	29	161
	2				0	10	0	0	8	7	0									25
	3				0	9	0	0	7	0	28	0	0	36	0	5	1	0	0	86
	4				0	6	0	0	11	0	24	0	0	27	0	4	24	0	9	105
	5				0	0	7	0	0	19	0	27	0	0	36	0	30	1	0	120
	6				0	11	0	0	24	0	26	1	0	38	0	27	0			127
	7				0	10	0	0	5	0	0	30	0	0	27	0	0	27		99
	8				0	9	0	0	0	18	0	0	34	0	21	0	0	6	0	88
	9				0	6	0	0	0	11	0	0	34	0	0	0	0	14	9	74
	10				0	0	7	0	0	7	0	1	36		18	0	0	14	0	83
0.015	1	AB																		
	2																			
	3																			
	4																			
	5																			
	6																			
	7																			
	8																			
	9																			
	10																			

表 7.4-25　受试物:毒死蜱　　水源:宜兴太湖水

实验时间(d)		4	5	6	7	8	9	10	11	12	13	14	15	16	17	18	19	20	21	总数
培养基更新(√)			√			√			√			√			√			√		
pH		7.8	7.8	7.8	7.8	7.8	7.8	7.8	7.8	7.8	7.8	7.8	7.8	7.8	7.8	7.8	7.8	7.8	7.8	
O_2浓度(mg/L)																				
温度(℃)		24	24	24	24	24	24	24	24	24	24	24	24	24	24	24	24	24	24	
是否提供食物(√)		√	√	√	√	√	√	√	√	√	√	√	√	√	√	√	√	√	√	
存活幼溞数量																				
对照组	1				0	9	0													9
	2				0	7	0	23	0	31	0	31	0	0	21	1	30	0	21	165
	3				8	9	0	20	0	31	0	9	27	0	18	0	18	0	25	165
	4				7	0	26	0	27	0	31	0	0	18	0	33	0	27	0	169
	5				9	0	0	30	0	28	1	41	0	0	28	0	25	2	2	166
	6				1	7	0	19	0	31	0	37	0	0	29	1	34	0	26	185
	7				0	9	0	25	0	29	0	0	47	0	18	0	28	0	19	175
	8				0	7	23	0	27	0	33	0	0	28	0	34	0	27	0	179
	9				9	0	0	25	0	37	1	41	0	28	0	25	2			168
	10				0	7	0	21	0	33	0	38	0	29	1	33	0	0	26	188
0.000 15	1				0	8	0	25	6	30	0	1	20	0	0	14	26	26	26	182
	2				0	8	0	25	0	36	0	0	34	0	30	1	5	17	17	173
	3				7	2	26	0	0	38	0	44	0	21	0	0	0	0	0	138
	4				2	11	0	2	37	34	0	0	39	0	21	6	0	12	12	176
	5				0	7	0	34	0	19										60
	6				0	8	0	25	6	29	0	1	20	0	0	14	26	0	26	155
	7				0	8	0	25	0	41	0	0	34	0	31	1	5	17	17	179
	8				7	2	26	0	32	0	0	43	0	23	0	0	0	0	0	133
	9				2	11	0	2	37	0	0	0	39	0	21	6	0	12	0	130
	10				0	7	0	34	0	27	0	45	0	21	0	0				134
0.000 30	1				8	0	22	0	24	0	3	31	0	0	28	0	27			143
	2				9	0	22	2	0	33	0	43	0	24	0	0	26	1		160
	3				0	11	0	20	21	0	35	0	0	24	0	17	0	0	13	141
	4				0	11	0	29	0	0	35	0	0	24	0	18	0	0	24	141
	5				0	19	0	0	33	0	39	0	0	23	0	0	41	0	20	175
	6				0	0	22	0	24	0	3	31	0	0	28	0	27			135
	7				9	0	22	2	0	29	0	0	43	0	24	0	0	26	1	156
	8				0	11	0	20	21	0	35	0	31	0	0	17	0	0	13	148
	9				11	0	0	29	0	31	0	0	0	24	0	18	0	0	24	137
	10				0	13	0	0	33	0	39	0	27	0	0	0	41	0	20	173

续 表

0.001 5	1				1	13	0	31	0	0	33	0	0	30	0	24	0	15	4	151
	2				8	0	23	0	35	0	0	30	1	0	33	1	28	0	0	159
	3				0	10	0	30	0	0	21	0	0	25	0	30	0	25	1	142
	4				10	0	19	2	0	0	43	36	0	0	16	0	0	24	0	150
	5				16	0	22	2	0	0	35	35	0	1	23	1	0	36	0	171
	6				0	15	0	31	0	33	0	0	30	0	24	0	0			133
	7				7	0	23	0	25	0	0	30	1	0	33	1	28	0	0	148
	8				0	10	0	30	0	0	21	0	0	25	0	30	0	25	1	142
	9				9	0	19	2	15	0	43	36	0	0	16	0	0	24	0	164
	10				14	0	22	2	17	0	35	0	0	11	0	1	0	36	0	138
0.003	1				0	10	0	26	0	0	32	0	25	14	0	0	0	6	0	113
	2				10	0	1	0	19	0	33	32	0	0	0	34	0	0	14	143
	3				0	7	25	33	0	31	0	0	0	38	0	25	0	24	10	193
	4				0	8	0	29	0	28	0	0	22	0	0	20	0	25	3	135
	5				0	10	0	25	0	0	33	0	27	0	0	29	0	25	0	149
	6				0	10	0	26	0	0	32	0	25	14	0	0	0	6	0	113
	7				10	0	1	0	25	0	33	32	0	0	0	34	0	0	14	149
	8				0	7	25	33	0	0	31	0	0	25	0	24	0			145
	9				0	8	0	29	0	28	0	0	31	0	0	20	0	27	3	146
	10				0	10	0	25	0	33	0	0	27	0	0	21	0	20	0	136
0.006	1				0	8	0	16	0	27	0	0	24	7						82
	2				0	8	0	5	14	0	31	0	0	0	0	24	0	18	2	102
	3				0	13	0	12	0	0	30	30	0	34	0	38	0	0	29	186
	4				0	0	10	0	0	23	0	0	0	0	29	0	0	0	3	65
	5				0	0	8	1	0	20	0	27	0	0	27	0	0	13	3	99
	6				0	8	0	16	0	27	0	0	24	7						82
	7				0	8	0	5	14	0	31	0	0	0	0	24	0	18	2	102
	8				0	13	0	12	0	25	0	30	0	29	0	0				109
	9				0	0	10	0	0	13	7	0	0	0	29	0	0	0	3	62
	10				0	0	8	1	0	27	0	27	0	0	27	0	15	0		105
0.015	1	AB																		
	2																			
	3																			
	4																			
	5																			
	6																			
	7																			
	8																			
	9																			
	10																			

表 7.4-26　受试物:毒死蜱　　水源:宜兴大浦河水

实验时间(d)		4	5	6	7	8	9	10	11	12	13	14	15	16	17	18	19	20	21	总数
培养基更新(√)			√			√			√			√			√			√		
pH		7.8	7.8	7.8	7.8	7.8	7.8	7.8	7.8	7.8	7.8	7.8	7.8	7.8	7.8	7.8	7.8	7.8	7.8	
O_2浓度(mg/L)																				
温度(℃)		24	24	24	24	24	24	24	24	24	24	24	24	24	24	24	24	24	24	
是否提供食物(√)		√	√	√	√	√	√	√	√	√	√	√	√	√	√	√	√	√	√	
存活幼溞数量																				
对照组	1				10	10	0	10	17	0	29	0	0	28	0	13	1	0	22	140
	2				0	5	0	33	0	0	35	0	7	4	0	25	0	21	0	130
	3				0	3	1	35	0	40	0	0	15	0	0	23	0	23	0	140
	4				7	5	0	30	0	36	0	0	34	0	0	26	0	24	0	162
	5				0	6	0	1	32	0	33	0	0	38	0	24	0	0	15	149
	6				10	10	0	10	17	0	29	0	0	28	0	13	1	0	22	140
	7				0	5	0	33	0	0	35	0	7	4	0	25	0	21	0	130
	8				0	3	1	35	0	40	0	0	15	0	0	23	0	23	0	140
	9				7	5	0	30	0	36	0	0	34	0	0	26	0	24	0	162
	10				0	6	0	1	32	0	33	0	0	38	0	24	0	0	15	149
0.000 15	1				0	0	28	0	39	0	0	28	0	31	0	0	32	0	40	198
	2				0	10	0	34	0	45	0	0	47	0	0	40	0	26	0	202
	3				0	10	0	26	11	0	29	0	0	33	0	9	1	0	12	131
	4				0	9	0	34	0	36	0	0	0	24	0	21	0	0	9	133
	5				0	10	0	41	0	31	0	0	0	21	0	12	0	0	15	130
	6				0	0	28	0	39	0	0	28	0	31	0	0	32	0	40	198
	7				7	0	0	34	0	45	0	0	47	0	0	40	0	26	0	199
	8				0	10	0	26	11	0	29	0	0	33	0	9	1	0	12	131
	9				11	0	0	34	0	36	0	0	0	24	0	21	0	0	9	135
	10				12	0	0	41	0	31	0	0	0	21	0	12	0	0	15	132
0.000 30	1				0	11	0	27	0	0	3									41
	2				0	14	0	33	0	27	0	0	0	38	0	27	0	17	0	156
	3				0	11	0	33	0	39	0	0	35	7	0	33	0	8	14	180
	4				0	14	0	31	0	0	40	0	0	0	0	19	1	0	18	123
	5				3	3	26	0	31	0	0	29	0	0	15	0	10	0	0	117
	6				0	9	0	14	0	36	0	25	0	24	0	21	0	0	9	138
	7				0	10	0	19	0	31	0	21	0	21	0	12	0	0	15	129
	8				0	0	28	0	29	0	28	0	0	31	0	0	31	0	47	194
	9				7	0	0	34	0	25	0	0	39	0	0	37	0	26	0	168
	10				0	10	0	25	11	0	29	0	0	37	0	11	0	0	12	135

续 表

0.001 5	1				11	0	26	0	31	0	29	0	0	22	15	9	0	8	0	151
	2				0	8	0	28	0	27	1	10	0	0	35	0	11	0	0	120
	3				0	8	0	38	0	33	0	16	29	0	0	0	0	22	0	146
	4				0	0	22	0	34	0	34	0	0	20	0	20	0	0	0	130
	5				10	0	25	0	39	0	41	0	0	29	0	10	0			154
	6				0	0	19	0	21	0	27	0	0	27	15	9	0	11	0	129
	7				0	8	0	18	0	31	0	10	0	0	25	0	11	0		103
	8				0	8	0	27	0	36	0	16	0	29	0	0	0	24	0	140
	9				0	0	17	0	27	0	31	0	21	0	0	24	0			120
	10				7	0	21	0	35	0	37	0	31	0	0	17	0			148
0.003	1				9	0	19	0	0	28	41	0	0	23	0	28	0	0	0	148
	2				11	0	20	0	28	0	37	0	0	31	0	15	0	0	0	142
	3				0	7	0	35	0	41	0	28	0	0	22	1	24	0	0	158
	4				0	6	0	37	0	32	0	30	0	0	22	1	22	0	0	150
	5				0	7	1	0	31	28	1	0	34	0	20	0	0			122
	6				7	0	17	0	0	25	41	0	0	23	0	28	0	0	0	141
	7				9	0	21	0	28	0	37	0	0	31	0	15	0			141
	8				0	0	0	35	0	35	0	26	0	19	0	25	0			140
	9				0	6	0	37	0	27	0	35	0	0	16	1	22	0		144
	10				7	0	1	0	31	33	1	0	34	0	20	0	0			127
0.006	1				0	0	9	0	11	0	22	29	0	0	29	0	0	2	0	102
	2				0	0	8	0	0	16	33	1	0	41	0	15				114
	3				0	13	0	16	0	26	0	0	45	0	45	0	0	22		167
	4				0	7	1	0	14	0	25	0	17	19						83
	5				0	0	23													23
	6				0	0	9	0	0	20	0	29	0	0	29	0	0	2	0	89
	7				0	0	8	0	19	0	29	0	0	44	0	15	0			115
	8				0	13	0	16	0	26	0	0	45	0	25	0	0	22		147
	9				0	7	1	0	14	0	25	0	17	19						83
	10				0	0	23	1	0	34	0	20	0	0	29	0	0	2	0	109
0.015	1	AB																		
	2																			
	3																			
	4																			
	5																			
	6																			
	7																			
	8																			
	9																			
	10																			

AB 代表母蚤无法存活。

7.4.3 实验结果分析

根据以上结果，用 SPSS 统计分析方法得到大型溞繁殖实验最低可观察效应浓度(LOEC,mg/L)，如表 7.4-27 和图 7.4-1 所示。

表 7.4-27 大型溞繁殖实验最低可观察效应浓度 LOEC (单位:mg/L)

毒性物质	测定项目	南京自来水	宜兴大浦河水	宜兴太湖水	宜兴自来水
镉	LOEC	0.000 5	0.000 5	0.001 0	0.000 1
铜	LOEC	0.001 0	0.001 0	0.001 0	0.010 0
铬	LOEC	0.005 0	0.010 0	0.005 0	0.010 0
氨氮	LOEC	50.0	0.5	50.0	1.0
硝基苯	LOEC	1.0	0.1	0.1	5.0
毒死蜱	LOEC	0.006	0.006	0.001 5	0.000 15

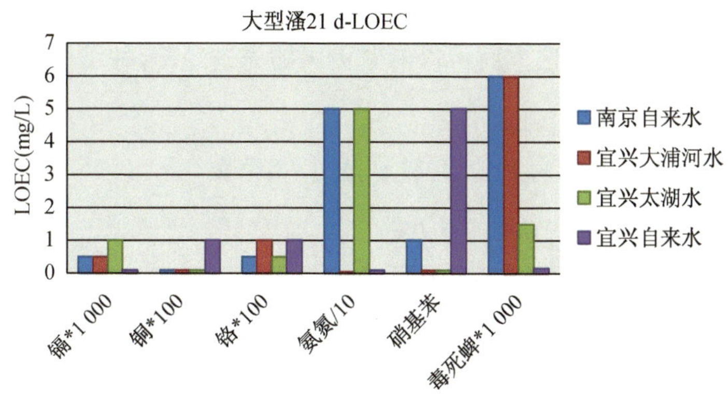

图 7.4-1 4 种水体中 6 种污染物对大型溞的 21 d-LOEC

通过实验可看出，氨氮的 LOEC 值最大，甚至比镉的 LOEC 值大 4 个数量级，这说明相对其它 5 种污染物，氨氮对大型溞的繁殖毒性是较小的，而镉的毒性最大。对于镉、铬和毒死蜱这些高毒污染物来说，在南京自来水和宜兴大浦河水基质中它们的 LOEC 值是相同的。而宜兴自来水中镉和毒死蜱的 LOEC 值均小于南京自来水和宜兴大浦河水以及宜兴太湖水。

8 太湖流域水质标准值计算与校正

8.1 水质基准向水质标准转化技术分析

我国地域辽阔，水质条件复杂，不同流域的水体有不同的特征和水质状况。因此国家统一制定的水质基准不一定完全适用于每一个地表水流域，这就需要结合各水体流域的水化学和生物区系等特点对国家基准进行修正，以便得出具有针对性和区域性的特别基准。由于我国和美国具有相似的地域情况，而且美国已有了比较完整的研究成果，在这方面可以借鉴美国的先进经验，并结合我国的具体国情，来开展实质性工作。

8.1.1 国家水质基准向太湖流域水质基准转化

1. 美国环保局推荐方法及选取依据

美国环保局推荐 3 种修正方法[188]：

重新计算法：利用实验室的配制水和本地物种进行毒性试验，按照“指南”分析毒性数据，获得保护本地物种的基准，该方法主要关注物种差异。

水效应比值法：利用北美地区的物种在本地原水和配制水中进行毒性暴露平行试验，得到污染物在原水中的毒性终点值与配制水中的同一毒性终点值之比(WER)，即区域基准等于国家基准和 WER 的乘积，该方法主要关注水质差异。

本地物种法：利用本地原水与本地物种进行毒性试验得出基准值，该法同时关注物种差异和水质差异。

3 种方法的选择依据如下：a. 确定特定水体的水域范围；b. 确定特定水体的物理化学特性是否会影响所关心物质的生物可利用性或毒性；c. 选择的本地生物对所关心物质的敏感范围不同于国家基准中规定的该种生物的敏感范围，且特定水体的物理化学特性不是影响因素，则使用重新计算法；d. 如果特定水体的物理化学特性会影响所关心物质的生物可利用性或毒性，且本地生物对所关心物质的敏感范围类似于国家基准中的敏感范围，则使用水效应比值法；e. 如果特定水体的物理化学特性会影响所关心物质的生物可利用性或毒性，且本地生物对所关心物质的敏感范围不同于国家基准中的敏感范围，则使用本地物种法，如图 8.1-1 所示。

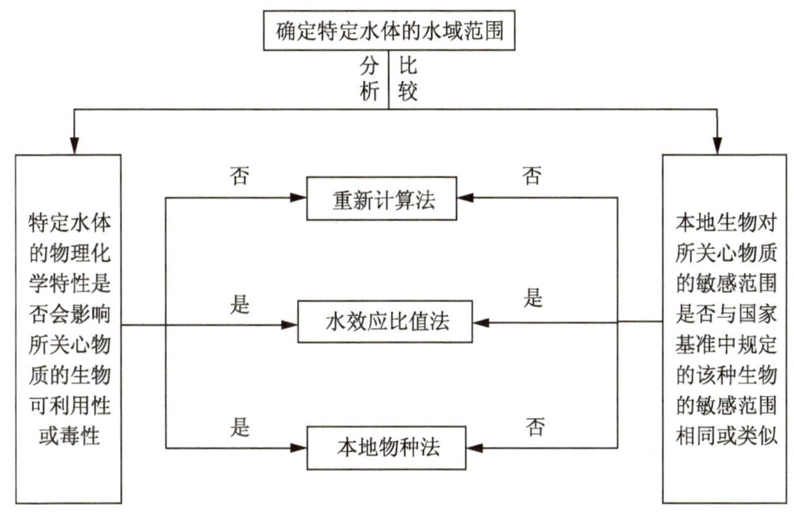

图 8.1-1　基准修正方法选择技术路线

2. 太湖流域水质基准修正方法

太湖流域污染情况复杂，包括营养盐、重金属和有机物等多种污染物，同时污染来源广泛，涵盖工业、农业和生活污水等，这些污染物广泛分布于大气、水和底泥中。水生态系统的环境因子，如 pH、光照、温度、盐度、浊度和营养物质等多种因素都会影响污染物在水环境中的物理、化学和生物过程，从而导致不同的生态效应。这是造成基准差异的重要原因。因此，采用美国 EPA 推荐的第二种国家基准的修订方法——水效应比值法来实现国家水质基准向太湖流域水质基准的转化。

利用太湖地区点的物种在本地的原水和配置水中进行毒性暴露平行试验，然后利用污染物在原水中的毒性终点值除以在配置水中的同一毒性终点值，得到水效应比值(WER)。该方法主要关注水质差异造成的影响。根据太湖流域地域特征对三类六种污染物(无机物：NH_3-N；重金属：Cd、Cr、Cu；有机污染物：毒死蜱、硝基苯)的水质基准进行修订和校正，整个校正将分为三个阶段：

① 一般性生物校验：在 3 门中各选一种生物进行毒性测定校验，所选生物为斜生栅藻(绿藻门，栅藻科，栅藻属)、大型溞(节肢动物门，溞科，溞属)、锦鲫(脊索动物门，鲤科，鲫属)。

② 针对性生物校验：根据国家水质基准的方法为毒性物质进行百分数排序(Toxicity Percentile Rank，TPR)，以物种对污染物的敏感度进行排序，每种污染物

选择进入敏感性排序的 3 种或 4 种生物进行毒性测定，得到各种污染物的 WER 值。

③ 土著敏感生物校验：对太湖土著敏感性生物（白鲢、白鱼、青虾）进行毒性测定和校正。

8.1.2 太湖流域水质基准向太湖流域水质标准转化

水质基准是指环境中污染物对特定对象（人或其他生物）不产生不良或有害影响的最大剂量（无作用剂量）或浓度，它是水质标准的依据。而水质标准是综合考虑社会、环境、经济等方面因素后制定的、区域内技术经济可行的、具有法律效力的水环境标准值。完整的水质标准体系包括 3 部分：一是定性或定量的水质基准值；二是定性的指定用途；三是反降级政策。

根据太湖流域示范区典型污染物水质基准值修订与校验结果，充分考虑示范区环境容量、经济社会条件、水体用途、水环境功能要求、水生态系统特征、技术水平、环境目标和环境改善需求等，采用统计分析、模型模拟等方法，开展水质基准向标准推荐值转化技术研究，提出示范区水质标准推荐值。

1. 水生态功能和生态系统健康

水生态系统由多个层次水平的等级体系所组成，在不同的空间尺度上，其结构与功能具有不同的相互依存关系。水生态系统发生过程的多层次性，形成了结构的多等级层次；因此，水生态功能分区的基本目的是揭示流域水生态系统的层次结构与空间特征差异，为水生态系统差别化管理和水质目标管理提供支撑，进而为实现流域水生态健康服务。将水体按用途分为：a. 自然保护区；b. 饮用水水源地、珍贵鱼类保护区、鱼虾产卵场；c. 一般渔业用水区、直接接触的娱乐用水区；d. 非直接接触的娱乐用水区、航运、防洪；e. 农业灌溉用水及一般景观水域；f. 受损的水体。与之对应的水质标准为Ⅰ～Ⅴ级。从水体的功能出发，首先满足水体功能指定的用途现状，在水质得到改善以后，再进一步制定更加严格的水质标准。

2. 环境管理目标和优先控制污染物

水环境中污染物种类繁多，而且每年都有许多新的污染物进入水环境。如果对每一种物质都制定标准，都限制排放，工作量及投资之巨都难以承受，是不现实的；根据环境风险控制原理，也是不必要的。要根据环境风险理论，从中选出一些物质，作为重点污染物，有针对性地进行控制，即根据适当的筛选原则，从众多污染物中筛选出潜在危险大的作为控制对象，也叫水中优先控制污染物，它们是开展环境基准与标准研究、制定工作的基础，也是政府进行环境管理的基本依据。

从量大面广的太湖化学污染物中筛选出对生态系统潜在风险较大而需要加强

管理和控制的物质需要一个模式化的工作流程，根据美国环保局(EPA)的建议，将太湖水体高生态风险污染物筛选工作分为3个阶段：a. 问题形成；b. 风险分析与风险表征；c. 因子筛查。本章的问题非常明确，即筛选出太湖水体中生态风险值较高的化学污染物。这一研究目的既需要分析太湖水体中各污染物的暴露浓度，也要考虑这些化合物对水域中典型生物的毒性效应。在获得相关污染物暴露浓度和毒性效应值后，再将二者结合起来进行风险的表征，本章的风险表征采用较为普遍的商值法。最后主要根据风险商的大小进行因子筛查，选出太湖水体中高生态风险的污染物。

3. 基准向标准转化的关键问题

基准向标准转化有2个关键问题：a. 水体的用途不是被直接测量的，需要用一个可度量的标准代表某种用途，当水质达到这一标准，就说明其可以满足该用途；b. 标准的制定需要在水质最优、污染物排放量最小和污染治理费用最小三者之间权衡利弊[189]。水质基准向水质标准转化的关键是找到一个可度量的指标来反映水体达到指定用途的情况，以及在水质保护和经济发展之间做出权衡。

4. 标准推荐值的确定

利用专家系统与结构方程模型相结合的方法确定不同功能水体的主要控制指标和标准值，首先将叙述性的指定用途转变为可定量的标准。在该步骤中，选择对所研究太湖流域非常了解的专家和学者进行咨询，请他们判断所研究太湖流域的水质状态、太湖流域水体的适宜用途、该用途最重要的污染物指标等。其次提供给专家多组有关太湖流域的水质数据，由专家对每组数据进行打分，判断每组达到所选的功能用途的可能性。接下来通过结构方程模型，建立环境参数与达到指定用途的可能性之间的关系，筛选出对水体达到指定用途可能性影响最大的污染物指标，得到所定阈值达到功能的可能性，给出标准推荐值。

5. 水质标准的经济技术评估

管理机构对水质标准实施所造成的经济影响进行分析，可以给环保决策者提供有关该水质标准将对社会现在和将来产生的经济影响的信息。为更加全面地实现我国水质标准的有效性，对水质标准进行经济分析十分必要。

水质标准的经济评估的变量选取，主要用于评估新标准实施后，产生的效益是否大于成本，对于企业发展和个人生活是否造成严重的影响。选取合适的指标，是准确评估实际影响的基础。水质标准的经济评估常用的指标如下：

(1) 成本效益评估指标

1) 经济净现值(ENPV)

经济净现值(ENPV)是指用社会折现率将项目计算周期内各年的净效益折算

到建设起点(期初)的现值之和。净现值法就是按净现值大小来评价方案优劣的一种方法。净现值大于零则方案可行,且净现值越大,方案越优,投资效益越好。经济净现值大小与投资额大小并无直接关系,过分强调这个指标,容易导致忽视对有限资金的合理利用而片面追求经济净现值最大化。

对于没有费用约束的方案,可以选择经济净现值作为评价指标;对于有费用约束的方案,经济净现值不能直接作为评价指标;而对于互斥方案的比较,通过分别计算其经济净现值,比较其经济净现值大小,来确定方案的成本效益的优劣性。计算公式为:

$$ENPV=\sum_{i=1}^{n}\frac{B_{ti}-C_{ti}}{1+r} \tag{8.1}$$

式中:B_{ti}为t年时的环境收益;C_{ti}为t年时的环境费用;r为社会贴现率;i为计算期。

若经济净现值$ENPV\geqslant0$,表明社会所得大于所失,方案在经济上是可以接受的;若经济净现值$ENPV<0$,则方案不可取。该方法的优点是可以避免负效益或费用节约归属处理不当所造成的错误。

2) 经济内部效益率(EIRR)

经济内部效益率(EIRR)是指使项目计算期内的经济净现值累计等于零时的贴现率,它是反映项目对国民经济贡献的相对指标。经济内部收益率比较直观,能直接表示项目投资对国民经济的净贡献能力。经济现值指数的含义是单位费用所获得的收益,是十分有用的评价指标。但片面追求最大的内部收益率或现值指数往往缺乏实际意义。

对于没有费用约束的方案,可以选择经济内部收益率作为评价指标;对于有费用约束的方案,经济内部收益率不能作为评价指标;而对于互斥方案的比较,无法直接使用经济内部收益率作为评价的指标。

计算公式为:

$$\sum_{i=1}^{n}\frac{B_{ti}-C_{ti}}{(1+EIRR)^{i}}=0 \tag{8.2}$$

当$EIRR\geqslant r$时,表明内部收益率大于社会贴现率,方案在经济上是可行的;当$EIRR<r$时,表明内部收益率没有社会贴现率大,资金收益小于平均水平,在经济上是不可行的。

3) 经济现值指数法(ENPVR)

经济现值指数法(ENPVR)是指项目的经济效益的现值和项目的经济费用的现值之比。

方案按照经济现值指数大小排列，越大表示经济效益越好。

计算公式为：

$$ENPVR = \frac{\sum_{i=1}^{n} \frac{B_{ti}}{(1+r)^i}}{\sum_{i=1}^{n} \frac{C_{ti}}{(1+r)^i}} \tag{8.3}$$

如果经济现值指数 $ENPVR \geqslant 1$，说明社会得到的效益大于该项目或方案支出的费用，项目或方案是可以接受的；若 $ENPVR < 1$，则该项目或方案支出的费用大于所得的效益，意味从经济前景看会产生损失，项目或方案不可取。

(2) 居民实质性影响评估指标

1) 初级评估指标

初级评估指标主要用来评估流域对于污染成本的支付能力。结合国外选择指标的方法和我国的实际情况，对于居民实质性影响评估的指标，选取了人均支付能力指数作为评价的指标。

计算公式如下：

人均支付能力指数＝人均年度污染控制成本/人均收入 (8.4)

很多地区的人均收入值信息是可获得的。如果当年人均收入值不可获得，可以使用可获得人均收入值到当年之间的 CPI 通货膨胀率来估算当年的人均收入值。

2) 二级评估指标

二级评估指标主要用于评估受影响流域的财富健康状态。根据国外指标的选取和我国的实际情况，最终选择了居民收入中值、居民失业率和贫困线以下人口数作为二级评估指标。

居民收入中值——用来衡量受影响区域居民收入组成情况；

居民失业率——用来衡量受影响区域的经济健康状态；

贫困线以下人口数——用来衡量受影响区域难以支付治污成本比率。

(3) 企业实质性影响评估

1) 初级评估指标

根据国外指标的选取和我国的实际情况，选择了利润测试指数作为初级评估指数。

计算公式如下所示：

利润测试指数＝需评估企业收入/该地区同类型企业收入 (8.5)

利润测试需要计算有污染控制成本和没有污染控制成本两种情况。第一种情况，最近一年的年度污染控制成本(包括运行维护费用)，从需评估企业收入减去求得去除额外控制成本后的实际利润。第二种情况，按照原有标准情况，企业不需要支付额外控制成本的需评估企业收入情况。在污染控制投资之前的利润可以用来确定在污染控制投入之前排污企业是否已经在利润下滑中。如果排污者已经无利可图，他可能不会提出为了满足水质标准而受到实质影响的要求，不把其视为受到实质性影响的范围。

2) 二级评估

二级评估主要用于评估受影响流域的企业发展的能力，即企业为达到新标准要求所支付的额外成本会不会对企业未来的发展造成障碍，导致企业最终无法持续运营。为此，选择流动比率、现金流比率和债务权益比率作为评估指标。

① 流动比率是流动资产和流动债务的比率，主要评估企业偿还短期债务的能力。计算公式如下：

$$CR = CA/CL \tag{8.6}$$

式中：CR 为流动比率；CA 为流动资产(存活、预付款项和应收款项总和)；CL 为流动负债(应付账款、应急费用、税收和长期债务目前应付部分的总和)。一般的规则是如果流动比率大于 2，那么实体可以偿还其短期债务。

② 现金流比率

现金流比率主要评估测试实体偿还其固定债务和长期债务的能力。这些债务是那些定期偿还的超过一年的账单和债务。计算公式如下：

$$BR = CF/TD \tag{8.7}$$

式中：BR 为 *Beaver* 比率；CF 为现金流；TD 为总债务。

如果现金流比率超过 0.20，则排污者被认为是有偿付能力的；如果现金流比率低于 0.15，则排污者可能没有偿付能力；如果现金流比率在 0.15～0.20 之间，那么未来的偿付能力是不确定的。

③ 债务权益比率

债务权益比率主要评估公司已经拥有的固定债务并且因此确定该公司还能再进行借贷的程度。公司依赖债务可能难以产生较高的成本去借贷到新的资金。计算公式为：

$$DER = LTI/OE \tag{8.8}$$

式中：DER 为债务权益比率；LTI 为长期负债；OE 为业主权益。

6. 水质标准值的确定

水质标准值并不是一个简单的数据，在制定水质标准的过程中必须综合考虑多方面的内容，反复推敲，确保水质标准的有效性。水质基准向水质标准转化的关键是找到一个可度量的指标来反映水体达到指定用途的情况，并且要在水质保护和经济发展之间做出权衡。因此，在利用专家系统与结构方程模型相结合的方法确定不同功能水体的主要控制指标和标准推荐值后，需要对标准推荐值拟实施所造成的经济影响进行分析，如：执行标准和经济社会发展之间的矛盾；执行标准的污染控制技术的可行性；开展监测分析工作的技术经济可行性。在经济影响分析的基础上，对标准推荐值进行合理的调整，确定最终的水质标准。经过这一过程制定的标准值才能实现其有效性，才具有广泛、实际的应用意义。

8.1.3 小结

根据太湖流域示范区典型污染物水质基准值修订与校验结果，充分考虑示范区环境容量、经济社会条件、水体用途、水环境功能要求、水生态系统特征、技术水平、环境目标和环境改善需求等，采用统计分析、模型模拟等方法，开展水质基准向标准推荐值转化技术研究，建立江苏省太湖流域水质标准框架，包括污染物控制区、控制指标及标准值、采样分析和监测要求、达标评价方法、反降级政策、混合区及上下游科学管理等规定，阐明与其他水质标准协调和衔接关系，提出可用于分步实施的江苏省太湖流域阶梯式水质标准推荐值。

8.2 水生生物水质基准的方法概述

推导污染物的水生生物基准的方法主要包括生物模型法、评价因子法、统计外推法。其中统计外推法包括美国推荐使用的毒性百分数排序法和荷兰、加拿大等国家使用的物种敏感度分布法。

1. 评价因子法

评价因子法（Assessment Facter Method，AFM）是最早用于推导水生生物基准的方法。该方法采用已知的最敏感生物的毒性数据乘以相应的评价因子，以得到保护水生生物的基准值。其计算公式为：

$$WQC = Toxicity\ \ Value\ /AF \tag{8.9}$$

或

$$WQC = Toxicity\ \ Value\ * AF' \tag{8.10}$$

式中：WQC 为水质基准；AF 为评价因子；$AF'=1/AF$；

Toxicity Value 可以是慢性毒性实验中最敏感生物的最低观测效应浓度（Lowest Observed Effect Concentration，LOEC）或无观测效应浓度（No Observed Effect Concentration，NOEC），也可以是急性毒性实验中最敏感生物的半致死浓度

(Lethal Concentration 50 LC_{50})，或半效应浓度(Effect Concentration 50 EC_{50})。评价因子(AF)的取值一般基于基准制定者对污染物毒性效应的长期经验，一般取值范围为10～100。对于易降解、低残留的污染物，*AF* 的取值范围一般为 10～20；对于不宜发生化学反应、生物富集系数高的污染物，*AF* 的取值范围一般为 20～100。因此不同国家的评价因子赋值也有差异，欧盟委员会用 *AF* 法制定水生生物、陆生生物基准时，针对不同类型的生物毒性数据采取不同的 *AF* 值，见下表 8.2-1。美国和加拿大的评价因子如表 8.2-2 所示。

表 8.2-1　欧盟评估因子法中 *AF* 值的选择

水生生物基准		陆生生物基准	
数据种类	*AF* 值	数据种类	*AF* 值
至少三个营养级的长期 NOEC(藻、溞、鱼)	10	三个营养级的生物长期毒性试验的NOEC	10
藻类、溞类或鱼类中来自不同营养级的两种慢性 NOEC	50	植物、蚯蚓等两个营养级生物的慢性毒性数据 NOEC	50
鱼类或溞类其中一种慢性毒性数据NOEC	100	一种生物的慢性毒性数据 NOEC	100
鱼类、溞类或藻类中至少有一种短期急性试验的 LC_{50}/EC_{50}	1 000	植物、蚯蚓或微生物中至少有一种短期急性试验的 LC_{50}/EC_{50}	1 000

表 8.2-2　美国和加拿大评价因子

国别	数据类别	*AF*
美国	有限数据(LC_{50}来自 QSAR 预测)	1 000
	急性数据(鱼类、水溞和藻类)	100
	慢性毒性数据	10
	现场试验数据	1
加拿大	持久性有机污染物	100
	非持久性有机污染物	20
	敏感生物的慢性毒性数据	10

评价因子法属于经验方法，评价因子法是基准推导中最简单的方法，尤其是在毒性数据不充分的情况下较为适用，但是以评价因子法推导的基准值与所选取的敏感生物的毒性值高度相关，不能反应出污染物在生态水平上的毒性效应。

2. 统计外推法

各国研究人员利用统计学方法对物种生物毒性数据进行处理和分析，进行推导水生生物基准阈值并进行生态风险评价。基于物种敏感度法的前提下，欧盟和美国分别提出物种敏感度分布法和物种敏感度排序法。

(1) 物种敏感度分布法

目前,国际上推导水质基准的主流方法为物种敏感度分布法(Species Sensitivity Distribution,SSD),该方法最初是由 Kooijman 于 1987 年首次提出,并将其应用于敏感物种危害浓度的推导。为了获得毒性物质的危险浓度阈值,Kooijman 假设受试物种的 LC_{50} 是从一个服从 Log-logistic 分布的总体(全世界所有生物)中随机获得,因此该随机样本也服从 Log-logistic 分布,随后他对 Slooff 等人[190]发布的 22 个物种对 14 种物质的 LC_{50} 进行检验,结果发现敏感度分布整体上与 Log-logistic 分布没有较大差异。基于以上认识,Kooijman 提出了危险浓度(Hazardous Concentration,HC)的运算模型。在实际运用中发现,由于当时理论不够成熟,该方法推导所得的 HC 值往往非常小,甚至低于检测限值或背景值,而无法应用于实际管理,后来很多学者对其进行了改进。该理论认为,不同门类生物由于生活史、生理构造、行为特征和地理分布等不同而产生了差异性,其在毒理学上反映为不同物种对污染物有不同的剂量-效应响应关系,即在结构复杂的生态系统中,不同物种对某一胁迫因素(如有毒化学物质)的敏感性(如无观察效应浓度 NOEC 或半数致死浓度 LC_{50} 等毒性数据)服从一定的分布,而可获得的毒性数据被认为是来自于这个分布的样本,可用来估算该分布的参数。经过研究人员对水质基准过低的问题的修正,欧洲的物种敏感度理论基本趋于成熟。推导水生生物的水质基准所采用的 SSD 是基于以下假设提出的:a. 从水环境中随机选出符合概率分配要求的受试生物;b. 水生生物对受试物的敏感度符合概率统计的要求;c. 当在生态系统中占一定比例受试生物得到保护时,可保证生态系统整体的稳定性。

(2) 物种敏感度排序法

“毒性百分数排序法”由美国环保局开发并推荐使用。它基于三角分布原理,并经 Erickson 修订加入非参数计算方法,最终成形于 1985 年颁布的“基准技术指南”。美国环保局的科研人员认识到物种对污染物的敏感度是连续分布的,且遵循类似于正态分布的概率模型,最终在颁布的《水生生物基准指南》中详细介绍了该方法如何推算水生生物基准阈值。虽然“基准技术指南”中始终未提及“Species Sensitivity Distributions,SSD(物种敏感度分布)”字样,但本质上,它属于物种敏感度分布法的一种,闫振广[192]等称之为物种敏感度排序法(Species Sensitivity Rank,SSR)。为方便在以后环境管理中的应用,该方法设置了急性和慢性两个基准阈值。其中使用急性毒性数据获得的基准值为基准最大浓度,使用慢性毒性数据获得的基准值为基准连续浓度,分别应对水环境的短期管理目标和长期管理目标。

采用毒性百分比排序法推导水质基准流程图 8.2-1 所示:

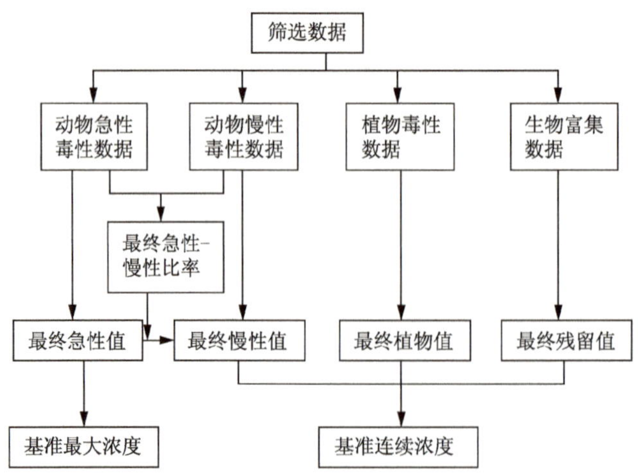

图 8.2-1 毒性百分比排序法推导水质基准流程图

1）急性基准值（*CMC*）的计算公式

$$S^2 = \frac{\sum(\ln GMAV)2 - [\sum(\ln GMAV)]2/4}{\sum P - (\sum \sqrt{P})2/4} \tag{8.11}$$

$$L = [\sum(\ln GMAV) - S(\sum \sqrt{P})]/4 \tag{8.12}$$

$$A = S\sqrt{0.05} + L \tag{8.13}$$

$$FAV = e^A \tag{8.14}$$

$$CMC = FAV/2 \tag{8.15}$$

其中：$P=R/(N+1)$，R 为属平均急性值从小到大的排序位置，最小的为 1，最大的为 N；*SMAV*（种平均急性值），该值等于同一物种的 LC_{50}（EC_{50}）的几何平均值；*GMAV*（属平均急性值），该值等于同一属的 *SMAV* 的几何平均值。

2）慢性基准值（*CCC*）的计算

慢性基准值（*CCC*）取决于最终慢性值（*FCV*）、最终植物值（*FPV*）和最终残留值（*FRV*）三者中的最低值。这 3 个阈值的计算过程分别如下：

① *FCV* 的计算

当慢性毒性数据充足时，*FCV* 可按照 *FAV* 的计算步骤进行计算。当慢性数据不足时，可以用 *FAV* 除以最终急慢性比（*FACR*）来计算：

$$FCV = FAV/FACR \tag{8.16}$$

其中：至少要用 3 个科的急慢性比（*ACR*）的几何平均值来确定最终急慢性比

(FACR)。这 3 个科应分别为一种鱼类、一种无脊椎动物和一种对污染物最敏感的生物。

② *FPV* 的计算

为了考虑水生植物对污染物的敏感性，用 *FPV* 来表明推算基准值是否对水生植物起到保护作用。但是，由于植物毒性试验较少，因此，美国多个基准文件中没有给出 *FPV* 值。

③ *FRV* 的计算

为了保护野生动物免受污染物影响，防止污染物在食物链的生物累积而设置 *FRV*。

FRV 的计算公式如下：

$$FRV = MPC/BCF \times APL \tag{8.17}$$

其中：*MPC* 是最大组织允许浓度；*APL* 为适当脂质含量；*BCF* 为生物富集因子。美国多个基准文件中并未计算 *FRV* 值是因为大多数污染物相关 *MPC*、*APL*、*BCF* 值缺少或不确定。

3. 水生生物水质基准方法比较

总体来说，评价因子法的突出特点是适用性强，主要依据敏感生物的毒性数据结合适当的评价因子推导水质基准，尤其可以在毒性数据较少的情况下使用。但评价因子由基准制定人员选取，因此其更容易受到经济和政治政策倾向的影响，同时评价因子的选择，不同国家也各有差异，针对不同类型的生物毒性数据采取不同的评价因子 *AF* 值，同时可能存在无法量化的问题[191]。在物种敏感度分布法(SSD)的方法理论中，对于曲线的拟合，目前研究还无法表明某一特定的分布模型适用于所有情况下毒性数据集的拟合，因而导致 SSD 法曲线拟合具有较大主观性、拟合效果差、结果不稳定等不足。毒性百分数排序法在统计学基础上，选取较敏感的物种进行计算，而相对不敏感的生物仅参与累积概率计算，这样可以降低较大毒性数据对基准值计算的影响。但另外一些研究人员认为仅考虑最敏感的 4 个属，在数据整理上不能涵盖所有毒性数据的分布特征，可能存在基准值偏小而“过保护”的情况。

8.3 水生生物水质标准值计算与校正

8.3.1 氨氮水生生物标准值计算

1. 简化公式法

本方法采用闫振广[192]等编著的《水生生物水质基准理论与应用》中简化公式

进行标准值的计算，该方法中水生生物的标准值与水体的温度和 pH 值密切相关，具体计算方法如下：

$$CMC=(\frac{0.0314}{1+10^{7.204-pH}}+\frac{4.47}{1+10^{pH-7.204}})\times MIN(10.40,6.018\times10^{0.036\times(25-T)}) \tag{8.18}$$

$$CCC=\left(\frac{0.0339}{1+10^{7.688-pH}}+\frac{1.46}{1+10^{pH-7.688}}\right)\times MIN\{2.852,0.914\times10^{0.028\times[25-MAX(T,7)]}\} \tag{8.19}$$

从上式中可以看到氨氮的标准值与水体的温度有比较大的关系，考虑到实际情况中一年四季的温度变化范围比较大，将标准值划分为两类四级，两类分别为依据温度值划分的 5—11 月份和 12—4 月份，四级分别为依据生物保护划分的 95%、85%、70%、50%的种群。根据江苏省常州市武进区和宜兴市 pH 和水温监测数值(表 8.3-1、表 8.3-2)，按照上述公式对氨氮的水生生物标准值进行计算。计算结果如表 8.3-3 所示。

表 8.3-1　武进区 pH 和水温监测数据

武进			
pH		水温(℃)	
最小值	最大值	最小值	最大值
6.89	7.32	3.9	4.8
7.1	7.22	7.2	7.4
6.92	7.52	10.2	13.2
7.12	7.29	9.5	9.5
7.05	7.33	19.9	24.4
7.24	7.3	24	24.2
7.12	7.61	26.4	28.9
7.12	7.27	31.7	31.7
7.06	8.06	26.3	30
7.16	7.23	22.6	22.6
7.08	7.35	17.8	19.7
7.19	7.21	10.5	10.6

表 8.3-2　宜兴市 pH 和水温监测数据

宜兴			
pH		水温(℃)	
最小值	最大值	最小值	最大值
7.27	7.9	3.1	3.4
7.35	7.73	7.9	8.7
7.22	7.46	11.9	12.2
7.26	7.56	14.6	15.3
7.03	7.48	20.6	22.8
7.32	7.65	22.6	23.6
7.16	8.12	26.3	29.1
7.12	8.3	31.8	33.5
7.15	8.46	27.8	29.6
7.26	7.48	22.1	22.4
7.05	7.58	18.1	18.4
7.3	7.48	10.4	10.5

表 8.3-3　太湖流域氨氮水生生物 CMC/CCC 值及初步确定的标准值

(单位:mg/L)

		太湖 CMC 值	太湖 CCC 值
5—11 月份	Ⅰ级	0.77	0.12
	Ⅱ级	1.95	0.27
	Ⅲ级	6.72	0.64
	Ⅴ级	13.18	1.01
12—4 月份	Ⅰ级	7.94	0.97
	Ⅱ级	14.21	1.64
	Ⅲ级	16.53	2.12
	Ⅴ级	20.79	2.46

注:1. 计算中的 pH 和温度值均是把根据美国 EPA 方法校正过的数据进行从高到低排序,然后Ⅰ级采用 5%处的数据、Ⅱ级采用 15%处的数据、Ⅲ级采用 30%处的数据、Ⅳ级采用 50%处的数据。

2. 上表中的数据均进行了太湖流域 WER 值的校正,WER 值采用的是太湖流域 3 种土著生物在 3 种不同水体中值的几何平均值,然后把其校正到与对应 CMC 和 CCC 值相同的水平上,分别为 0.984,WER 值原始数据见表 8.3-4。

表 8.3-4　三种土著生物氨氮暴露 96 h 后的半致死毒性效应浓度 96 h-LC_{50} 值

（单位：mg/L）

毒性物质	受试生物	横山水库水	大浦河水	太湖水	南京自来水（比对）	WER 值		
						横山水库水	大浦河水	太湖水
氨氮	白鲢	41.03	37.65	45.25	37.65	1.09	1.00	1.20
	白鱼苗	38.35	20.83	23.03	32.08	1.20	0.65	0.72
	青虾	112.3	258.4	243.9	182.5	0.62	1.42	1.34

2. SSR 法

本方法采用刘征涛[193]等编著的《中国水环境质量基准绿皮书》中氨氮的 *GMAV* 数据和闫振广[192]等编著的《水生生物水质基准理论与应用》中水生生物 SSR 法对标准值进行计算。具体计算方法如下：

$$S^2 = \frac{\sum(\ln GMAV)^2 - (\sum \ln GMAV)^2/4}{\sum P - (\sum \sqrt{P})^2/4} \tag{8.20}$$

$$L = \frac{\sum(\ln GMAV) - S(\sum \sqrt{P})}{4} \tag{8.21}$$

$$A = S(\sqrt{0.05}) + L \tag{8.22}$$

$$FAV = e^A \tag{8.23}$$

$$CMC = FAV/2 \tag{8.24}$$

其中：FAV(即 HC_5)为 5%物种受危险浓度；S 为平方根；$GMAV$ 为属急性毒性平均值；P 为选择 4 个属毒性数据的排序百分数。先将获得的毒性数据按照毒性大小进行排序，基于最靠近排序百分数 5%处 4 个生物属的毒性值及排序百分数，代入公式而得到相应的基准值。应用时要注意，如果所得生物属的毒性数据量少于 59 个，那么靠近 5%处的 4 个属就是 4 个最敏感生物属。根据上述公式和数据，计算得出的结果如表 8.3-5 所示：

表 8.3-5　太湖流域氨氮水生生物 CMC/CCC 值及初步确定的标准值

（单位：mg/L）

	太湖 CMC 值	太湖 CCC 值
Ⅰ级	3.079	0.616
Ⅱ级	4.003	0.801

续　表

	太湖 CMC 值	太湖 CCC 值
Ⅲ级	5.243	1.049
Ⅴ级	8.053	1.611

注:1.上述计算中所用到的数据,详见表 8.3-6。

2.计算中Ⅰ级采用最敏感 4 个生物属;Ⅱ级去掉了最敏感的 1 个生物属,采用之后的 4 个敏感生物属数值;Ⅲ级为去掉了最敏感的 4 个生物属,采用之后的 4 个敏感生物属数值;Ⅳ级为去掉了最敏感的 5 个生物属,采用之后的 4 个敏感生物属数值。以上去除的敏感生物属数值均根据国家地表水水域环境功能和保护目标的定义。

3.以上值均进行了 WER 值校正,为 0.984。

表 8.3-6　氨氮生物敏感性排序

敏感性排序	生物名	生物氨氮 GMAV(mg/L)
1	河蚬	6.02
2	中华鲟	10.40
3	静水椎实螺	13.63
4	中华绒螯蟹	14.30
5	孔雀鱼	17.38
6	模糊网纹溞	20.64
7	克氏原螯虾	21.23
8	老年低额溞	21.98
9	林蛙	22.45
10	大型溞	24.25
11	鲤鱼	24.74
12	圆形盘肠溞	25.01
13	霍普水丝蚓	26.17
14	亚东鳟	31.83
15	正颤蚓	33.30
16	夹杂带丝蚓	33.64
17	欧洲鳗鲡	51.94
18	无鳞甲三刺鱼	65.53
19	黄鳝	809.60

3. SSD 法

本方法采用物种敏感度分布法,即根据筛选毒性数据的频数分布拟合出某种概率分布模型。采用本方法推导水质基准的步骤为：a. 将污染物对生物的毒性值（LC_{50}、EC_{50}或 NOEC 等）拟合成未知参数的频数分布模型（对数-正态分布）；b. 计算保护 95%、85%、70%和 50%以上种群时对应的浓度 HCp（Hazard Concentration，p 值分别为 5，15，30 和 50）；c. 由于 HCp 具有不确定性，水质基准值等于模型计算出的 HCp 除以 2。筛选出的太湖本土物种毒性数据拟合出的急慢性物种敏感度分布曲线如图 8.3-1 所示。对应的太湖流域保护水生生物氨氮四级水质基准如表 8.3-7 所示。

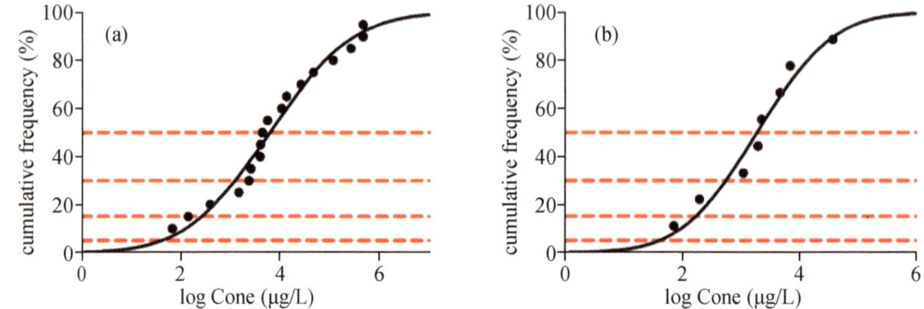

图 8.3-1　氨氮对太湖水生生物毒性的物种敏感度分布曲线（a:急性；b:慢性）

表 8.3-7　太湖流域保护 95%、85%、70%和 50%水生生物氨氮基准值

（单位：ppm）

分级		CMC	CCC
Ⅰ	保护 95%水生生物	0.02	0.02
Ⅱ	保护 85%水生生物	0.13	0.08
Ⅲ	保护 70%水生生物	0.64	0.28
Ⅳ	保护 50%水生生物	3.22	0.96

4. 拟采用太湖流域氨氮水生生物标准值

结合以上 3 种方法，拟采用的太湖流域氨氮水生生物标准值如表 8.3-8 所示：

表 8.3-8　二级四类氨氮基准和标准值推荐值　（单位：ppm）

		太湖地表水基准 CMC	太湖地表水基准 CCC	国家地表水标准	太湖地表水标准推荐值
5—11 月份	Ⅰ类	0.79	0.12	0.15	0.1
	Ⅱ类	1.98	0.27	0.5	0.25
	Ⅲ类	6.83	0.64	1.0	0.5
	Ⅳ类	13.39	1.0	1.5	1.0
	Ⅴ类			2.0	

续 表

		太湖地表水基准 CMC	太湖地表水基准 CCC	国家地表水标准	太湖地表水标准推荐值
12—4 月份	Ⅰ类	8.0	1.0		0.1
	Ⅱ类	14.0	1.5		1.0
	Ⅲ类	18.0	2.0		2.0
	Ⅳ类	22.0	2.5		2.0

8.3.2 镉水生生物标准值计算

1. 简化公式法

本方法采用闫振广[192]等编著的《水生生物水质基准理论与应用》中简化公式进行标准值的计算，该方法中水生生物的标准值与水体的硬度值密切相关，具体计算方法如下：

$$CMCs = (1.136\ 672 - 0.041\ 838\ln H) \times e^{1.153\ 0\ln H - 4.661\ 2} \tag{8.25}$$

$$CCC = (1.101\ 672 - 0.041\ 838\ln H) \times e^{0.617\ 2\ln H - 4.314\ 3} \tag{8.26}$$

根据上述公式和水利部太湖流域管理局[194]编著的《太湖流域水资源及其开发利用》中太湖流域地表水总硬度分布图，对镉的水生生物标准进行了计算，将标准值划分为四级，四级分别为水体总硬度为 50、100、200、300。计算结果如表 8.3-9 所示：

表 8.3-9 太湖流域镉水生生物 CMC/CCC 值及初步确定的标准值 (单位：μg/L)

	太湖 CMC 值	太湖 CCC 值
Ⅰ级	0.961 6	0.114 0
Ⅱ级	2.074 7	0.169 4
Ⅲ级	4.471 9	0.251 6
Ⅳ级	7.004 9	0.316 9

注：上表中的数据均进行了太湖流域 WER 值的校正，WER 值采用的是太湖流域 3 种土著生物在 3 种不同水体中值的几何平均值，为 1.149，WER 值原始数据见表 8.3-10。

表 8.3-10 3 种土著生物镉暴露 96 h 后的半致死毒性效应浓度 96 h-LC_{50}值

(单位：mg/L)

毒性物质	受试生物	横山水库水	大浦河水	太湖水	南京自来水(比对)	WER 值		
						横山水库水	大浦河水	太湖水
镉	白鲢	3.392	5.387	5.507	3.816	0.89	1.41	1.44
	白鱼苗	0.338	0.294	0.354	0.485	0.70	0.61	0.73
	青虾(ppb)	1.431	11.16	4.652	2.286	0.63	4.86	2.03

2. SSR 法

本方法采用刘征涛[193]等编著的《中国水环境质量基准绿皮书》中镉的 GMAV 数据和闫振广[192]等编著的《水生生物水质基准理论与应用》中水生生物 SSR 法对标准值进行计算。计算公式同氨氮计算方法二中的一样。具体结果如表 8.3-11 所示：

表 8.3-11 太湖流域镉水生生物 CMC/CCC 值及初步确定的标准值(单位：μg/L)

	太湖 CMC 值	太湖 CCC 值
Ⅰ级	1.081 4	0.216 3
Ⅱ级	2.384 7	0.476 9
Ⅲ级	3.126 7	0.625 3
Ⅳ级	10.178 5	2.035 7

注：1. 上述计算中所用到的数据，详见表 8.3-12。

2. 计算中Ⅰ级采用最敏感 4 个生物属；Ⅱ级去掉了最敏感的 1 个生物属，采用之后的 4 个敏感生物属数值；Ⅲ级去掉了最敏感的 2 个生物属，采用之后的 4 个敏感生物属数值；Ⅳ级去掉了最敏感的 3 个生物属，采用之后的 4 个敏感生物属数值。以上去除的敏感生物属数值均根据国家地表水分类标准的定义。

3. 以上值均进行了 WER 值校正，为 1.149。

表 8.3-12 镉生物敏感性排序

敏感性排序	生物名	镉生物 GMAV(μg/L)
1	亚东鳟	1.62
2	青鳉	8.92
3	大型溞	14.34
4	模糊网纹溞	31.25
5	锯顶低额溞	33.75
6	多刺裸腹溞	40.31
7	灰水螅	43.440 0
8	夹杂带丝蚓	102.800 0
9	近亲尖额溞	222.300 0
10	正颤蚓	386.100 0
11	草鱼	463.200 0
12	泽蛙蝌蚪	633.700 0
13	霍普水丝蚓	666.000 0
14	鲫鱼	866.800 0
15	克氏原螯虾	1 526.000 0
16	鲤鱼	1 934.000 0
17	孔雀鱼	2 326.000 0
18	红裸须摇蚊	2 774.000 0
19	无鳞甲三刺鱼	4 897.000 0
20	苏氏尾鳃蚓	12 836.000 0

3. SSD 法

方法步骤及数据筛选原则同氨氮，补充了镉对大型溞的急性毒性数据。筛选出的太湖本土物种毒性数据拟合出的急慢性物种敏感度分布曲线如图 8.3-2 所示。对应的太湖流域保护水生生物镉四级水质基准如表 8.3-13 所示。

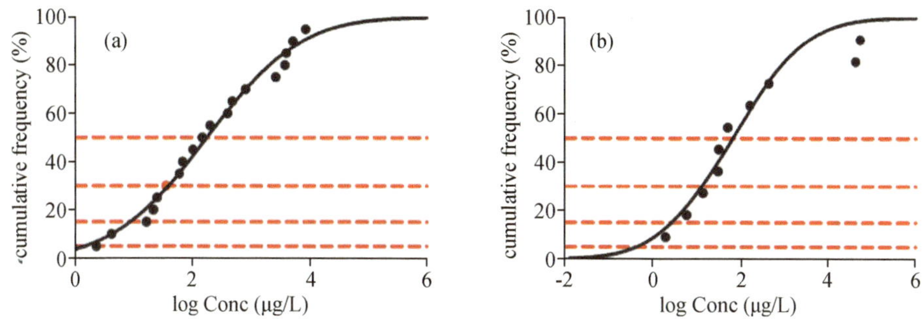

图 8.3-2　镉对太湖水生生物毒性的物种敏感度分布曲线(a:急性;b:慢性)

表 8.3-13　太湖流域保护 95%、85%、70%和 50%水生生物镉基准值（单位:ppb）

分级		CMC	CCC
Ⅰ	保护 95%水生生物	0.71	0.17
Ⅱ	保护 85%水生生物	4.22	1.36
Ⅲ	保护 70%水生生物	18.92	6.48
Ⅳ	保护 50%水生生物	87.80	32.00

4. 拟采用太湖流域镉水生生物标准值

结合以上 3 种方法，拟采用的太湖流域镉水生生物标准值如表 8.3-14 所示：

表 8.3-14　镉四类基准和标准值推荐值（单位:ppb）

	太湖地表水基准 CMC	太湖地表水基准 CCC	国家地表水标准	太湖地表水标准推荐值
Ⅰ类	1.081 4	0.2	1	0.2
Ⅱ类	2.384 7	0.5	5	0.5
Ⅲ类	3.126 7	0.6	5	1
Ⅳ类	10.178 5	2.0	5	2
Ⅴ类			10	

8.3.3　硝基苯水生生物标准值计算

1. SSR 法

本方法采用刘征涛[193]等编著的《中国水环境质量基准绿皮书》中硝基苯的 GMAV

数据和闫振广[192]等编著的《水生生物水质基准理论与应用》中水生生物 SSR 法对标准值进行计算。计算公式同氨氮计算方法二中的一样。具体结果如表 8.3-15 所示：

表 8.3-15　太湖流域硝基苯水生生物 CMC/CCC 值及初步确定的标准值（单位：μg/L）

	太湖 CMC 值	太湖 CCC 值
Ⅰ级	68.596 4	13.72
Ⅱ级	149.145 3	29.83

注：1. 上述计算中所用到的数据，详见表 8.3-16。
2. 计算中Ⅰ级采用最敏感 4 个生物属；Ⅱ级去掉了最敏感的 1 个生物属，采用之后的 4 个敏感生物属数值。
3. 以上值均进行了 WER 值校正，为 0.684，具体数据见表 8.3-17。

表 8.3-16　硝基苯生物敏感性排序

敏感性排序	生物名	硝基苯 GMAV(μg/L)
1	日本沼虾	337.00
2	鲤鱼	1 907.00
3	青虾(本实验数据)	21 743.00
4	蹄形藻	22 234.80
5	虹鳟鱼	24 231.00
6	舟形藻	24 800.00
7	斜生栅藻	34 942.81
8	蛋白核小球藻	35 208.66
9	蓝腮太阳鱼	43 000.00
10	黄颡鱼	81 570.00
11	中国林蛙蝌蚪	82 816.33
12	中华圆田螺	104 230.00
13	纤细裸藻	121 231.20
14	剑尾鱼	123 472.60
15	稀有鮈鲫	133 000.00
16	孔雀鱼	135 000.00

表 8.3-17　3 种土著生物硝基苯暴露 96 h 后的半致死毒性效应浓度 96 h-LC_{50} 值

（单位：mg/L）

毒性物质	受试生物	横山水库水	大浦河水	太湖水	南京自来水（比对）	WER 值		
						横山水库水	大浦河水	太湖水
硝基苯	白鲢	—	—	—	—	—	—	—
	白鱼苗	23.74	39.28	32.2	27.63	0.86	1.42	1.17
	青虾	35.25	10.94	19.04	46.67	0.76	0.23	0.41

2. 拟采用太湖流域硝基苯水生生物标准值

由于硝基苯相关数据的缺乏，本次只采用一种方法对其进行计算。拟采用的太湖流域硝基苯水生生物标准值如表 8.3-18 所示：

表 8.3-18 硝基苯的二类基准和标准值推荐值 (单位：ppb)

	太湖地表水基准 CMC	太湖流域应急标准值	太湖地表水基准 CCC	国家饮用水标准值	太湖地表水标准推荐值
Ⅰ类	68	50	14	17	10
Ⅱ类	150	150	30		30

9 太湖流域氨氮标准建议值的经济可行性评估

9.1 太湖流域水质及氨氮污染现状

1. 出入湖水量

根据水利部太湖流域管理局发布的太湖健康状况报告，2008—2014 年，太湖各湖区分区出入湖水量以及总出入湖水量统计如表 9.1-1 所示。2008—2014 年入湖水量年平均值为 102.2(88.97～115.4)亿 m^3，出湖水量年平均值为 93.03(78.05～108.0)亿 m^3。

表 9.1-1 2008—2014 年太湖各分区及总出入湖水量 (单位:亿 m^3)

		湖西区	武澄锡虞区	阳澄淀泖区	杭嘉湖区	浙西区	总量
2008	入湖水量	45.67	8.92	1.82	3.17	23.95	83.53
	出湖水量	1.11	14.29	64.19	22.90	13.52	116.01
2009	入湖水量	63.98	0	1.94	2.77	23.82	92.51
	出湖水量	0.31	7.42	22.92	21.41	15.34	67.40
2010	入湖水量	80.65	10.02	2.03	6.31	23.12	122.13
	出湖水量	0.43	14.12	59.93	16.90	11.95	103.33
2011	入湖水量	70.50	16.13	2.62	4.14	19.96	113.36
	出湖水量	0.33	12.82	40.77	14.80	15.57	84.29
2012	入湖水量	73.12	6.86	2.24	3.75	26.67	112.64
	出湖水量	0.72	16.07	41.42	21.50	12.54	92.25
2013	入湖水量	54.72	11.41	4.38	2.93	16.29	89.73
	出湖水量	1.21	8.96	36.50	21.74	15.47	83.88
2014	入湖水量	71.96	10.56	3.58	1.65	13.81	101.56
	出湖水量	0.91	10.33	53.36	27.46	12.00	104.06

2. 氨氮的污染现状

氨氮作为太湖这类浅水湖泊中最重要的污染因子，入湖河流是湖泊营养物质的一个重要来源，当然氨氮也是太湖入湖河流最主要的污染因子，太湖流域工业和生活点源污水年排放量达 53 亿 t，流域城镇生活污水处理率仅为 30%左右，污水大多未经处理直接排入河网，污染物总量已远远超过流域水环境承载能力。

根据研究结果，通过比较物种敏感度分布和美国 EPA 方法，确定不同保护水生生物等级，结合土著水生生物毒性试验和原水试验，给出太湖氨氮四类二级水质标准推荐值，如表 9.1-2 所示。

表 9.1-2　太湖地表水和国家地表水氨氮标准推荐值比较　(单位:ppm)

类别		国家地表水标准	太湖地表水标准推荐值
5—11 月份	Ⅰ类	0.15	0.1
	Ⅱ类	0.5	0.25
	Ⅲ类	1.0	0.5
	Ⅳ类	1.5	1.0
	Ⅴ类	2.0	
12—4 月份	Ⅰ类		0.1
	Ⅱ类		1.0
	Ⅲ类		2.0
	Ⅳ类		2.0

9.2　太湖流域氨氮指标相关计算

9.2.1　氨氮污染初步计算

2007—2014 年，江苏、浙江境内环太湖河流出入湖氨氮负荷量变化及其总量变化见表 9.2-1。氨氮入湖负荷年平均值为 1.487(1.182～1.791)万 t，出湖负荷年平均值为 0.147 3(0.089 9～0.204 7)万 t。

表 9.2-1　2007—2014 年间环太湖河流出入湖氨氮负荷量变化　(单位:万 t)

年份		江苏	浙江	总计
2007	入湖负荷	1.656	0.120	1.777
	出湖负荷	0.163	0.048	0.211
2009	入湖负荷	1.528	0.188	1.716
	出湖负荷	0.147	0.080	0.228
2010	入湖负荷	1.711	0.118	1.829
	出湖负荷	0.153	0.047	0.200

续 表

年份		江苏	浙江	总计
2011	入湖负荷	1.455	0.097	1.552
	出湖负荷	0.064	0.035	0.099
2012	入湖负荷	1.249	0.149	1.398
	出湖负荷	0.059	0.034	0.093
2013	入湖负荷	0.840	0.104	0.943
	出湖负荷	0.051	0.049	0.100
2014	入湖负荷	1.133	0.058	1.191
	出湖负荷	0.050	0.049	0.100

9.2.2 氨氮环境容量确定

实行湖泊污染物总量控制主要的依据是湖泊允许负荷量的核算，其技术要点为：a. 建立湖泊水质浓度与其影响因素之间的定量关系；b. 确定湖泊水质标准和设计水清，确定容量核算模型；c. 计算太湖氨氮允许负荷量[195-197]。

容量核算模型因研究对象不同区别为营养盐容量模型和有机污染物容量模型。水质内部变化过程极其复杂，有些甚至难以描述，有些即使理论上可以实现详尽合理的描述，在实际应用中，基础数据的获得和模型不确定的降低仍是很大的挑战[198]。湖泊富营养化管理中应用较多的模型主要基于污染物进入湖泊后，通过湖流和风浪的作用，大多数湖泊所具有的停留时间足够使污染物横向混合的考虑。由此，湖泊中污染物分布基本均匀。根据目前水质模型研究现状和基础数据获得情况，类似于氮、磷环境容量模型的选择，分别采用美国学者 Vollenweider、国际经济协作与开发组织(OECD)、日本学者合田健提出的均匀混合条件下湖库水中污染物浓度和水环境容量模型。美国学者提出的 Dillon 模型、OECD 模型和合田健模型的详细内容如下：

1. 美国学者 Dillon 模型

$$C=\frac{L(1-R)}{\bar{Z}}\ ;\ L=\frac{\bar{Z}}{1-R}C_S(\frac{Q_{入}}{V}) \tag{9.1}$$

2. OECD 模型

$$C=C_i\left[1+2.27\left(V/Q_{出}\right)^{0.056}\right]^{-1}\ ;\ L=q_s C_s\left[1+2.27(V/Q_{出})^{0.586}\right] \tag{9.2}$$

3. 合田健模型

$$C=\frac{L}{\bar{Z}\left(\frac{Q_{出}}{V}+\frac{10}{\bar{Z}}\right)}\ ;\ L=C_S\bar{Z}(\frac{Q_{出}}{V}+\frac{10}{\bar{Z}}) \tag{9.3}$$

式中：L 为污染物单位允许负荷量，$g(m^2a)^{-1}$；

C_s 为污染物水环境质量标准，mg/L；

C_i 为流入湖库水按流量加权的年平均污染物浓度，mg/L；

C 为湖库水中平均污染物浓度，mg/L；

$\overline{Z}$ 为平均水深，m；

R 为氨氮滞留系数，1/a；$R=1-\frac{W_{出}}{W_{入}}$，$W_{入}$、$W_{出}$ 为氨氮年入、出湖库量，g/a；

$Q_{入}$、$Q_{出}$ 为 年入、出湖库水量，m^3/a；

q_s 为湖库单位面积的水量负荷，m/a；$q_s=\frac{Q_{入}}{A}$；

V 为湖库库容，这里指太湖湖体库容，m^3；

A 为湖库面积，这里指太湖水面面积，m^2。

由上述可知，若计算太湖氨氮环境容量，需确定模型所涉及的参数值，根据水利部太湖流域管理局发布的太湖健康状况报告，确定模型所需参数值，分别计算夏秋季和冬春季Ⅰ、Ⅱ、Ⅲ类水条件下，太湖氨氮标准推荐值对应的湖泊中均匀混合条件下氨氮浓度和氨氮水环境容量。所需参数值见表 9.2-2。

表 9.2-2　用于模型计算的 2009—2014 年太湖氨氮参数值

参数	2009	2010	2011	2012	2013	2014
$A(10^9m^2)$	2.338	2.338	2.338	2.338	2.338	2.338
q_s(m/y)	3.957	5.224	4.849	4.818	3.838	4.344
$V(10^9m^3)$	4.720	5.050	4.790	5.096	5.003	5.189
$\overline{Z}$(m)	1.95	1.95	1.95	1.95	1.95	1.95
$R(1*y)$	0.867 1	0.890 7	0.936 2	0.933 5	0.894 0	0.916 0
$Q_{出}(10^8m^3/a)$	67.40	103.33	84.29	92.25	83.88	104.06
$Q_{入}(10^8m^3/a)$	92.51	122.13	113.36	112.64	89.73	101.56
$W_{出}(10^{10}g/a)$	0.228	0.200	0.099	0.093	0.100	0.100
$W_{入}(10^{10}g/a)$	1.716	1.829	1.552	1.398	0.943	1.191

分别运用美国学者提出的 Dillon 模型、OECD 模型和合田健模型计算不同年份以Ⅰ、Ⅱ、Ⅲ类水为目标，太湖氨氮推荐标准值下的环境容量，其结果见表 9.2-3。OECD 计算所得环境容量最为严格，合田健次之，最宽松的为 Dillon 模型。综合考虑水质保护目标的可达性和有效性，在削减量的核算中，采用合田健模型计算结果。

表 9.2-3　3 种模型不同水质标准下太湖氨氮环境容量

[单位：g/(m² · a)]

年份	Dillon 模型						OECD 模型						合田健模型					
	冬春			夏秋			冬春			夏秋			冬春			夏秋		
	Ⅰ	Ⅱ	Ⅲ	Ⅰ	Ⅱ	Ⅲ	Ⅰ	Ⅱ	Ⅲ	Ⅰ	Ⅱ	Ⅲ	Ⅰ	Ⅱ	Ⅲ	Ⅰ	Ⅱ	Ⅲ
2009	14. 382	28. 765	57. 530	2. 876	7. 191	14. 382	3. 645	7. 290	14. 579	0. 729	1. 822	3. 645	6. 392	12. 785	25. 569	1. 278	3. 196	6. 392
2010	21. 564	43. 127	86. 254	4. 313	10. 782	21. 564	3. 897	7. 795	15. 589	0. 779	1. 949	3. 897	6. 995	13. 990	27. 980	1. 399	3. 497	6. 995
2011	36. 173	72. 346	144. 692	7. 235	18. 087	36. 173	3. 952	7. 903	15. 807	0. 790	1. 976	3. 952	6. 716	13. 431	26. 863	1. 343	3. 358	6. 716
2012	32. 396	64. 792	129. 584	6. 479	16. 198	32. 396	3. 862	7. 724	15. 448	0. 772	1. 931	3. 862	6. 765	13. 530	27. 060	1. 353	3. 382	6. 765
2013	16. 490	32. 980	65. 960	3. 298	8. 245	16. 490	3. 218	6. 436	12. 872	0. 644	1. 609	3. 218	6. 635	13. 269	26. 539	1. 327	3. 317	6. 635
2014	22. 728	45. 455	90. 911	4. 546	11. 364	22. 728	3. 279	6. 559	13. 117	0. 656	1. 640	3. 279	6. 955	13. 911	27. 821	1. 391	3. 478	6. 955

9.3 标准制定的经济技术评估方法

9.3.1 污染物削减量确定

污染物应削减负荷量是指为达一定的水质目标，至少应削减的污染物负荷量。其表达式为：

$$X=P-W; \tag{9.4}$$

式中：X 为污染物应削减量(t/a)；P 为污染物入湖量(t/a)；W 为环境容量(t/a)。其中污染物入湖量主要为江苏、浙江两省入湖总负荷，可追溯不同污染源排放量，并考虑入湖系数进行确定。排放量主要是依托于污染源调查分析，而入湖系数的取值更是取决于很多因素，往往是根据已有研究成果进行估算[199]。为简化计算，仅以冬春、夏秋季以Ⅱ类水为目标的太湖氨氮削减量。氨氮入湖量和环境容量以2009—2014 年平均值进行计算。

以Ⅱ类水质为管理目标，合田健模型获得的夏秋季氨氮环境容量为 3.371 $g(m^2 \cdot a)^{-1}$，冬春季为 13.486 $g(m^2 \cdot a)^{-1}$，太湖湖面面积约为 2 338 km^2，计算获得太湖氨氮负荷夏秋季为 0.788 3 万 t，冬春季为 3.153 万 t。考虑氨氮入湖负荷，2007—2014 年平均值为 1.487 万 t，则夏秋季入湖负荷高于太湖氨氮负荷，应削减量为 1.487−0.788 3=0.698 7 万 t，而对冬春季太湖氨氮而言，还有一定的环境容量。

9.3.2 经济技术评估

环境标准的经济技术可行性分析主要是为了评估标准的实施是否适合当前国情[200]，是否能够以最恰当的技术措施和最少的经济代价有效地控制和预防污染，以达到环境、经济和社会效益的统一，实现可持续发展。

1. 氨氮削减成本核算

就夏秋季氨氮削减成本而言，最主要的是处理过程中的电耗成本。王佳伟[201]等对国内 12 个城市污水处理厂 COD 和氨氮总量削减所需单位成本进行调研，结果显示在给定范围内，削减氨氮单位电耗为 5.4～12.8 kWh/kg，所需运行成本为 3.7～14.6 元/kg。李烨楠[202]等分析了工业废水 COD 和氨氮削减成本，指出总成本中折旧费和日常运行费各占 35%和 65%，氨氮削减成本为 2 433～46 560 元/t，加权均值为 17 755 元/t；但不同企业和行业中，氨氮削减成本差异明显。

太湖地处江浙两省，湖周有无锡、湖州、苏州等著名城市，同时也是工业集聚地。城市生活污水与工业污水共存，而工业污水的削减成本往往要远高于城市污水，一方面是由于工业废水成分复杂，另一方面还和工业污水厂的规模效益以及运行管理水平低于城市污水厂有关，有研究表明城市污水氨氮削减成本为 3 700～14 600元/t。为简化计算，取城市污水削减成本的中间值和工业污水削减成本加权均值的几何平均值进行估算，太湖氨氮削减所需运行成本为 12 745.91 元/t。为达Ⅱ类标准所需氨氮削减成本为 12 745.91 元/t×0.698 7 万 t≈5.08 千万元。

2. 氨氮核算成本评估

水质标准的经济评估的变量选取，主要用于评估新标准实施后产生的效益是否大于成本，对于企业发展和居民生活是否造成严重影响。基于可获得调查数据的有限性，本章主要从评估氨氮削减对居民生活影响角度即对居民实质性影响角度进行评估。对于企业发展的影响以及产生的效益是否大于成本的评估，这里只做简单介绍，以便后续研究。

居民实质性影响评估指标主要有初级评估指标和二级评估指标。一级评估主要以污染物削减成本指数为指标，其计算公式为：

$$\text{污染物削减成本指数} = \frac{\text{湖泊污染物削减成本}}{\text{湖泊流域国民生产总值}} \times 100\% \tag{9.5}$$

当污染物控制成本指数大于 2.5%时，需用污染物控制的人均成本和支付能力指数进一步评估。其计算公式为：

$$\text{污染物削减的人均成本} = \frac{\text{污染物削减成本}}{\text{流域人口总数}} \tag{9.6}$$

$$\text{支付能力指数} = \frac{\text{污染物削减人均成本}}{\text{区域人均收入}} \times 100\% \tag{9.7}$$

据太湖健康状况报告，截止 2013 年，流域内人口约达 6 千万，国内生产总值约 5.8 万亿元，结合上述所得为达Ⅱ类标准所需氨氮削减成本 5.08 千万元，计算获得太湖氨氮削减成本指数约为 0.008 8%，小于 2.5%，故对居民生活影响较小。

9.4 不确定性分析与讨论

氨氮削减量核算时，模型的使用简化了污染物在水体的迁移转化过程，尽管综合已有数据和模型研究深度，选择尽可能描述湖泊水情和污染物特征的模型参数，仍存在一定的不确定性，如考虑江苏、浙江两省是太湖污染物主要入湖来源，在核算出入湖负荷时，仅用两省入湖负荷的加和来代表整个太湖的氨氮入湖负荷；氨氮单位削减成本的估算时，考虑城市污水厂和工业污水处理厂的不同，采用几何平均的方法估算太湖氨氮单位削减成本；评估氨氮削减成本时主要考虑对居民生活的影响，计算得出夏秋季，为达Ⅱ类标准的太湖氨氮削减不会对流域内居民带来较大的影响。

10 太湖流域水质标准示范与保障措施

10.1 示范区概况

1. 自然环境

(1) 地理位置

宜兴市地处江苏省南端、沪宁杭三角中心，东濒太湖，与无锡马山、苏州洞庭山隔湖相望，南峙群山，与浙江长兴和安徽广德接壤，西接溧阳，西北毗邻金坛，北与武进相衔，共享滆湖，三氿(西氿、团氿、东氿)相伴市区东西两侧。地理坐标位于北纬 31°07′～31°37′，净跨纬度 30 分；东经 119°31′～120°03′，净跨 32 分。南北最长距离 54.2 km，东西最长距离 49.8 km，周长约 225 km。全市总面积 1 996.6 km^2(其中太湖 242.29 km^2)，是我国历史悠久的江南文化名城和著名的陶都。

(2) 地形、地貌

宜兴位于我国东南丘陵和长江中下游平原的过渡地带，是由天目山的余脉组成的宜溧低山丘陵，地势南高北低。南部为丘陵山区，北部为平原区，东部为太湖渎区，西部为低洼圩区。境内地貌形态多样，其中丘陵山地、平原及水域(不含太湖、滆湖面积)分别占市域总面积的 22.4%、60.9%和 16.7%。

地面高程：中西部圩区一般为 3 m 至 4.5 m；北部平原区一般为 5.0 m 至 7.0 m；南部山丘区，岗地一般为 20～200 m，山丘为 200 至 400 m，茗岭境内的黄塔顶 611.5 m，为宜兴市最高峰，其次是太华山 538 m，铜官山 528 m。

(3) 气象

宜兴市地处北温带南部季风区，四季分明，温和湿润，雨量充沛，全年有雨，全年降水分布不均，年平均雨日 136.6 天，年平均降水量 1 177 mm，春夏雨水集中。年平均气温 15.7℃，夏季最热月平均气温 28.3℃。年平均无霜期 240 多天，生长期可达 250 天左右，积温 5 418℃，日照较足，7—8 月日照时数最多。农作物一年可 2～3 熟。

(4) 自然资源

全市有耕地 5.28 万 hm^2，林业用地 4.05 万 hm^2；有天然湖荡 30 个(不含太湖)，全市水域总面积 375 万 km^2；水库塘总容量 1.34 亿 m^3；常年可利用水资源 10.67 亿 m^3。已探明矿种有石灰岩、大理岩、石英砂岩、煤、泥炭等 27 种，蜀山独有的陶土是制作紫砂器具的上等原料。主要用材林有竹、松、杉，其中毛竹 1.33 万 hm^2，年产毛竹 340 万株，是江苏省竹林资源最丰富的地区。茶园 4 993 hm^2，年产茶叶 6 244 t，是江苏省的茶叶主要产区。野生动物有野鸭、黄雀、黄鹂等鸟类上百种，狼、野猪、刺猬、松鼠等哺乳动物多种；有银鱼、鲫鱼、草鱼、蚌、蟹等水产几十种。

2. 经济社会概况

2014 年，宜兴经济社会发展保持平稳健康态势，全年实现地区生产总值 1 248 亿元，可比价增长 8.5%；完成公共财政预算收入 94.5 亿元，增长 9.1%；社会消费品零售总额达 465 亿元，增长 11.7%；完成全社会固定资产投资 602 亿元，增长 8.4%；城镇居民、农村居民人均收入可支配收入分别达 39 600 元、20 200 元，增长 9.2%和 10.5%。主要经济指标增幅高于无锡平均水平，完成工业总产值 3 450 亿元，服务业增值占 GDP 比重升至 43.4%。

10.2 示范区水环境状况评价

10.2.1 示范区概况与目标

示范区紧邻竺山湖，其为太湖西北部的半封闭型湖湾，北起百渎港，南至马山咀至师渎港一线，面积 72.2 km^2，涉及无锡滨湖区、无锡惠山区、宜兴市和常州武进区。竺山湾湖底高程约 1.0～1.5 m (吴淞高程，下同)。受太滆运河、漕桥河、太滆南运河、雅浦港、社渎港等河道污水汇入影响，常年水质劣于Ⅴ类，为太湖水质污染最严重的湖区，底泥污染也较严重。

研究针对竺山湖及其入湖河流中典型污染物，分析它们在不同时期的历史演变规律，调查和评估水生态演变趋势，研究典型污染物的浓度与生态健康演变的相关性规律；全面了解竺山湖水质状况，为水质基准的修订和校正提供科学依据。

10.2.2 示范区水质评价

竺山湖所涉及的入湖河流有漕桥河、太滆运河、横塘河、沙塘港、太滆南运河等 6 条河流，所涉及到自动站 7 个，分别为百渎港、宜兴分水、沙塘港、殷村港、裴家、武进港、雅浦港，以及浮标站 2 个，竺山湖心和旧渎东，如图 10.2-1 所示。依据示范区内的主要入湖河流及湖体水质自动站监测数据，指标包括藻类密度、高锰酸盐指数、氨氮、总磷、总氮等。选取 2011—2014 年自动站水质监测数据及人工例行监测数据，通过历年监测数据分析研究区域内水质指标演变过程，为示范工作的正常开展提供数据支撑。

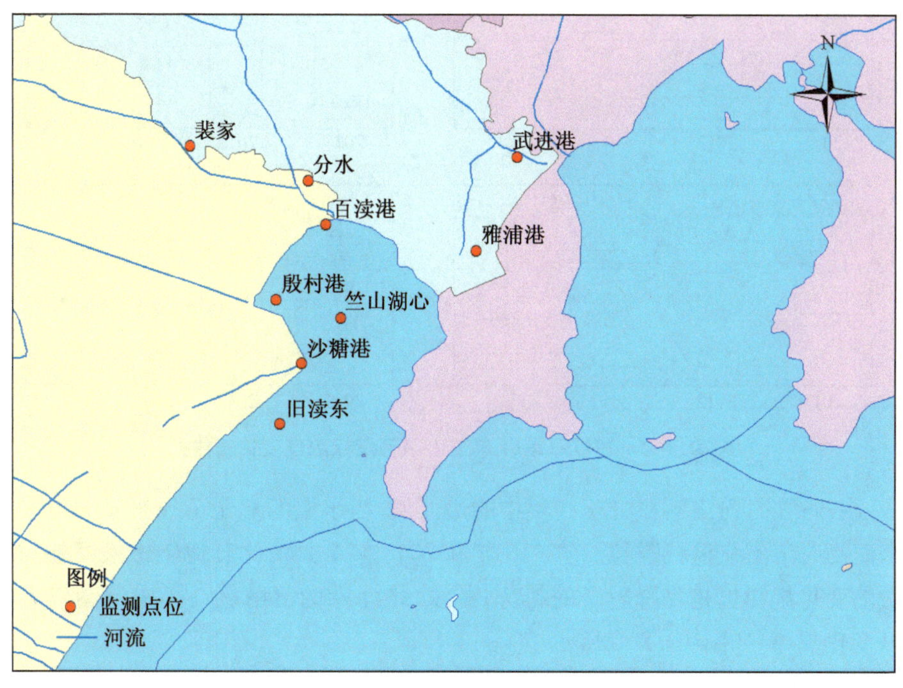

图 10.2-1　示范区自动监测点位分布情况

1. 示范区湖体水质状况

分析示范区 2011—2014 年湖体水质变化情况，结果表明，竺山湖心 2011—2014 年氨氮浓度呈逐年降低的态势；总磷 2014 年相比前三年浓度有所降低；高锰酸盐指数除 2011 年、2012 年全年波动稍大外，2013 年、2014 年波动较小；总氮每年波动都比较大，总体无明显下降趋势，如图 10.2-2 所示。

2011—2014 年竺山湖高锰酸盐指数除 2011 年约 50%在Ⅳ类外，其他年份约 75%以上在Ⅲ～Ⅳ类之间波动；氨氮 2011 年约 50%在Ⅴ类以上，2012 年、2013 年仅有 25%在Ⅴ类以上，2014 年仅有 2 月份为Ⅴ类(1.87 mg/L)外，其余月份均在Ⅳ类或好于Ⅳ类；总磷都在Ⅴ类以上，有些月份甚至达劣Ⅴ类(2011 年 1 月、4 月、8 月，2012 年 3 月、8 月，2013 年 1 月、8 月，2014 年 12 月)；总氮除 2014 年 11 月在Ⅳ类(1.02 mg/L)外，其余月份都在劣Ⅴ(>2 mg/L)以上。

2. 示范区入湖河流水质状况

(1) DO

百渎港、武进港、沙塘港、宜兴分水溶解氧在一年中呈现先降低后升高的变化

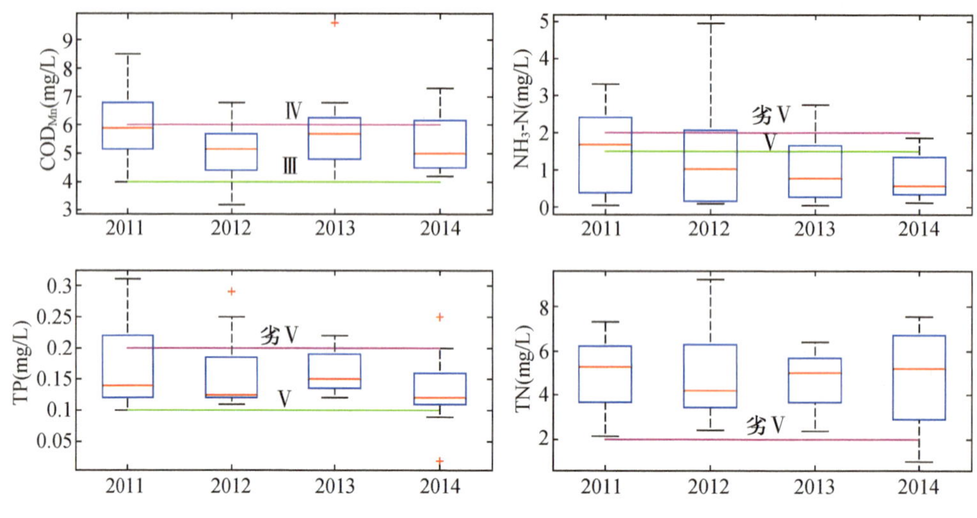

图 10.2-2　2011—2014 年竺山湖各指标浓度变化箱线图

趋势，在 6—8 月份溶解氧处于一年中的最低值，与水温的变化呈现明显的负相关，即水温高时溶解氧低；殷村除在 2010 年和 2014 年 7 月份比其他年份偏高外，其他月份的变化规律仍是先降后升的趋势；裴家、雅浦港的溶解氧一年中波动较大，无明显变化规律，如图 10.2-3 所示。

(2) 高锰酸盐指数

从图 10.2-4 中可以看出，2014 年这 7 个自动站高锰酸盐指数相比前三年都有所降低。各断面具体情况为：百渎港、分水、裴家高锰酸盐指数相对其他站在全年波动较大；殷村港、武进港在 2011 年高锰酸盐指数波动相对较大，其余年份波动较小；分水相对其他 6 个自动站，高锰酸盐指数较高，但高锰酸盐指数从 2011—2014 年有逐年下降的趋势；雅浦港高锰酸盐指数从 2011—2014 年有逐渐下降的趋势，除 2011 年全年约有 25%处于Ⅲ类～Ⅳ类之间，2014 年 7 月份(4.4 mg/L)相对于其他月份偏高外，其余月份都为Ⅲ类或好于Ⅲ类。

(3) 氨氮

2011—2014 年，自动站氨氮浓度总体呈下降态势，7 个点位的氨氮几乎每年劣Ⅴ类氨氮占全年的 50%以上，Ⅴ类以上的约占 75%，2012 年裴家则全年都为劣Ⅴ类。2011 年武进港、2012 年沙塘港、2013 年裴家、2014 年雅浦港、裴家和武进港全年氨氮波动较大，如图 10.2-5 所示。

由图 10.2-6 可知，氨氮水期变化比较明显，每年的 7 月、8 月、9 月丰水期时氨氮浓度较低，平水期氨氮浓度次之，枯水期氨氮浓度较高。

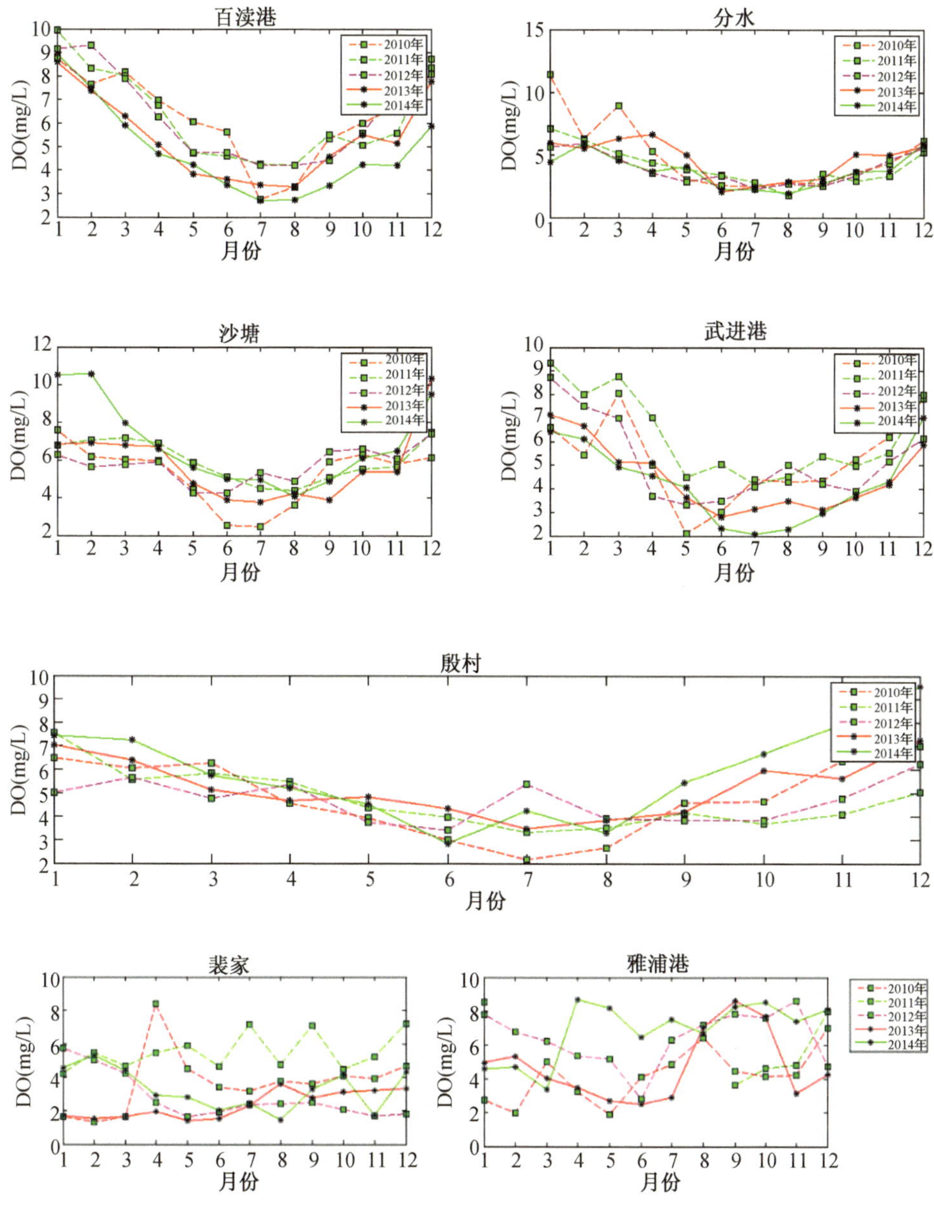

图 10.2-3　2010—2014 年溶解氧浓度变化图

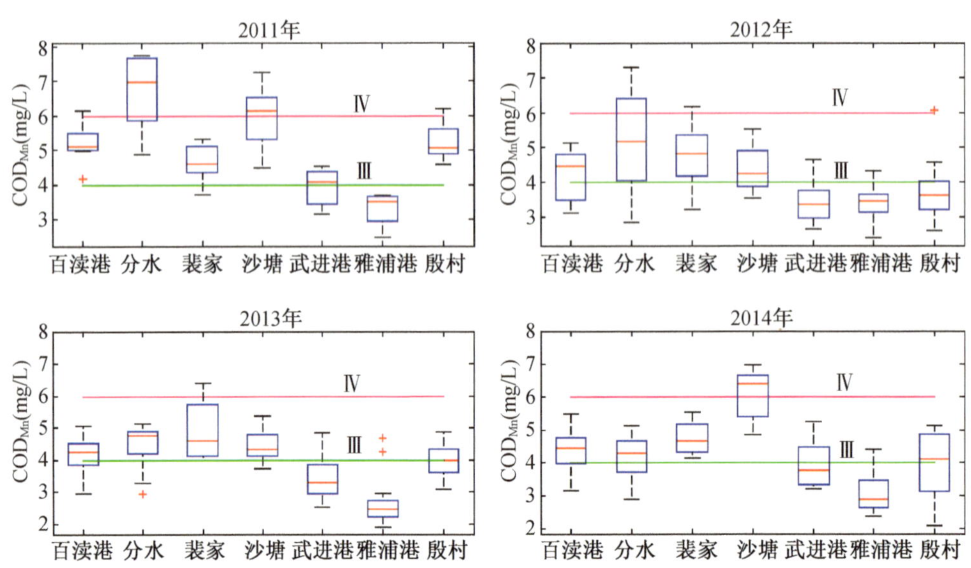

图 10.2-4　2011—2014 年高锰酸盐指数浓度变化箱线图

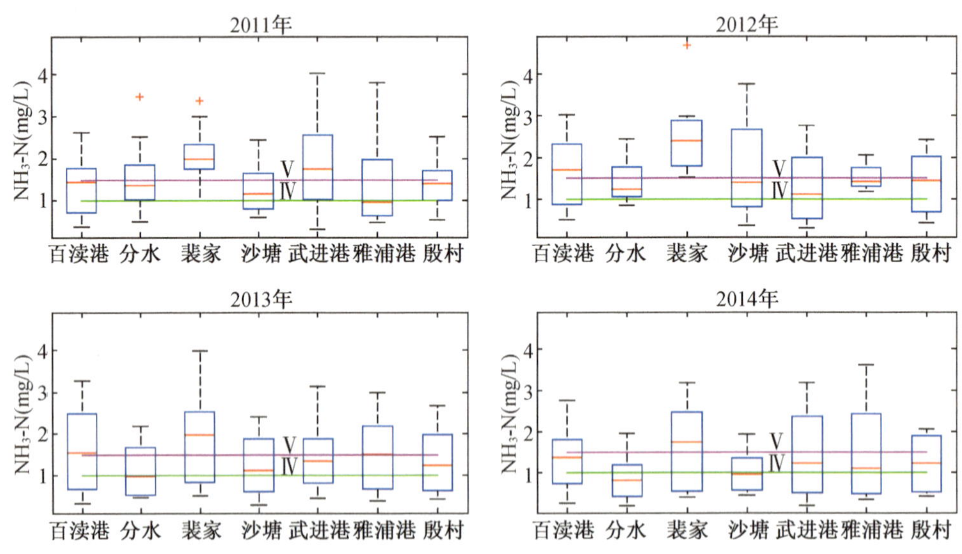

图 10.2-5　2011—2014 年氨氮浓度变化箱线图

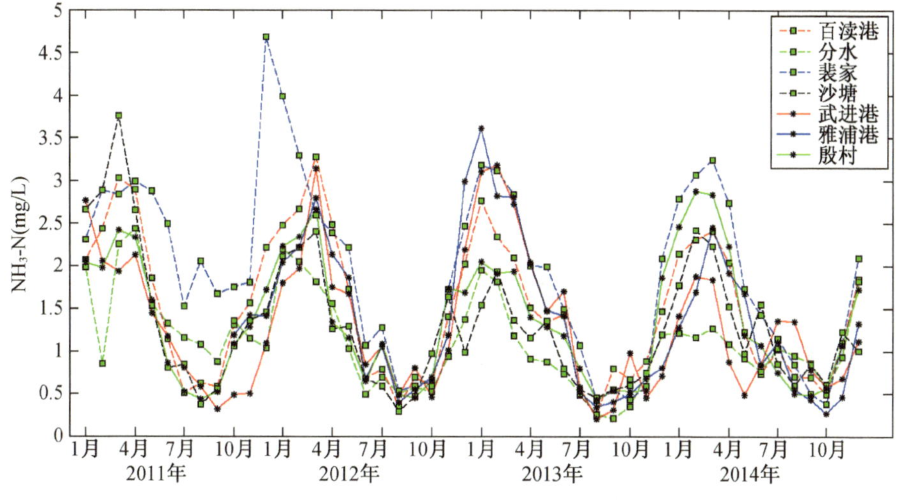

图 10.2-6　2011—2014 年氨氮浓度按时间序列变化图

（4）总磷

2011—2014 年，7 个站点的总磷无明显下降趋势，大部分断面总磷浓度波幅收窄如图 10.2-7 所示。其中，裴家 2011 年、2012 年、2013 年总磷全年波动较大，且相比其他 6 个站点总磷浓度较高；沙塘港 2012 年 11 月、12 月总磷相比其他月份升幅较大，分别为 0.36 mg/L 和 0.37 mg/L（均为劣Ⅴ类），其他月份为Ⅲ类或好于Ⅲ类；分水 2013 年 4 月总磷相比其他月份升幅较大为 0.3 mg/L（Ⅴ类），其他月份为Ⅳ类左右波动；沙塘港、武进港、雅浦港总磷在 2011—2014 年大部分月份在Ⅲ类左右波动，为总磷浓度相对较低的河流。如图 10.2-8 所示，总磷全年无明显波动规律。

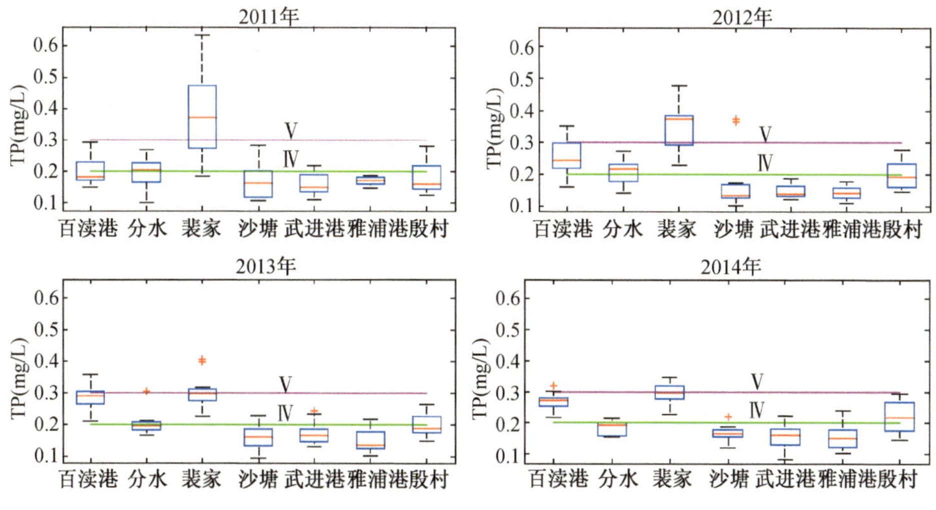

图 10.2-7　2011—2014 年总磷浓度变化箱线图

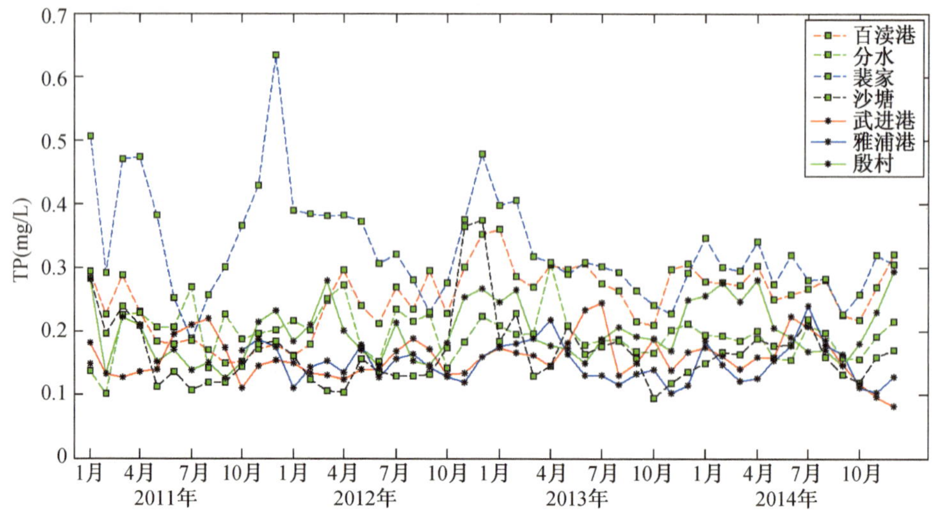

图 10.2-8　2011—2014 年总磷浓度按时间序列变化图

(5) 总氮

2011—2014 年,7 个自动站总氮浓度总体在 4～8 mg/L 之间波动,各站点总氮浓度均在 2 mg/L 以上,除裴家 2011 年全年波动较小外,其余站点在这 4 年中每年总氮波动均较大,如图 10.2-9 所示。由图 10.2-10 可知,总氮年内呈明显水期变化,与氨氮浓度变化规律类似,每年的 7 月、8 月、9 月丰水期时总氮浓度较低,平水期总氮浓度次之,枯水期总氮浓度较高。

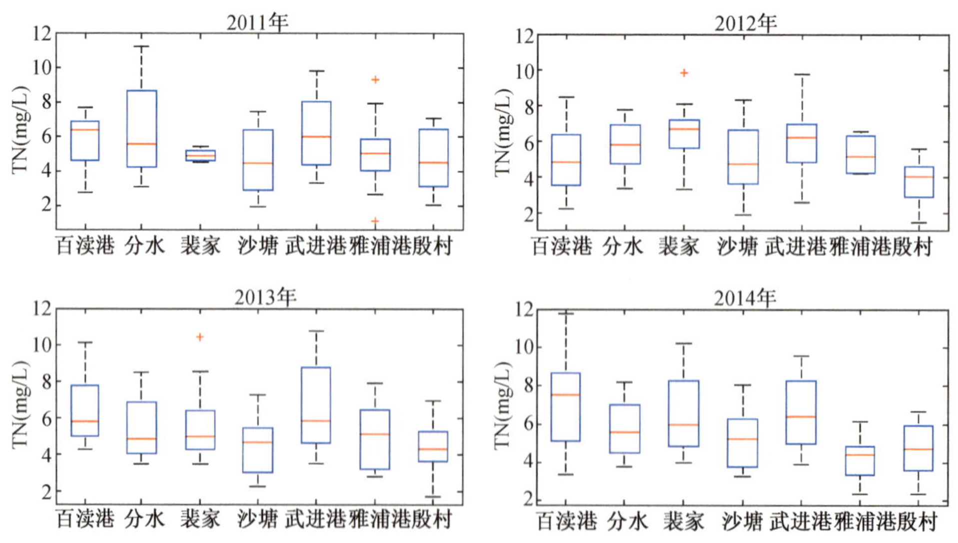

图 10.2-9　2011—2014 年总氮浓度变化箱线图

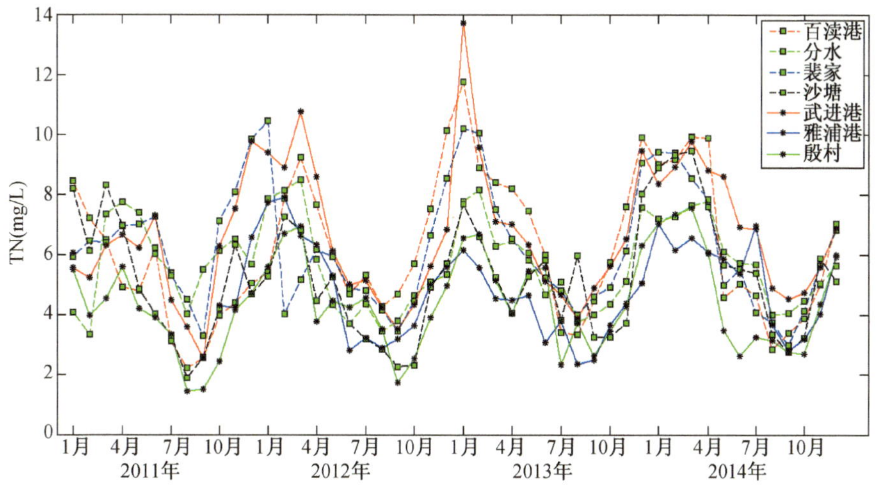

图 10.2-10　2011—2014 年总氮浓度按时间序列变化图

(6) 叶绿素

旧渎东 2013 年、2014 年各月份叶绿素 a 处于Ⅲ类～Ⅳ类之间。武进港 2012—2014 年叶绿素 a 浓度平均值逐年降低，分别为 0.025，0.015 和 0.014 mg/L，其中 2012 年 4、5、6 月份叶绿素 a 浓度超过Ⅳ类标准，为Ⅴ类。百渎港 2011—2014 年叶绿素 a 的浓度均值分别为 0.016、0.024、0.015、0.013 mg/L，2012 年 2、3、4 月份叶绿素 a 浓度超过Ⅳ类标准，5 月份浓度超过Ⅴ类标准。竺山湖心 2011 年、2013 年、2014 年大部分时间叶绿素 a 水平高于Ⅲ类，2012 年大部分月份叶绿素 a 水平低于Ⅲ类，如图 10.2-11 所示。总体而言，2012 年各站点叶绿素 a 的浓度较高，4—7 月份各站点出现极值，武进港 2014 年 9 月、10 月出现极值，其他月份叶绿素 a 的波动不明显。

3. 示范区水质状况空间分析

对 8 个测点的总磷求年度平均，总磷浓度在 0.133～0.379 mg/L 之间变化。从总磷年度变化图(10.2-12)中可以看出裴家、百渎港总磷浓度较其他几个站点大；从 2011—2014 年裴家总磷有逐年降低的趋势，竺山湖心略微下降，而殷村港则有逐年升高的趋势，其他站点总磷年度波动不大，无明显变化趋势。

对 8 个测点的高锰酸盐指数求年度平均，高锰酸盐指数在 2.72～6.67 mg/L 之间变化。从高锰酸盐指数年度变化图(图 10.2-13)中可以看出武进港、雅浦港、殷村港高锰酸盐指数较小，其他站点高锰酸盐指数较大；2011—2014 年分水高锰酸盐指数有逐年降低的趋势，武进港、百渎港、沙塘港高锰酸盐指数在 2012 年、2013 年下降后，2014 年又开始升高，其他站点高锰酸盐指数年度波动不大，无明显变化趋势。

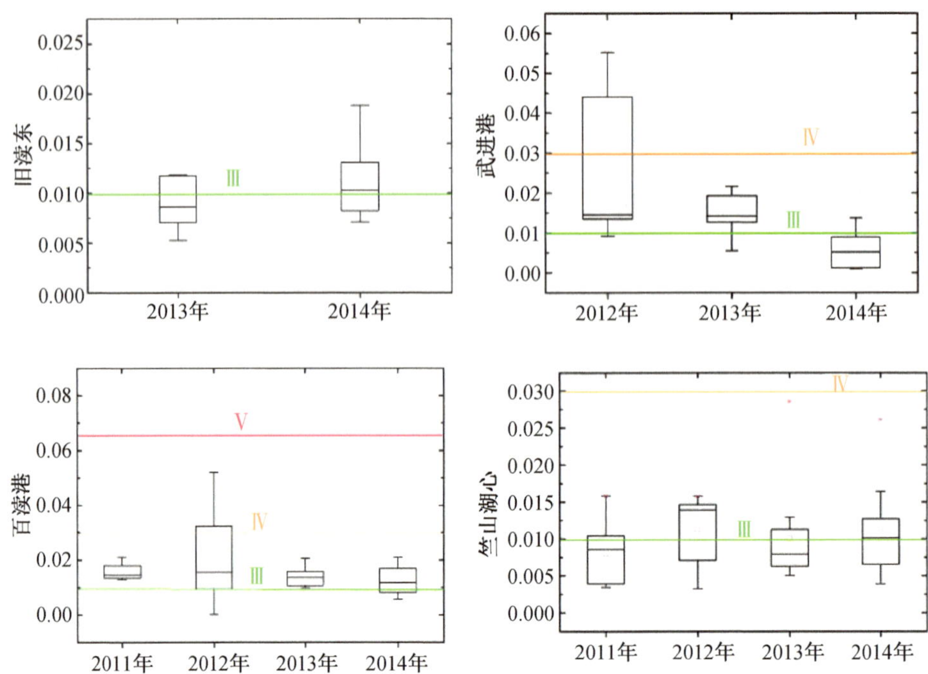

图 10.2-11　2011—2014 年叶绿素 a 浓度变化箱线图

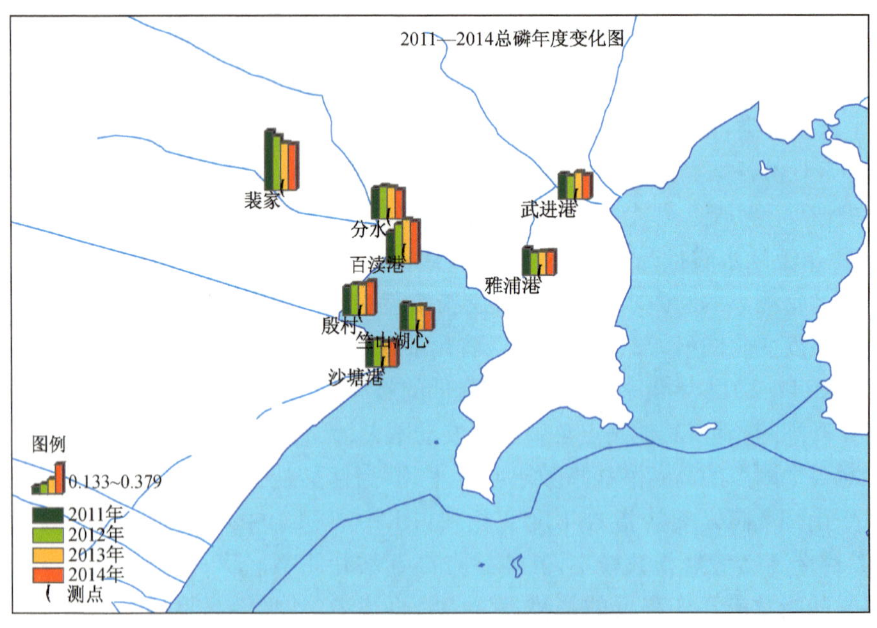

图 10.2-12　总磷年均浓度变化空间呈现

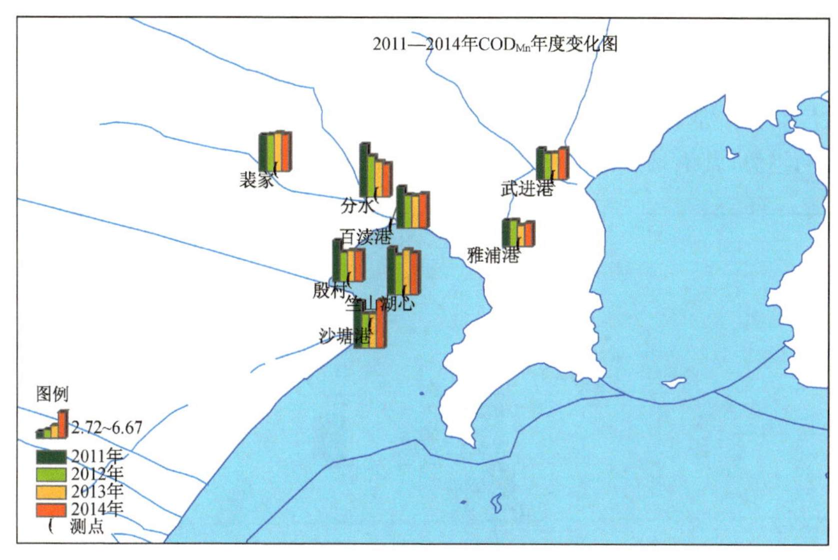

图 10.2-13　高锰酸盐指数年均浓度变化空间呈现

对 8 个测点的氨氮浓度求年度平均，氨氮浓度在 0.89～2.49 mg/L 之间变化。从氨氮浓度年度变化图（图 10.2-14）中可以看出殷村港氨氮浓度在 2011—2013 年下降后，2014 年又升高；武进港则是氨氮浓度在 2011—2013 年逐年升高后，2014 年又有所降低；其余站点氨氮浓度从 2011—2014 年有逐年降低的趋势。

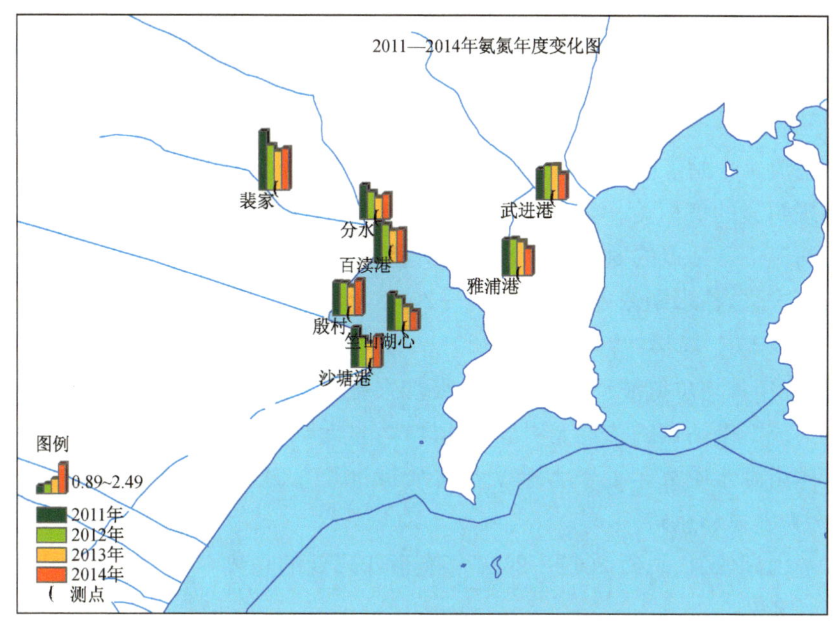

图 10.2-14　氨氮年均浓度变化空间呈现

对 8 个测点的总氮浓度求年度平均，总氮浓度在 3.78～7.10 mg/L 之间变化。从总氮浓度年度变化图（图 10.2-15）中可以看出仅有竺山湖心从 2011—2014 年总氮浓度略微降低，武进港、殷村港、沙塘港、分水从 2011—2014 年总氮浓度有逐年升高的趋势，其他站点总氮变化不大，无明显变化趋势。

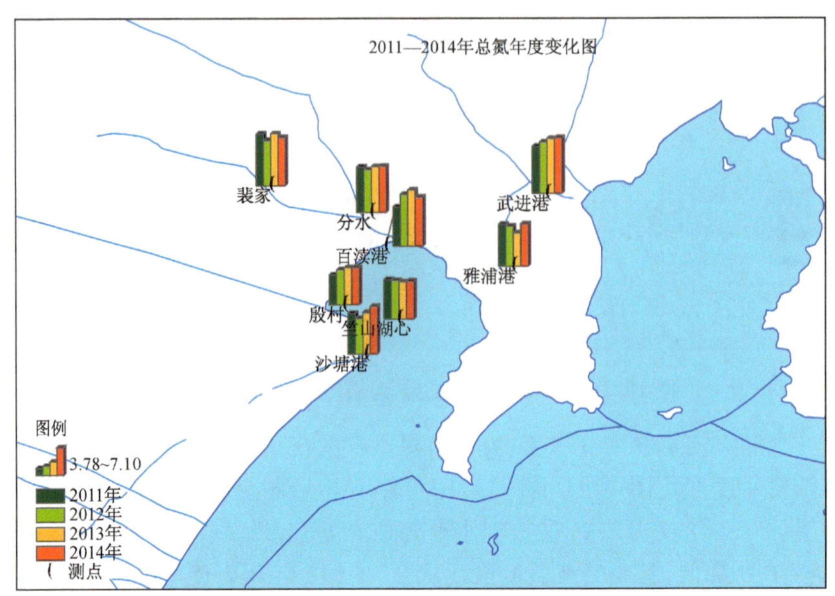

图 10.2-15　总氮年均浓度变化空间呈现

4. 主要结论与建议

（1）结论

①河流 7 个站点除裴家、雅浦港的溶解氧一年中波动不大，其余站点溶解氧与温度呈现明显的负相关。

②河流 7 个站点的氨氮和总氮呈现明显的水期变化规律，丰水期浓度较低，平水期浓度次之，枯水期浓度较高；2011—2014 年河流 7 个站点的氨氮在劣Ⅴ类占全年的 50%以上，Ⅴ类以上占 75%；2011—2014 年总氮浓度较高，月均在 2 mg/L 以上，且全年月均总氮波动较大。因此要加强氨氮、总氮的控制。

③河流 7 个站点的总磷无明显波动规律，且无明显降低趋势。

④竺山湖水质常年处于劣于Ⅴ类水质标准。总氮是污染最为严重的水质指标，其次为氨氮和总磷。

⑤竺山湖氨氮、总磷 2011—2014 年有逐年降低的趋势。

（2）建议

根据竺山湖及其主要入河河流水质状况分析可知，竺山湖区域应加强氨氮、总氮的控制。正所谓"治湖先治河"，河流中高浓度的氨氮、总氮等污染物的汇聚势必会造成竺山湖水体污染物的汇聚，导致湖体严重的污染，因此要控制竺山湖区域的污染量，可以从以下几个方面入手：

①深化污染治理，控制污染物总量。加强城镇生活污水处理能力建设，提高污水管网覆盖率，切实提高截污控污能力；加强中水回用工程建设；建立城乡垃圾集转运体系。

②加强入湖河口、湖体生态清淤和淤泥资源化。底泥是湖泊内源污染的主要来源，生态清淤可以有效减少湖体内源污染物含量，减少"湖泛"发生机率，改善水生态环境。在科学论证和试点的基础上，对底泥沉积严重、有机污染物含量高、"湖泛"多发区实施底泥生态清淤。

③加强湖岸、河口水域生态修复，恢复湖泊生态。良好的生态环境对提高水体自净能力具有重要作用。过去对保护生态环境认识不够充分，造成生态环境遭到不同程度的破坏，有必要进行生态修复和建设。在保障防洪安全的同时，通过湿地恢复与重建、河湖岸线治理、生态林建设、水生态修复等措施，改善生态环境。

④加强蓝藻打捞，实施蓝藻资源化工程。对于太湖蓝藻要实现"日生日清"的打捞目标，确保太湖蓝藻不出现囤积、发黑、发臭现象，不发生蓝藻二次污染现象，提高和改善太湖水生态环境质量。

⑤增强水体交换能力，提高湖泊水环境容量。实践证明，"引江济太"对增加流域水资源供给、加速水体循环、提高流域水环境容量具有重要作用。在总结现有经验的基础上，遵循"先治污，后调水"的原则，开辟第二条引水通道。适时"引江济太"调水，增加竺山湖水环境容量。

⑥采取有效措施控制和削减农业面源污染。实施绿色农业工程，削减农药施用量，全面推广测土配方施肥和农药减量增效控污等先进适用技术；控制畜禽养殖污染；加快采用生态田埂、生态沟渠、旱地系统生态隔离带、生态型湿地处理以及农区自然塘池缓冲与截留等技术，利用现有农田沟渠塘生态化工程改造，建立新型的面源氮磷流失生态拦截系统，拦截吸附氮磷污染物，大幅削减面源污染物对水体直接排放；因地制宜，在实施农村改厕的基础上，建设农村分散式小型生活污水处理设施，或者利用村庄或住户周围自然环境建设生态组合处理工程，削减氮磷污染。积极开展农村生活污水资源化技术试点工作。

⑦加强湖泊岸线治理力度。加强对各入湖河口、竺山湾北部岸线的治理，拆除岸线水上设施、船坞等，减少潜在污染发生，恢复原有水域面积，营造生态、亲水、景观等功能于一体的生态岸线。

⑧加强航运船舶污染物的处置和监管。加强对船舶污染收集设施配备和使用

情况的监督检查，座舱机船必须全部安装油水分离装置，挂桨机船加装接油盘等防污设施，所有船舶必须配备生活污水和生活垃圾的收集和贮存装置，并检查这些设施的正常使用情况。强化危险品运输管理，严禁在规划区内设置餐饮船。

10.3 水质标准运用与评估

10.3.1 示范区水质监测情况

1. 示范区水质监测断面

在示范区设计调研水质监测断面 32 个，具体位置如表 10.3-1 所示。

表 10.3-1 示范区水质监测断面情况

断面名称	所在河流	乡镇	断面功能	控制目的
江步桥	中干河	新建镇	交界断面	交界断面(上游溧阳金坛)
山前桥	北溪河	杨巷镇	交界断面	交界断面(上游溧阳)
钟溪大桥	武宜运河	和桥镇	交界断面	交界断面(上游武进)
分水	太滆运河	周铁镇	交界断面	交界断面(上游武进)
和桥水厂	滆湖	和桥镇	交界断面	交界断面(上游武进)
裴家	漕桥河	万石镇	交界断面	交界断面(上游武进)
丰义	孟津河	官林镇	交界断面	交界断面(上游武进)
塘东桥	邮芳堂河	徐舍镇	交界断面	交界断面(上游溧阳)
潘家坝	南溪河	徐舍镇	交界断面	国控断面
沙塘港	横塘河	周铁镇	入湖河流	国控断面
殷村港	殷村港	周铁镇	入湖河流	国控断面
茭渎河	茭渎河	新庄街道	入湖河流	国控断面
社渎港	社渎河	新庄街道	入湖河流	国控断面
官渎港	官渎港	丁蜀镇	入湖河流	国控断面
陈东港	陈东港	丁蜀镇	入湖河流	国控断面
大港桥	大港河	丁蜀镇	入湖河流	国控断面
乌溪口	乌溪港河	丁蜀镇	入湖河流	国控断面
黄渎港桥	黄渎港	丁蜀镇	入湖河流	国控断面
林庄港	林庄港河	丁蜀镇	入湖河流	国控断面

续 表

断面名称	所在河流	乡镇	断面功能	控制目的
双桥港	双桥港	丁蜀镇	入湖河流	国控断面
大浦港桥	大浦港	丁蜀镇	入湖河流	国控断面
百渎港	百渎港	周铁镇	入湖河流	国控断面
北准渎	北准渎	周铁镇	入湖河流	巡测断面
大港口	向阳河	丁蜀镇	入湖河流	巡测断面
朱渎港	朱渎港	丁蜀镇	入湖河流	入湖河流
庙渎港	庙渎港	丁蜀镇	入湖河流	入湖河流
八房港	八房港	丁蜀镇	入湖河流	入湖河流
洪巷桥	洪巷河	新庄街道	入湖河流	入湖河流
兰山嘴	太湖	丁蜀镇	湖体	湖体
横山水库	横山水库	西渚镇	湖体	饮用水源
楼新桥	横山水库	太华镇	河流	饮用水源
油车水库	油车水库	湖父镇	湖体	饮用水源

2. 断面监测数据情况

(1) 氨氮监测数据

调研宜兴市32条主要河流共设置监测断面38个，其中国控断面6个，省控断面19个。2015年上半年各监测断面的氨氮数据如表10.3-2所示：

表10.3-2　宜兴市2015年1—7月氨氮浓度　　(单位:ppm)

断面名称	1月	2月	3月	4月	5月	6月	7月
百渎口	2.33	2.82	2.12	2.66	1.69	1.34	0.60
殷村口	2.08	2.91	2.44	2.87	1.46	1.03	0.60
社渎口	1.14	3.83	2.74	2.67	1.30	1.31	0.85
官渎桥	2.00	3.37	2.79	1.91	1.32	1.15	0.81
大浦口	1.34	1.75	1.80	1.69	0.57	0.87	0.55
乌溪口	2.00	4.46	2.24	1.68	1.28	1.14	0.58
大港桥	0.53	0.28	0.05	0.06	0.07	0.03	0.08
周铁桥	2.38	/	3.44	/	2.06	/	0.53
沙塘港桥	1.92	/	1.97	/	0.94	/	0.99
茭渎桥	1.67	/	2.49	/	1.08	/	0.55
洪巷桥	1.42	2.62	2.67	2.69	1.18	1.05	0.84
陈东桥	1.24	1.77	1.73	2.38	0.63	0.84	0.63

续 表

断面名称	1月	2月	3月	4月	5月	6月	7月
黄渎桥	0.59	/	2.86	/	0.42	/	0.53
潘家坝	1.44	1.46	1.94	1.34	0.59	0.39	0.57
闸口	1.31	0.30	2.34	2.25	1.35	1.47	0.03
西氿大桥	0.92	/	1.40	/	0.38	/	0.58
芳泉村	5.50	1.51	1.50	2.49	1.05	1.85	0.34
南新桥	1.14	0.47	1.48	0.09	0.15	1.54	0.03
陶都大桥(丁山水厂)	2.62	/	1.48	/	0.50	/	0.42
方溪大桥	1.03	/	3.27	/	0.09	/	0.51
张师桥	1.38	/	1.65	/	0.35	/	0.58
五洞桥	2.14	/	0.34	/	0.67	/	0.56
棉堤桥	2.00	/	3.35	/	0.85	/	0.51
王婆大桥	2.30	/	1.42	/	1.15	/	1.05
王母桥(和桥水厂)	1.00	/	1.08	/	0.10	0.32	0.03
世纪大桥	0.77	/	1.62	/	0.34	/	0.56
荆溪中桥	0.98	/	1.45	/	0.43	/	0.53
荆邑大桥	1.46	/	1.60	/	0.56	/	0.58
和桥桥	4.78	/	0.06	/	0.35	/	0.30
分水新桥	2.42	2.85	2.24	2.61	1.74	1.37	0.64
静塘大桥	3.01	/	0.12	/	0.34	/	0.11
山前桥	0.86	1.46	2.07	0.92	0.34	0.55	0.48
钟溪大桥	1.29	0.32	2.38	2.32	1.23	0.29	0.04
裴家	0.93	0.52	1.90	2.74	0.47	1.54	0.33
杨巷桥	0.81	1.50	2.14	0.93	0.50	0.47	0.39
塘东桥	0.60	1.51	2.04	1.00	0.59	0.36	0.42
东氿大桥	1.52	/	1.65	/	0.39	/	0.55
横山水库(取水口)	0.03	0.04	0.03	0.04	0.04	0.03	0.03
横山水库(泄洪口)	0.04	0.04	0.03	0.04	0.03	0.03	0.03
油车水库	0.03	0.06	0.03	0.04	0.25	0.06	0.04
龙珠水库	0.03	0.06	0.03	0.04	0.09	0.04	0.05
丰义	0.93	1.48	1.52	3.74	0.35	3.31	1.09
江步桥	2.64	1.51	1.43	1.67	1.04	0.66	0.35
西仓桥	0.99	0.48	1.76	2.57	1.88	1.49	1.06
漕桥	0.92	0.45	1.76	2.58	1.70	1.66	0.26

续　表

断面名称	1月	2月	3月	4月	5月	6月	7月
分庄桥	0.92	0.42	1.87	2.67	1.75	1.54	0.35
黄渎桥(M)	0.55	/	0.45	/	1.47	/	/
空白K	0.03	0.04	0.03	0.03	0.03	0.03	0.03

注:"/"表示没有监测数据。

水质评价标准统一采用《地表水环境质量标准》(GB 3838—2002),该标准中,氨氮的水质标准限值如表10.3-3所示:

表10.3-3　国家地表水标准中氨氮限值　(单位:ppm)

项目	Ⅰ类	Ⅱ类	Ⅲ类	Ⅳ类	Ⅴ类
氨氮 ≤	0.15	0.5	1.0	1.5	2.0

考虑到氨氮标准值的界定与温度有一定的相关性,经过一系列的计算与评估,本章提出了氨氮的两级四类标准推荐值,具体推荐值见表10.3-4:

表10.3-4　二级四类氨氮基准和标准值推荐值　(单位:ppm)

		太湖地表水标准推荐值
5—11月份	Ⅰ类	0.1
	Ⅱ类	0.25
	Ⅲ类	0.5
	Ⅳ类	1.0
12—4月份	Ⅰ类	0.1
	Ⅱ类	1.0
	Ⅲ类	2.0
	Ⅳ类	2.0

2. 镉监测数据

根据调研监测结果,2015年上半年各监测断面的镉含量数据见表10.3-5:

表10.3-5　宜兴市2015年1—7月镉浓度　(单位:ppm)

断面名称	1月	2月	3月	4月	5月	6月	7月
百渎口	0.000 3	0.002 6	0.000 2	0.001 8	0.000 2	0.000 5	0.000 3
殷村口	0.005 0	0.001 2	0.000 3	0.000 5	0.000 2	0.000 2	0.000 5
社渎口	0.000 2	0.002 6	0.000 2	0.000 2	0.000 2	0.000 2	0.000 3
官渎桥	0.000 4	0.003 6	0.000 4	0.003 9	0.000 2	0.001 2	0.000 5

续 表

断面名称	1月	2月	3月	4月	5月	6月	7月
大浦口	0.000 3	0.003 2	0.000 2	0.000 2	0.000 2	0.000 2	0.000 4
乌溪口	0.000 4	0.002 4	0.000 4	0.000 2	0.000 2	0.000 2	0.000 1
大港桥	0.000 2	0.002 3	0.000 2	0.000 2	0.000 2	0.000 3	0.000 1
周铁桥	0.000 2	/	0.000 3	/	0.000 2	/	0.000 1
沙塘港桥	0.000 2	/	0.000 2	/	0.000 2	/	0.000 2
茭渎桥	0.000 2	/	0.000 2	/	0.000 3	/	0.000 3
洪巷桥	0.000 3	0.003 8	0.000 3	0.001 1	0.000 2	0.001 6	0.000 6
陈东桥	0.000 4	0.001 5	0.000 3	0.000 2	0.000 3	0.000 2	0.000 6
黄渎桥	0.001 5	/	0.000 5	/	0.000 5	/	0.000 7
潘家坝	0.000 2	/	0.000 2	/	0.000 2	/	0.000 2
闸口	0.000 2	/	0.000 4	/	0.000 3	/	0.000 2
西氿大桥	0.000 2	/	0.000 2	/	0.000 2	/	0.000 5
芳泉村	0.000 6	/	0.000 5	/	0.000 2	/	0.000 4
南新桥	0.000 2	/	0.000 2	/	0.000 2	/	0.000 4
陶都大桥(丁山水厂)	0.000 5	/	0.000 4	/	0.000 3	/	0.000 7
方溪大桥	0.000 5	/	0.000 3	/	0.000 2	/	0.000 3
张师桥	0.000 2	/	0.000 2	/	0.000 2	/	0.000 5
五洞桥	0.000 2	/	0.000 2	/	0.000 2	/	0.000 5
棉堤桥	0.000 2	/	0.000 2	/	0.000 2	/	0.000 2
王婆大桥	0.000 2	/	0.000 2	/	0.000 2	/	0.000 1
王母桥(和桥水厂)	0.000 6	/	0.000 3	/	0.000 3	/	0.000 6
世纪大桥	0.000 5	/	0.000 3	/	0.000 2	/	0.001 0
荆溪中桥	0.000 5	/	0.000 3	/	0.000 2	/	0.000 2
荆邑大桥	0.000 4	/	0.000 2	/	0.000 2	/	0.000 5
和桥桥	0.000 2	/	0.000 2	/	0.000 3	/	0.000 2
分水新桥	0.000 3	/	0.000 3	/	0.000 2	/	0.000 5
静塘大桥	0.000 8	/	0.000 2	/	0.000 2	/	0.000 5
山前桥	0.000 2	/	0.000 5	/	0.000 5	/	0.000 5
钟溪大桥	0.000 2	/	0.000 3	/	0.000 3	/	0.000 3
裴家	0.000 2	/	0.000 2	/	0.000 2	/	0.000 3
杨巷桥	0.000 2	/	0.000 2	/	0.000 3	/	0.000 5
塘东桥	0.000 2	/	0.000 2	/	0.000 3	/	0.000 4
东氿大桥	0.000 2	/	0.000 2	/	0.000 2	/	0.000 6
横山水库(取水口)	0.000 2	0.001 1	0.000 2	0.000 7	0.000 2	0.000 2	0.000 1

续 表

断面名称	1月	2月	3月	4月	5月	6月	7月
横山水库(泄洪口)	0.000 2	0.001 1	0.000 2	0.000 2	0.000 2	0.000 2	0.000 1
油车水库	0.000 2	0.001 2	0.000 2	0.000 9	0.000 2	0.000 2	0.000 1
龙珠水库	0.000 2	0.001 1	/	0.000 2	0.000 2	0.000 2	0.000 1
黄渎桥(M)	0.000 3	/	/	/	/	/	/

注:"/"表示没有监测数据。

《地表水环境质量标准》(GB 3838—2002)中,镉的水质标准限值如表 10.3-6 所示:

表 10.3-6 国家地表水标准中镉含量限值 (单位:ppm)

项目	Ⅰ类	Ⅱ类	Ⅲ类	Ⅳ类	Ⅴ类
镉 ≤	0.001	0.005	0.005	0.005	0.010

考虑到水的硬度以及其他水生生物保护等因素,提出以下的镉的水生生物标准限值,具体如表 10.3-7 所示:

表 10.3-7 镉四类基准和标准值推荐值 (单位:ppm)

	太湖地表水标准推荐值
Ⅰ类	0.000 2
Ⅱ类	0.000 5
Ⅲ类	0.001
Ⅳ类	0.002

10.3.2 推荐标准值实施效果评估

1. 氨氮

根据调研结果(图 10.3-1 至图 10.3-7),2015 年 1 月份中,芳泉村监测点的氨氮含量最高,而横山水库、龙珠水库等水源地的氨氮含量最低,其余各监测站点的氨氮含量大部分在 2.0 ppm 以下。2015 年 2 月份中,乌溪口监测站点的氨氮含量最高,而水源地的氨氮含量最低。相对于 2 月份来说,宜兴市 3 月份的氨氮含量普遍升高,大部分监测站点的氨氮含量在 1.0 ppm 以上。4 月份的氨氮含量大体比较稳定,氨氮含量值在 1.0~2.5 ppm 之间。5 月份宜兴市的氨氮含量整体比较低,除了极个别监测站点的值超过 2.0 ppm 外,大部分监测站点的值均在 1.5 ppm 以下。6 月份宜兴市的氨氮含量与 5 月份类似,只有丰义监测站点的氨氮含量偏高,超过 3.0 ppm。相比较前面 6 个月,7 月份宜兴市的氨氮含量总体水平良好,大部分监测站点的氨氮含量均在 1.0 ppm 以下。

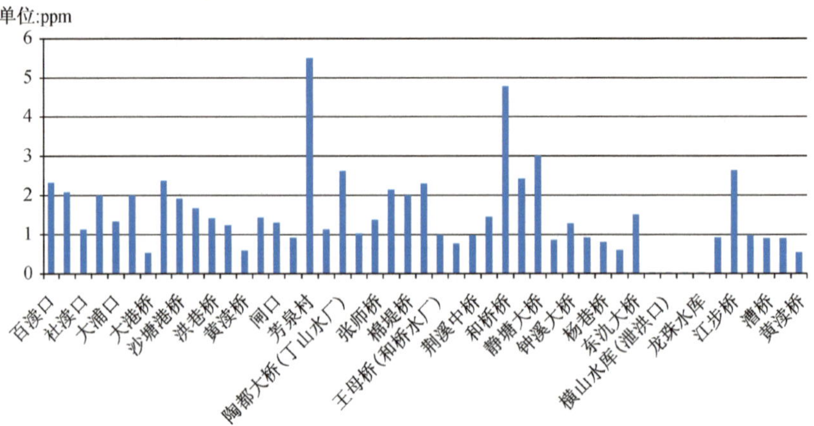

图 10.3-1　2015 年 1 月宜兴市各监测站点氨氮含量

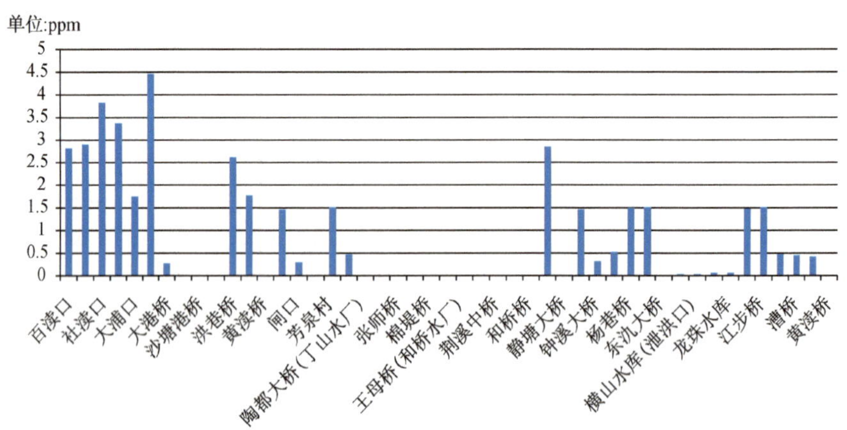

图 10.3-2　2015 年 2 月宜兴市各监测站点氨氮含量

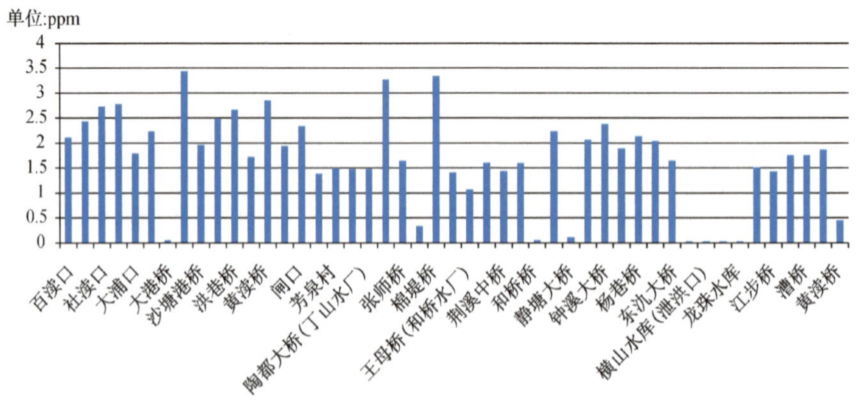

图 10.3-3　2015 年 3 月宜兴市各监测站点氨氮含量

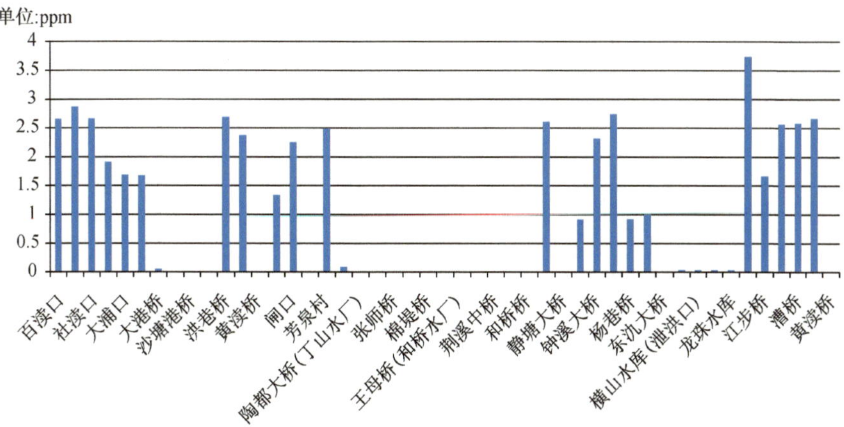

图 10.3-4　2015 年 4 月宜兴市各监测站点氨氮含量

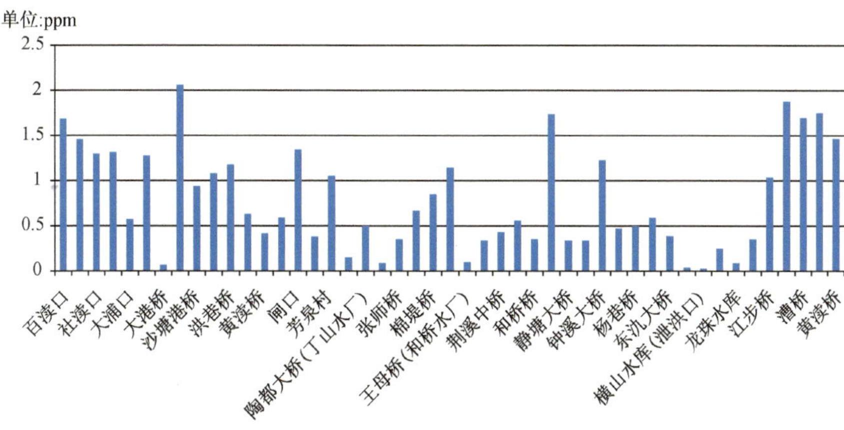

图 10.3-5　2015 年 5 月宜兴市各监测站点氨氮含量

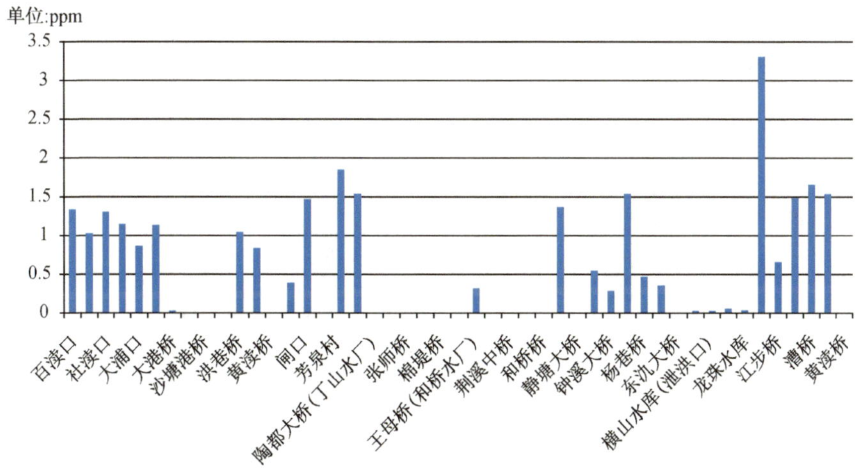

图 10.3-6　2015 年 6 月宜兴市各监测站点氨氮含量

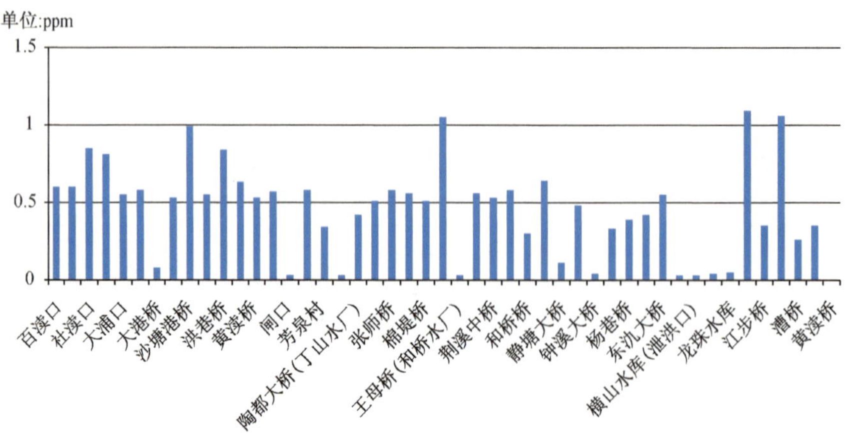

图 10.3-7　2015 年 7 月宜兴市各监测站点氨氮含量

鉴于推荐的水生生物标准值(下文均称推荐标准值)与现行的国家标准略有差异,宜兴市 2015 年 1 月至 7 月各断面的氨氮含量值分别用以上两种标准进行了水质分类,具体的分类结果见图 10.3-8 至图 10.3-15。图中可以看出,不同标准进行的分类结果有明显的差异。

从 1 月份的结果(图 10.3-8)来看,Ⅰ类水质的比例接近,都是 8%左右;但是采用推荐标准值则Ⅱ类水的比例大大增加,从 0%增长到接近 29%,造成这种结果的主要原因是推荐标准值充分考虑了氨氮对水生生物的毒性与水体温度的关系,在较低的水体温度下,氨氮对水生生物的毒性明显下降,所以本章认为在水体温度较低的秋冬季节(12—4 月),可以适当对水体的氨氮标准放宽,但是作为水源保护地的Ⅰ类水质标准则严格控制,不得放宽。相对来说,两种标准的Ⅲ类水比例相对持平,没有明显差异。而在推荐标准(只有四类)分类下,Ⅳ类、Ⅴ类以及劣Ⅴ类水的比例相对来说有细微的下降。

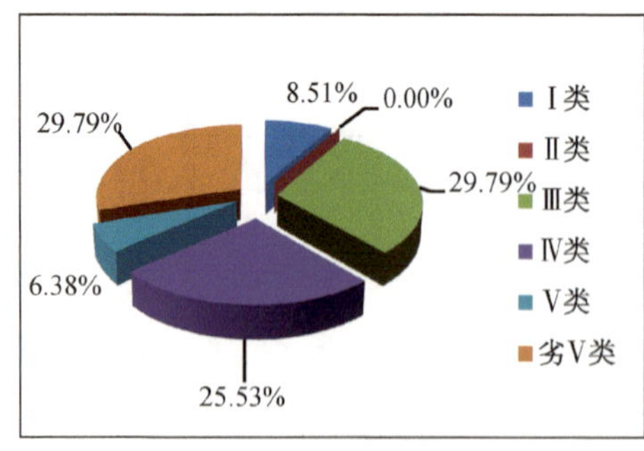

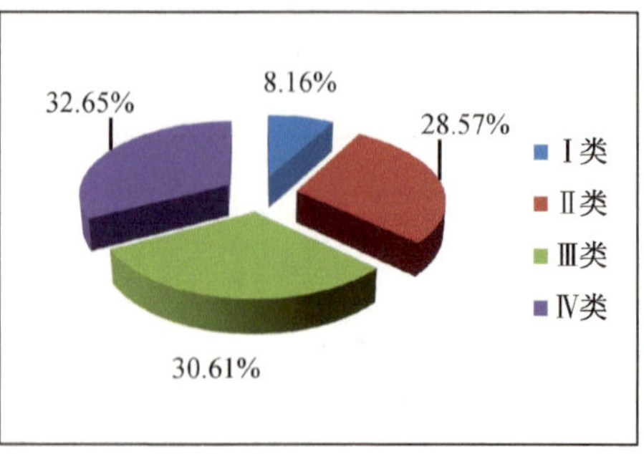

图 10.3-8　2015 年 1 月份宜兴市氨氮水质类别分布图　左(国标),右(推荐标准)

从图 10.3-9 可以看出，Ⅰ类水质所占的比例完全一样；推荐标准的Ⅱ类、Ⅲ类、Ⅳ类水比例比国标的多，这主要是由于推荐标准适当放宽了标准。

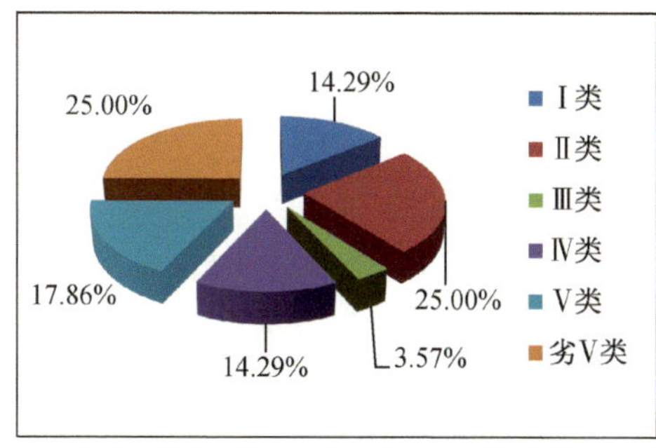

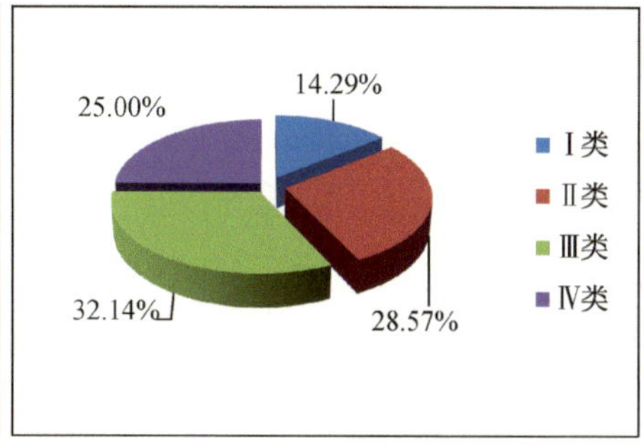

图 10.3-9　2015 年 2 月份宜兴市氨氮水质类别分布图　左(国标)，右(推荐标准)

从 3 月份宜兴市的氨氮含量水质分类(图 10.3-10)可以看出，除了Ⅲ类水，两种分类体系下的水质比例大体相同。按照国标来分，Ⅲ类水比例为 0%；推荐标准情况下，Ⅲ类水质比例则为 45%。

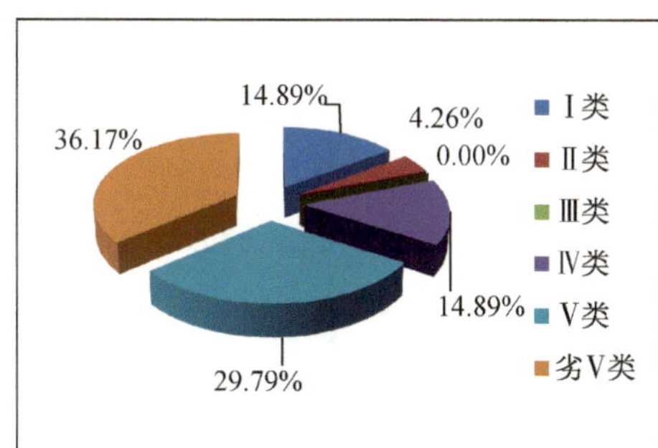

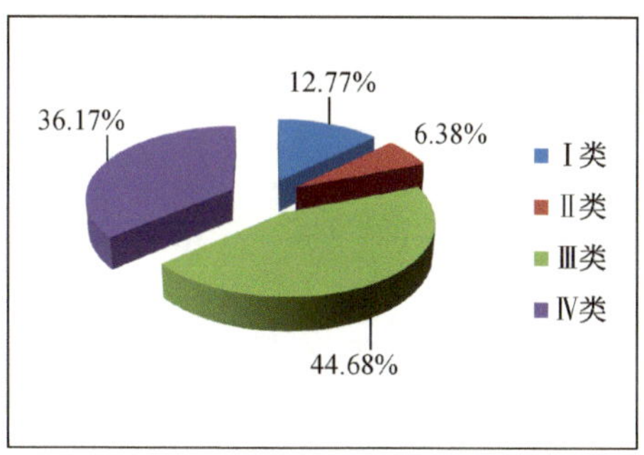

图 10.3-10　2015 年 3 月份宜兴市氨氮水质类别分布图　左(国标)，右(推荐标准)

从图 10.3-11 可以看出，推荐标准分类下的Ⅳ类水与国标分类下的劣Ⅴ类水比例相当，而别的水质类别则比较相当。

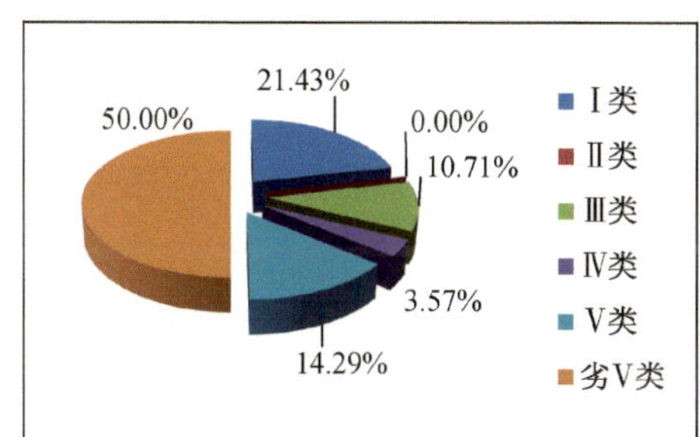

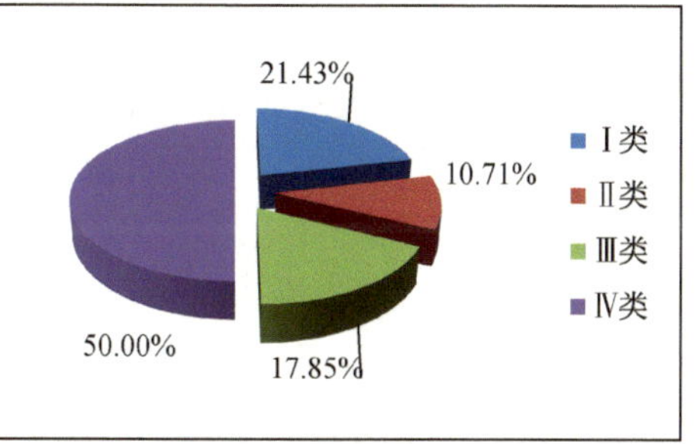

图 10.3-11　2015 年 4 月份宜兴市氨氮水质类别分布图　左(国标)，右(推荐标准)

从 5 月份开始，推荐氨氮标准则进入到夏天（标准适当收紧）部分，从图 10.3-12 可以看出，相对国标分类来说，除了Ⅰ类水质比例有所升高外，其余类别水质比例则都相应地下降，这对于氨氮温度较高毒性较大的特性来说，对保护水生生物是非常有利的。

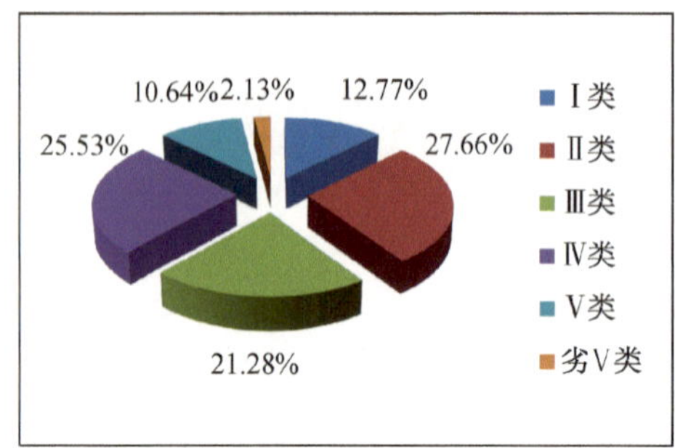

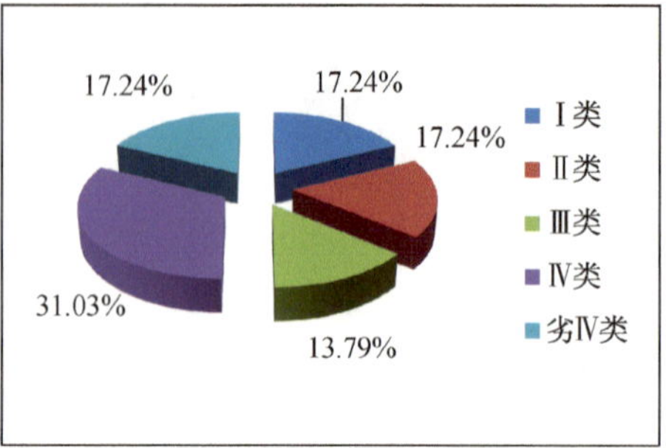

图 10.3-12　2015 年 5 月份宜兴市氨氮水质类别分布图　左(国标)，右(推荐标准)

相同的，对于 6 月份的氨氮水质分类（图 10.3-13）来说，在推荐标准分类下，水质类别较差的水体占的比例有所升高。

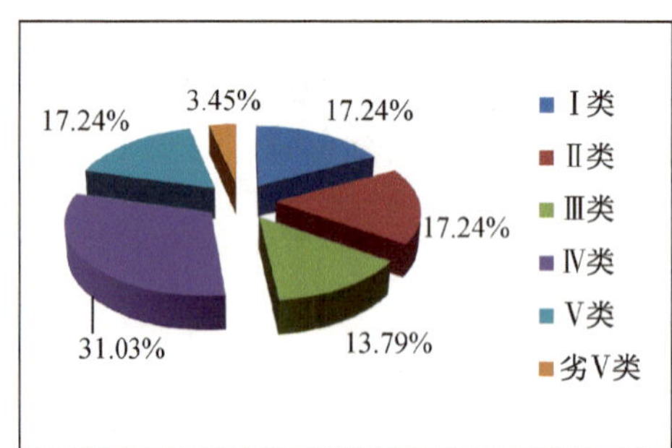

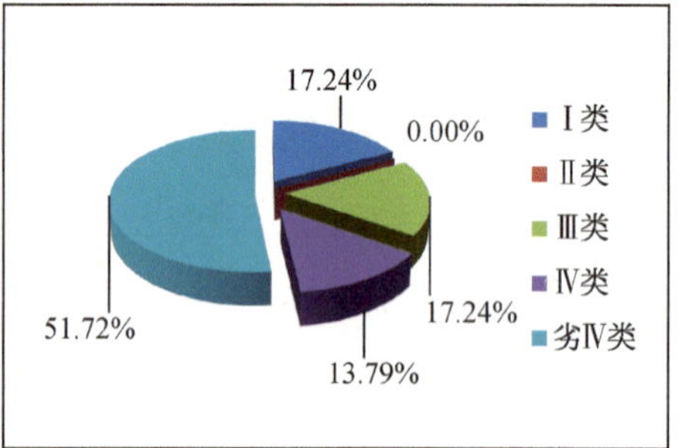

图 10.3-13　2015 年 6 月份宜兴市氨氮水质类别分布图　左(国标)，右(推荐标准)

7 月份宜兴市的氨氮水质类别（图 10.3-14）在两种分类体系下有较大的区别，Ⅰ类水所占的比例降低，Ⅱ类水质比例略微有所升高，Ⅲ类水质比例降低 50%以上，Ⅳ类水质比例则升高将近 10 倍。严格的水质分类标准对水生生物保护将起到巨大的作用，但是也会对经济社会技术产生一定的压力。推荐标准的实施需要社会各界的共同努力。

从以上各图表可以看出，推荐标准中的 12—4 月份氨氮标准相比国家标准有一定的放宽，而 5—11 月份的氨氮标准则在一定程度上收紧。这主要是根据氨氮对水生生物的毒性随着温度的变化而变化，一定程度上，温度越高毒性越大。通过两种不同标准下的水质分类比较发现，12—4 月份推荐标准分类下水质达标的比

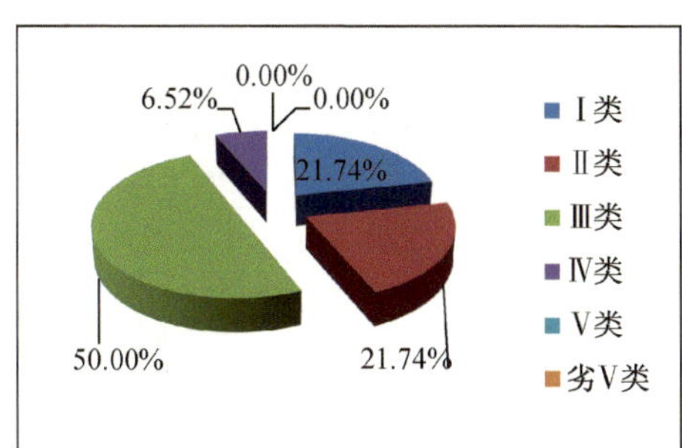

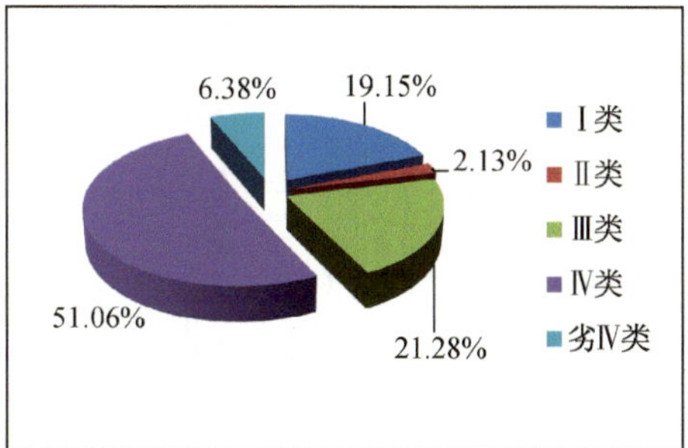

图 10.3-14　2015 年 7 月份宜兴市氨氮水质类别分布图　左(国标),右(推荐标准)

例更大,而 5—11 月份的水质达标率虽然有所降低,但并没有太大的改变。推荐标准充分考虑了温度、水生生物以及水质等影响因素,尤其对保护水生生物方面具有重要意义。

2. 镉

总体来看(图 10.3-15 至图 10.3-21),宜兴市水体的镉含量都比较低,其大部分时间都可以达到国标的Ⅰ类标准。1 月份宜兴各监测站点的镉含量大部分较低,只有殷村口监测站点的镉含量异常,达到 5 ppb。2 月份宜兴市的镉含量普遍偏高,各个水源保护地(横山水库、油车水库、龙珠水库)的镉含量都超过国家标准中的Ⅰ类水标准,其余各监测站点的镉含量也大大超过了以往的平均水平。3 月份宜兴市的镉含量总体水平良好,大部分监测站点都在 0.2 ppb 左右。4 月份宜兴市镉含量水平较 3 月份来说较差,整体水平较高,部分监测站点的含量达到 3.9 ppb。5 月份、6 月份、7 月份宜兴市水中镉含量整体水平良好,大部分水体都可以达到国家标准的Ⅰ类标准。

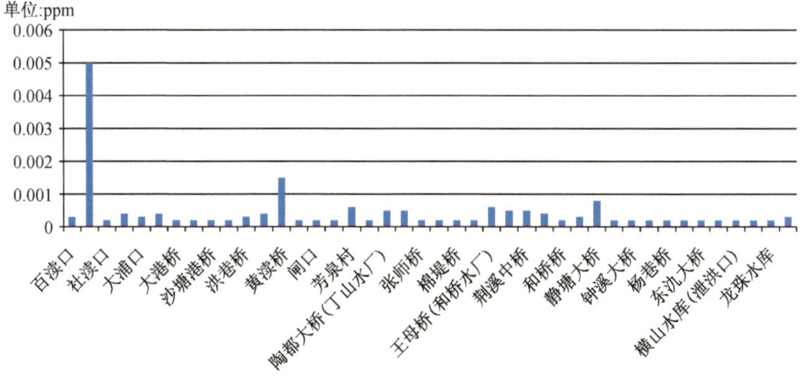

图 10.3-15　2015 年 1 月宜兴市各监测站点镉含量

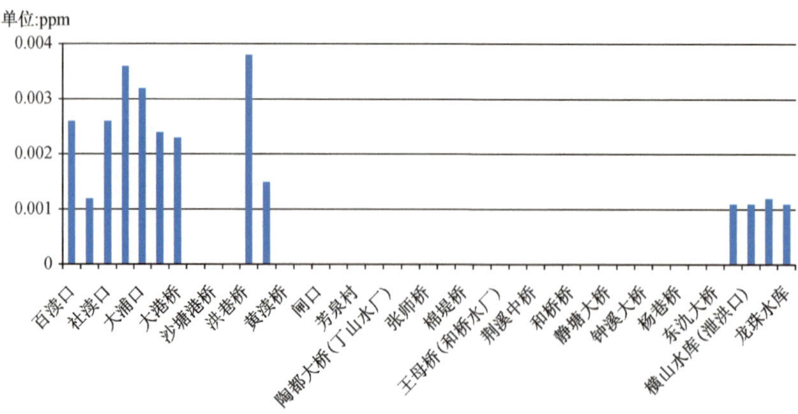

图 10.3-16　2015 年 2 月宜兴市各监测站点镉含量

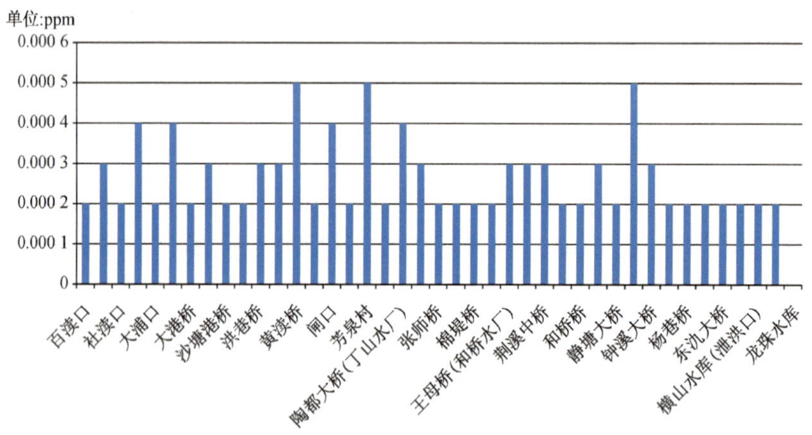

图 10.3-17　2015 年 3 月宜兴市各监测站点镉含量

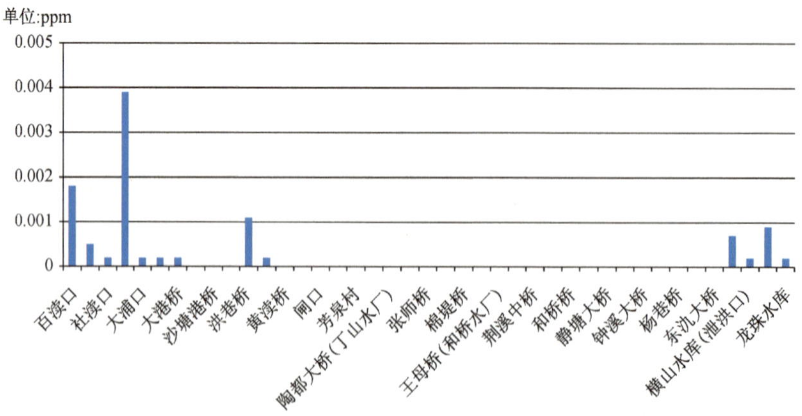

图 10.3-18　2015 年 4 月宜兴市各监测站点镉含量

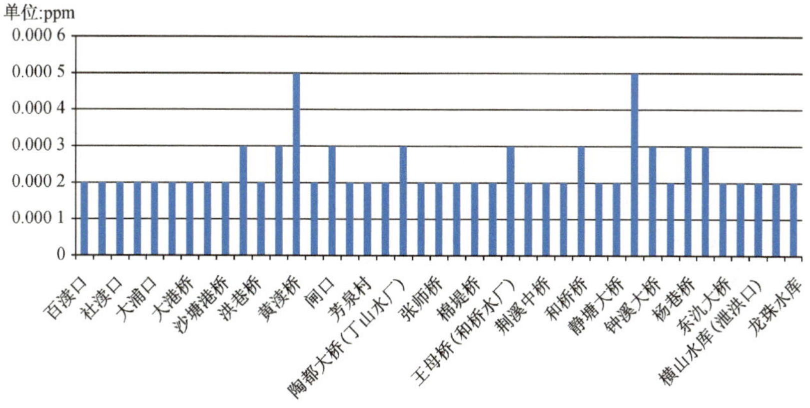

图 10.3-19　2015 年 5 月宜兴市各监测站点镉含量

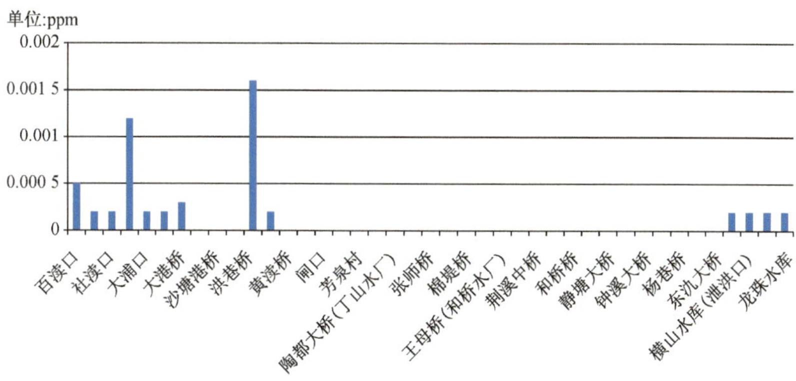

图 10.3-20　2015 年 6 月宜兴市各监测站点镉含量

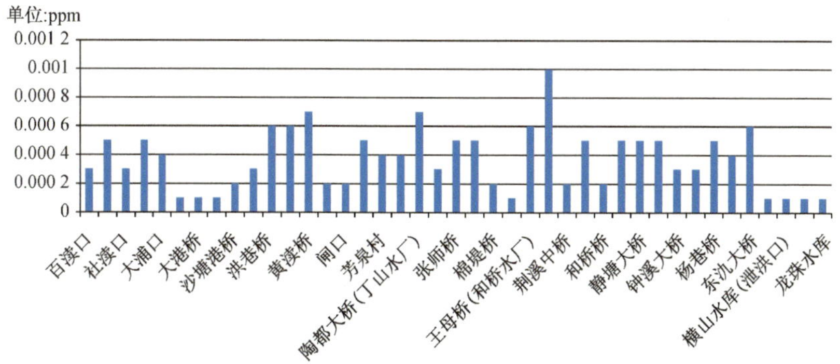

图 10.3-21　2015 年 7 月宜兴市各监测站点镉含量

从 1 月份的水质分布饼状图(图 10.3-22)可以发现,两种分类标准得到的结果有比较大的差异,国标结果显示 1 月份宜兴市水中镉含量大部分为Ⅰ类水,其余都为Ⅱ类水。而推荐标准分类结果则显示宜兴市 2015 年 1 月份水中镉含量 58%左右为Ⅰ类水,Ⅳ类和劣Ⅳ类水则分别占 2.44%的比例。说明相对国家标准而言,推荐标准对水体中的镉含量要求更加严格(由于镉对水生生物具有较强的毒性)。

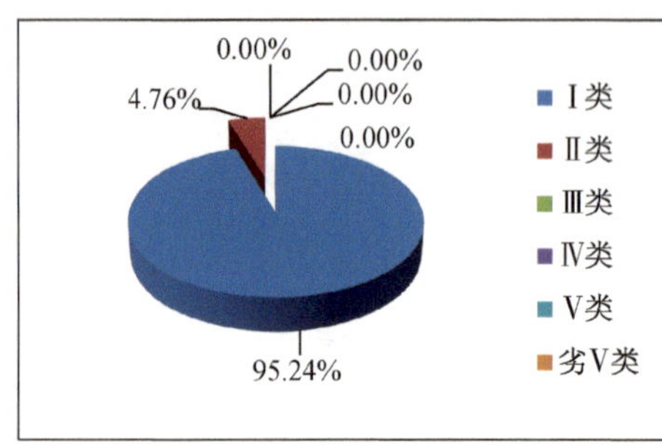

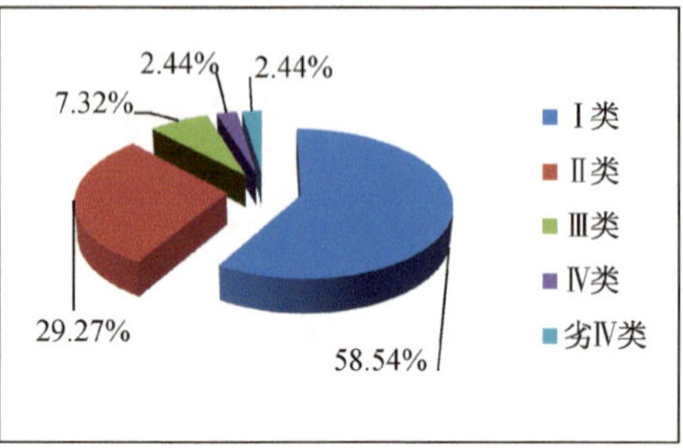

图 10.3-22 2015 年 1 月份宜兴市镉水质类别分布图 左(国标),右(推荐标准)

2 月份宜兴市的镉水质环境总体较差,如图 10.3-23 所示,国标分类下宜兴市全部监测站点的水中镉含量均为国标Ⅱ类标准。而推荐标准分类下,水质类别更差,分别为Ⅳ类和劣Ⅳ类水质。值得一提的是,三个水源保护地水库的水质也未达到国家Ⅰ级标准,在推荐标准中则属于Ⅳ类水。

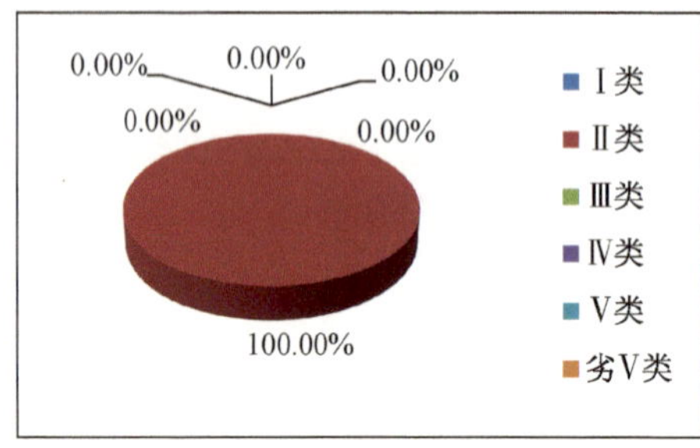

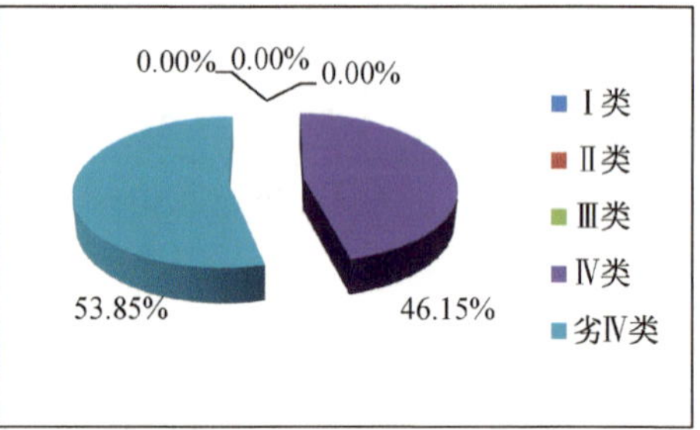

图 10.3-23 2015 年 2 月份宜兴市镉水质类别分布图 左(国标),右(推荐标准)

3 月份宜兴市各监测站点的镉含量总体水平良好,见图 10.3-24,国标分类下该月全部水质都为Ⅰ类水,推荐分类条件下大部分为Ⅰ类水,其余为Ⅱ类水。

4 月份宜兴市水体镉环境整体水平较为良好,见图 10.3-25,国标分类下大部分水体可达到Ⅰ类标准,但在推荐标准分类下,大概一半的水体可达到Ⅰ类标准,Ⅳ类和劣Ⅳ类水的比例分别达到了 15.38%和 7.69%。

5 月份的宜兴市的水质类别(图 10.3-26)和 3 月份的水质类别相似,国标条件下均达到Ⅰ类标准,推荐标准条件下所有水体最差也可达到Ⅱ类标准。

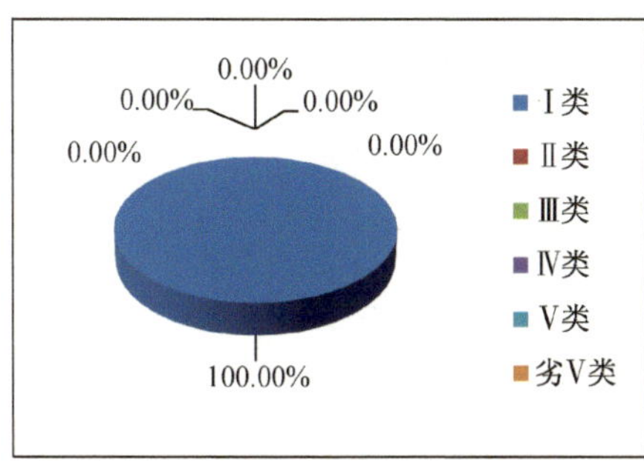

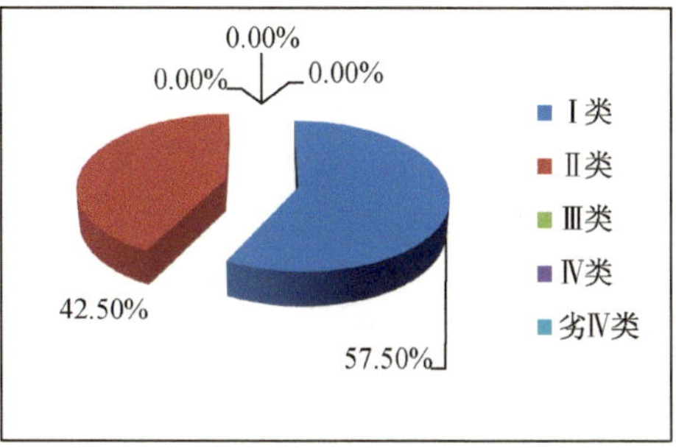

图 10.3-24　2015 年 3 月份宜兴市镉水质类别分布图　左(国标),右(推荐标准)

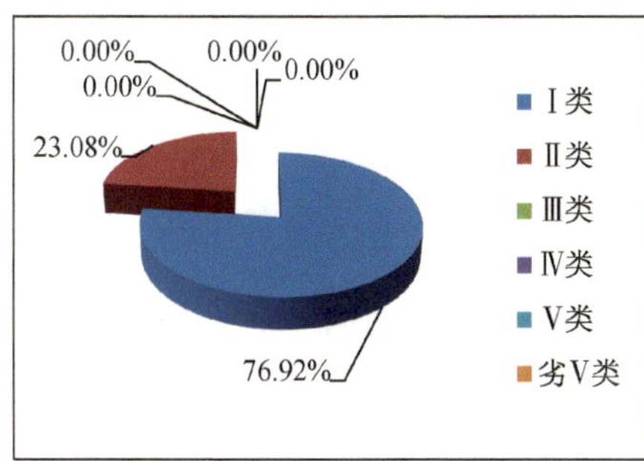

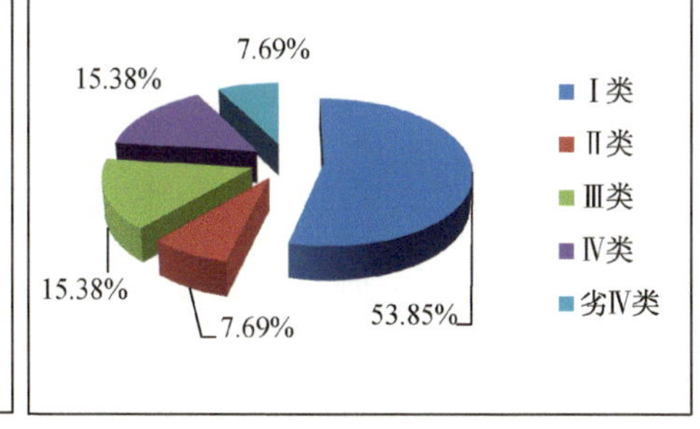

图 10.3-25　2015 年 4 月份宜兴市镉水质类别分布图　左(国标),右(推荐标准)

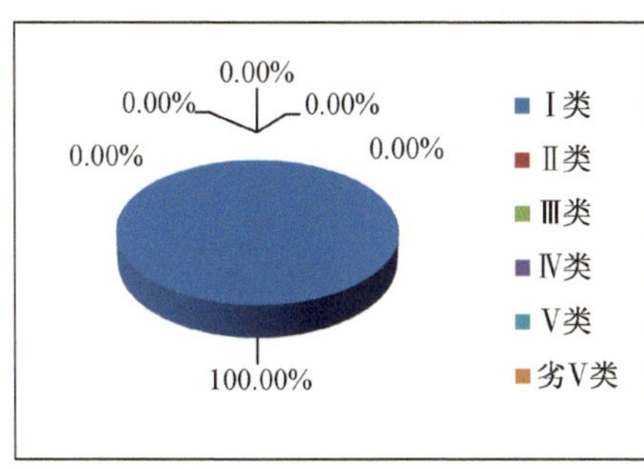

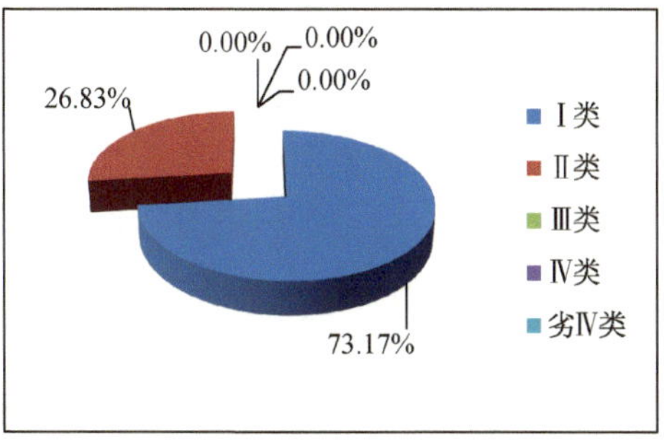

图 10.3-26　2015 年 5 月份宜兴市镉水质类别分布图　左(国标),右(推荐标准)

从图 10.3-27 可以看出,6 月份宜兴市的水体镉含量在国标分类下,Ⅰ类水比例可以达到 84.62%,而在推荐标准分类下则明显下降,只有 69.23%。相对的,Ⅱ类水的比例没有变化,而Ⅳ类水的比例则增加了 15.38%。

7 月份的宜兴市镉监测数据(图 10.3-28)表明,国标条件下宜兴市绝大部分水体可以达到Ⅰ类标准,而推荐标准条件下Ⅰ类水比例大大下降,只有 34.15%,Ⅱ类水质比例接近 50%。

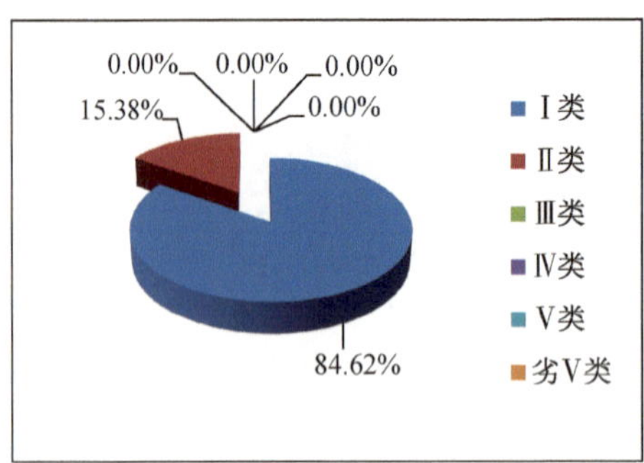

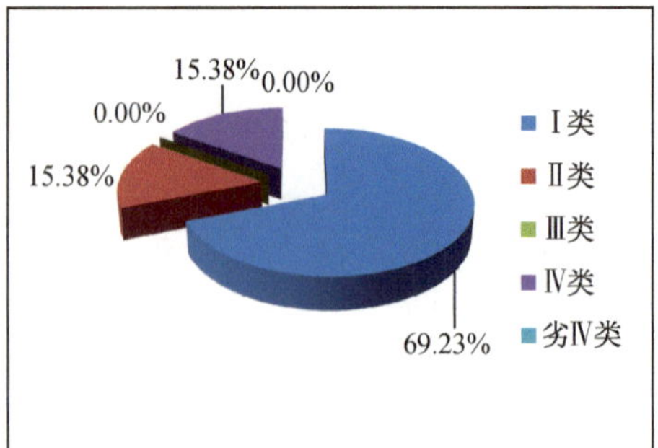

图 10.3-27　2015 年 6 月份宜兴市镉水质类别分布图　左(国标),右(推荐标准)

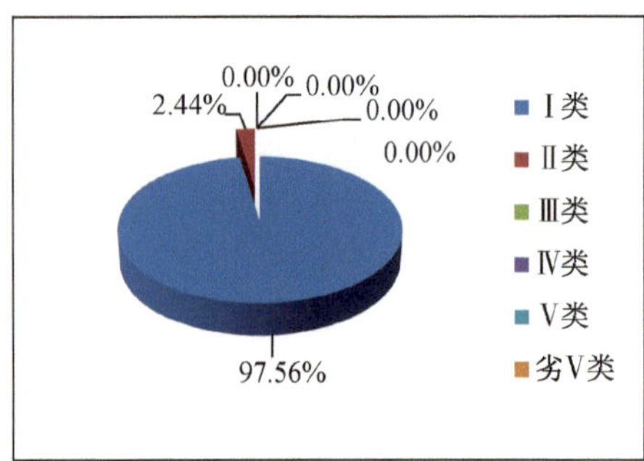

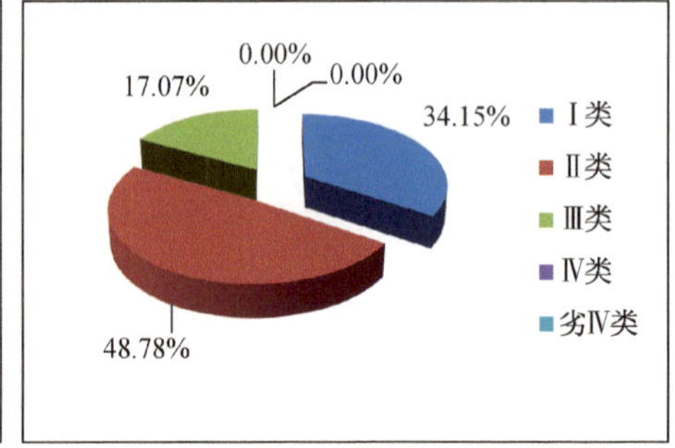

图 10.3-28　2015 年 7 月份宜兴市镉水质类别分布图　左(国标),右(推荐标准)

综上所述,推荐标准相对国家标准来说有一定程度的收紧,但是收紧的程度现如今的水质是可以达到的,或者说现在的经济技术能力可以达到推荐标准所限定的值。推荐标准充分考虑了水生生物的保护、水体水质参数等因素,参考美国 EPA 以及国内外的一些研究案例进行制定,具有很好的科学依据,且对保护太湖流域的水生生物有很大的益处。

10.4　基于基准的水质标准保障政策

10.4.1　水质标准实施的监控保障

现阶段太湖流域的水环境监测虽然大部分已实现自动监控,但有部分区域仍以人工为主。太湖流域设置的水质自动监测站 112 个,约占 43%。水生态监测能力较弱,目前仅开展了地表水断面生物监测(每年 2 次)、省辖市饮用水源地生物监测(每年 2 次)及重点湖泊藻类状况监测(5 个重点湖泊藻密度在 5—9 月间每月监测 1 次,富营养化 5 项指标每年监测 6 次),尚未开展针对流域特点的生态指标系统性监测，缺乏覆盖全流域的水生态监控体系，难以反映水生态系统真实的健康状况，无法满足流域环境与生态管理的需要。而且，针对一些新兴的污染物，还没有完善的监测手段和监测方法，相关人员的监测能力也急需提高。因此，应从以下几方面提高监控保障能力：

1. 完善监测网络

①优化监测网络。在现有国控、省控、市控监测断面组成的地表水水环境监测体系基础上，对地表水环境功能区划中尚未纳入监测体系的区域性骨干河道、县域重要河道及跨县重要河道等水体，合理规划和设置代表性监测点位，实现太湖流域地表水环境功能区内水环境质量的全面监控。对重点环境风险源和存在重大环境风险隐患的化工园区下游、县级以上重要饮用水源地上下游、“清水廊道”沿线、省市界主要河流交界断面的出入境断面、区域补偿断面等环境敏感区断面加密监测，为保障水质安全和跨区域水环境矛盾处理提供技术支撑。

②完善水环境自动监控网络。在现阶段太湖流域水环境自动监测站建设、运行以及管理的基础上，逐步健全太湖流域的水环境自动监测体系，实现水质自动监测的全覆盖。

③构建基于流域水生态功能分区的水生态监控体系。介于现阶段太湖流域在水生态功能分区的水生态监控体系方面的建设较弱，建议在太湖流域推广建设流域水生态监控体系。主要包括在流域水生态功能分区的基础上，构建覆盖主要河流、省辖市饮用水源地、重点湖泊的水生态监测与监控点位体系、生态观测站站点体系，完善流域水生态遥感监测技术、在线自动监测技术、实验室分析技术以及生态观测等现代化技术、方法和手段，建立一系列水生态系统综合监测与评估指标体系，科学评估我省水生态环境质量和状况、水生态系统健康状况、生态建设工程生态成效等状况，指导太湖流域水生态系统的保护和恢复，促进水生态系统向良性方向发展。

④提升饮用水源地监测能力。太湖流域水源地的环境监测站和区域环境监测站须具备饮用水源 109 项全指标分析能力或者常规水质指标监测能力。对地级以上城市集中式饮用水源地水质于每年丰、枯两期各进行一次全指标监测，县城集中式饮用水源地每年至少进行一次全指标水质监测，全面开展乡镇以上集中式饮用水源水质监测，逐步开展农村集中式饮用水水源监测工作。有条件的地区要开展集中式饮用水源地持久性有机污染物、内分泌干扰物和湖库型水源藻毒素监测。

2. 提升监管能力

①强化重点污染源监控。推进太湖流域重点污染源自动监控建设，提高污染源现代化监管水平。进一步推进国控、省控重点污染源在线监控系统建设，实施污染源的“末端监控、工况过程监控、流速流量污染物排放总量监控”三位一体的最新

监控思路，进一步加强对自动监控设施现场的监督检查，加强新增主要污染物自动监控能力建设，实现不同地区污染源自动监控系统的联网运行，提高污染源自动监控数据的有效率和传输率，促进污染源自动监控数据的广泛应用。深化国控重点污染源监督性监测，根据排放标准的要求扩展监督性监测项目，进一步加强国控重点污染源监督性监测能力建设的技术支持。扩大污染源监督监测范围，提高污染源监督监测的频率和比例，逐步对全部污染减排重点源、集中式污水处理厂自动监测装置进行监督监测，加快完成以手工监测为补充、以规范监测和比对监测为质控的能力建设，形成市、区(县)级在线监控网络。完善污染源现场监测技术体系，不断提升现场监测整体水平，并做好污染源在线自动监测数据有效性审核的技术支持。

②完善基层执法装备标准化建设，提高县级环境监管能力。根据《全国环境监察标准化建设标准》和《江苏省环境监察现代化建设方案》，为基层环保执法机构重点添置环境监察执法车辆、取证设备、通讯设备、办公设备、信息化设备以及应急装备等，要通过执法装备的标准化建设，从根本上改变执法装备制约执法工作的不利局面，有效提高执法工作效率，推进科学执法、专业执法和高效执法。

③充实一线执法力量，组建公安与环保联合执法的环保警察队伍。充实环境监察执法力量，壮大基层环境监察执法队伍。一是完善环境监察机构，重点解决县级环境监察大队独立法人资格问题，落实参照公务员管理；二是建议组建由公安部门和环保部门联合组成的环保警察队伍，探索联合执法合作方式，更大力度地打击环境违法行为，切实解决一批重点地区、重点园区、重点行业、重点企业以及群众重复投诉、久拖未决的突出环境问题；三是充实一线执法力量，要按标准和需求科学地确定不同层级、不同类型执法队伍编制数量，重点增加基层执法机构、重点乡镇、园区的环境执法力量；四是强化技术培训，通过定期培训与专项集训等方式及时更新环境监察人员的知识结构，进一步提高执法人员的业务素质和工作能力；五是提高现场执法能力，积累经验，不断提升执法队伍的执法水平。

④各部门联防联控，强化移动源管理。加强环境风险移动源和面源管理，环保、安监、海事、交通、水利、农业、渔业等部门建立环境风险移动源和面源的联防联控机制，共同加强环境风险源防控管理。开展重点行业环境风险源监控点建设，采取视频监控、质量监控和探头监控等多种手段，逐步实现环境风险源监控由人防向人防与技防相结合转变，初步建成环境风险源监控网络。在太湖流域内环境风险突出的地区开展跨地市联动平台建设，共同建立环境风险信息档案库，建立相对统一的通报程序，便于共同应对突发环境事件。

⑤应急物资网络建设，完善专家库。结合太湖流域环境风险源地域分布特点，进一步充实危化品泄漏、水体污染等突发环境事件的应急物资储备，不断健全应急

物资储备体系，为太湖流域突发环境事件应急处置工作提供坚实的物资保障；针对不同类型的突发环境事件设立专家组，调整和完善专家库。

⑥强化太湖流域环境应急预案管理，提高太湖流域环境应急处置能力。开展太湖流域重点环境风险源、风险源集中区，各市、县环保部门以及重点敏感保护目标环境应急预案修编，有效提升预案的针对性、实用性、可操作性和衔接性。开展实战型演练和桌面推演、专项演练和综合演练、区域性演练和全局性演练、示范性演练和检验性演练等全方位多层次环境应急演练。

⑦建设太湖流域水环境与生态综合管理平台，全面提升水环境管理信息化水平。参照江苏省"1831"环境监控系统工程建设，整合集成基于 GIS 的太湖流域(江苏)水生态管理子平台，逐步建设服务太湖流域水环境标准实施的综合管理平台，全面提升水环境管理的信息化和精细化水平。

⑧加强科技成果推广与应用，提升环境科技支撑能力。以太湖流域水质改善和支撑环境管理为目标，积极推进太湖流域水环境质量基准与标准制定、容量总量控制模式、排污许可证有效实施等相关课题的实施与成果的应用推广。基本建立太湖流域水污染治理技术和水环境管理技术体系，支撑太湖流域水质明显改善。大力推广先进适用技术，加快科研成果转化。建立环保科技创新和成果转化的长效机制，大力推动产学研结合，切实把科研成果转化为现实的治污能力，提高科技进步对环保产业的贡献率。通过"水专项"及其他各类科技专项、科技计划的实施，大力开展环境保护先进技术、装备和产品的研发和推广，引导和培育战略性新兴环保产业的健康发展。

10.4.2 水质标准实施的政策保障

根据太湖流域水环境质量现状和水环境管理中存在的问题，综合研究分析了太湖流域水环境政策法规存在的不足，主要表现在以下几个方面：

① 水环境管理体系尚未完善。目前，太湖流域水环境相关的政策法规众多，但内容缺乏系统性和延续性，主要表现在：一方面，虽然有众多的水环境相关法律法规，但缺乏对水污染防治工作的统一部署；另一方面，水环境治理涉及多个部门和地区，需要各部门各地区的通力协作，由于各自为政，缺乏跨部门跨区域的协调机制，部分水环境相关政策法规在一致性和衔接方面存在问题。

② 流域污染防治规划缺乏配套政策支撑，未达到预期效果。太湖流域已经编制了几轮流域污染防治规划，但由于缺乏相应的规划实施政策支撑，许多规划未达到预期效果。

③ 饮用水源保护相关政策法规需进一步完善配套方案和实施细则。目前，太湖流域饮用水安全形势仍然严峻，江苏省虽然制定并出台了多项饮用水源保护相

关政策法规，但现有政策法规在饮用水源调查评估、乡镇水源地保护区划、饮用水源地专项整治等方面缺乏配套方案和实施细则，亟需进一步完善相关政策法规的配套政策。

④ 湖泊保护相关政策法规比较薄弱，需进一步完善。目前，太湖富营养化态势依然严峻，湖泊生态系统退化严重，生态服务功能衰竭。

⑤ 地下水保护与利用缺乏流域尺度的统筹管理政策法规。目前太湖流域地下水保护与利用方面的政策法规比较薄弱，近年来大部分市县逐步停止了对地下水环境质量的例行监测，对流域地下水环境现状缺乏全面的掌握。因此，亟待加强地下水保护与利用相关政策法规的制定。

⑥ 工业污染形势依然严峻。目前的产业准入政策未考虑不同区域及流域水环境保护的要求，应制定基于水环境保护的差异化的产业准入管理目录。企业信用评价管理办法及指标体系单一，不能突出重点水污染源企业的行业特点，评价结果针对性不强。行业环保核查及园区综合整治未能形成长效管理机制，核查及综合整治效果不能得到长久保持和加强。

⑦ 缺乏专门针对农业水污染防治的相关政策法规。农业一直以来采用的是一种资源置换型的经营模式，为满足农产品日益增长的需要，不得不扩大农业生产中的资源投入量，以致在取得农业生产经营成果的同时，资源环境受到了较大的破坏，缺乏以循环农业为核心的资源节约型、环境友好型农业。畜禽养殖规模不断扩大，化肥使用强度高的经济作物比重上升，已经成为农业面源污染不断加剧最为突出的原因。在目前的《水污染防治法》、《固体废弃物污染防治法》等法中涉及农业污染的部分，缺少原则性的严格限制条款。针对农用化学品、农村畜禽养殖废弃物污染，也没有制定具体的、包含实施细则和奖惩标准的专项法规。

⑧ 船舶污染防治相关政策法规需进一步修订和完善。虽然目前江苏省已经出台了《江苏省内河水域船舶污染防治条例》，但该条例是 2004 年制定颁布的，至今仍未进行修订，已经不能适应当前内河船舶污染的新形势。

⑨ 缺乏城乡水污染防治设施一体化建设相关政策法规及配套方案。江苏省在水环境保护基础设施建设方面，出台了较多政策，但仍缺乏对城乡水污染防治设施一体化建设的相关政策法规。此外，还缺乏对污水处理厂管网建设、资金保障和污水处理设施运营考核的相关政策。

⑩ 水生态系统保护不够。目前江苏省仅在太湖流域开展了水生态功能分区管理体系的建设研究，但具体的水生态功能分区相关政策还未实施。对水生态恢复工程效果评估缺少水生态指标，指标体系并不完善。并且缺少水生态修复工程分期管理办法，忽视了前期规划、中期监测和后期维护，监测评价和公众参与没有很好地与各阶段工作协调，各部分工作缺乏衔接性和长期持久的维护管理。

⑪ 信息公开制度不健全。现有环境信息公开制度不健全、平台不完善、公众参与力度不够、渠道不通畅。

⑫ 缺乏政策评估长效机制。太湖流域缺乏政策法规评估的长效机制，部分政策法规、规章出台后，很少有相关部门对其实施效果进行评估，未及时准确地发现政策法规在实施过程中存在的问题，从而也就无法对其进行及时修订，不能很好地指导和监管太湖流域水环境的保护和治理工作。

针对以上问题，提出以下太湖流域水质基准的水质标准的政策建议：

① 构建基于水生态功能分区的管理体系。水生态功能分区是根据自然地理、水文气象和生态一致性进行流域区划，能更客观反映人类活动与水环境的相互影响和作用。美国是最先制定水生态功能分区的国家，并且形成了以水生态功能区划为基础的水环境管理方法与技术体系，在流域管理上取得良好成效。水生态功能分区力促管理模式从行政单元向流域统筹、从水陆并行向水陆统筹、从污染物控制向水生态健康转变。在“以人为本，保护水生态”理念的指导下，江苏省率先以太湖流域为试点划定水生态功能区划，颁布实施太湖流域水生态功能分区管理办法和考核管理办法，并以此为统领制定水生态保护目标、水质基准、总量控制、污染治理方案以及适合江苏省经济发展与环境保护的策略，实现 a. 水生态健康评估技术落实，构建太湖流域水生态健康评估指标体系与评估方法，完成各分区的水生态健康评估；b. 水质基准标准转化技术落实，根据水生态功能分区的生物保护目标制定水质基准，并结合经济、技术等指标转化为可操作的水质标准。同时配以与之适应的监测、监管、科技等水生态建设能力，最终形成具有太湖特色的水环境管理“四分”体系：以水生态系统健康为核心的“分区”保护目标，以水生态分区功能为导向的“分级”管理目标，以优先控制污染物为靶点的“分类”控制方案，以经济社会及技术为基础的“分期”防治策略。

② 加快修订太湖流域水污染防治条例。保护生态环境必须依靠制度，十八届四中全会提出要制定完善水污染防治法律法规，国家“水十条”中也明确指出：“各地区可结合实际，研究起草地方性水污染防治法规”。太湖流域水污染防治形势严峻，而相应的法规体系尚不完善，主要表现在三个方面：一是虽然出台了一些水污染防治法规，但缺乏从流域层面涵盖整个行政区域的总领性法规；二是各部门水环境管理职责并未从法律层面得以明确；三是部门协调机制尚不健全，需要从法律层面给予确定。建议制定统筹流域水环境管理的纲领文件——《太湖流域水污染防治条例》，明确环保以及其他相关部门在水环境治理中的职责范围，推行环保部门权力清单制度和责任清单制度；统筹太湖流域水环境管理，明确太湖流域水环境保护相关要求。

③ 适时制定饮用水水源地保护条例。在太湖流域尚不能实现水质全面达标

的情势下，水环境治理工作第一要义是强化饮用水水源保护和风险防控，确保饮用水源地安全。现有政策法规在饮用水源风险防控方面仍然比较薄弱，太湖流域饮用水源环境风险仍然突出，仍有一些集中式饮用水源地存在严重的安全隐患。建议在《江苏省人民代表大会常务委员会关于加强饮用水源地保护的决定》的基础上，制定太湖流域饮用水水源保护条例，强化饮用水水源保护法律依据；建立水源地风险源管理系统，落实风险源的风险防控主体责任，督促排查隐患并责令整改；构建水源地连接水体风险防控屏障；完善水源地自身综合风险防控体系，细化水源地环境管理实施方案，全力保障取水不受影响。

④ 完善区域交接断面水质考核办法。交接断面水质保护是流域水环境管理的主要工作之一，跨界污染也是水环境管理重点和难点。介于此，应强化太湖流域各市县及省际间交接断面水质考核。建议开展以下三方面工作：一是从省、市、县三个层面进一步明确跨县级以上行政区域河流干流和主要支流交接断面水质目标，完善监控体系。二是建立交接断面水质考核制度，加大考核结果使用力度。实行交接断面考核结果与江苏省生态文明建设考核挂钩、与市县政府领导班子和领导干部综合考核评价挂钩、与建设项目环评审批挂钩，强化政府对水环境负责的法律责任。三是呼吁国家层面开展太湖流域水污染防治立法，从全流域角度推进水环境治理和省际交接断面考核。与断面交接省份充分沟通，建立省际间联合治污合作机制。

⑤ 加快制/修订水污染排放标准体系。水环境相关标准的合理制定和规范执行是科学推进水环境治理工作的重要保障，也是环境法制化的基础工作之一。太湖流域水环境标准制定和执行方面存在标准执行率低、标准修订和备案工作不及时、重点流域和重点行业标准不健全等问题。建议重点开展以下三方面工作：

一是在太湖流域重点行业逐步实施国家水污染物特别排放限值。经过深入调研江苏省内及太湖流域各行业排放标准情况，太湖流域实施国家水污染物特别排放限值时机已经成熟，技术上可推行，经济上可承受，建议在太湖流域实施造纸、生活垃圾填埋场、钢铁及中药类、混装制剂类、化学合成类制药等重点行业逐步实施国家水污染物特别排放限值。

二是修订《太湖地区城镇污水处理厂及重点工业行业主要水污染物排放限值》。随着重点工业行业工艺水平和污染治理水平的提升，以及国家相关行业标准的出台，该标准已不能满足目前太湖流域的环境管理需求，因此亟待对其进行修订更新和备案。据调查，昆山市 22 个城镇污水处理厂通过深度提标改造，主要污染物排放浓度总体达到Ⅳ类水的指标，部分时段能达到Ⅴ类。城镇污水处理厂水量较大，其排水情况对水环境质量起着举足轻重的作用。建议制定并推行城镇集中式污水处理厂排放标准达地表水质量Ⅳ-Ⅴ类标准，率先在苏南部分地区、水环境敏感区、无天然径流的纳污河流实施。

三是制定畜禽养殖、电子、光伏等重点行业排放标准。太湖流域的畜禽养殖、电子、光伏等行业蓬勃发展，但其行业的COD和氮、磷等营养盐的污染负荷在太湖流域各污染源的排放中所占比重不容忽视，而太湖流域（或江苏省）尚未制定颁布这些行业的地方排放标准，随着行业工艺技术的发展和废水治理水平的提高，目前的国家标准已无法满足太湖流域这些行业环境管理的需求。因此，太湖流域（或江苏省）应制定畜禽养殖、电子、光伏等重点行业排放标准。

10.4.3 水质标准实施的经济保障

美国污水处理收费标准因地而异，一般的标准与污水排放量、污染物的性质和浓度及排放者的分类（工业、商业、居民等）有关。各种市政污水处理厂都属于当地政府所有，并由当地政府向排污者收取费用。同时，当地政府又经过招标，将污水处理厂承包给最有竞争力的私人公司经营。由于在污水处理中引入了市场机制，使得政府既能节约污水处理成本（一般来说，由政府部门经营的污水处理成本往往高于承包人50%～90%），又能不断提高本地区的污水处理率。

在澳大利亚，水价等经济手段被充分利用以促进供水业的良性循环，提高水资源利用效率，污水处理和水资源许可等费用都计入水价。澳大利亚推行两部制水价，对用水量超过基本定额的用水户进行处罚。同时，澳大利亚开放水权交易，发挥市场在水资源管理、节约、保护中的配置作用。通过水价等经济手段的应用遏制了澳大利亚工业用水持续增长的势头，对控制工业废水的排放及水环境的保护都具有重要意义。

排污权交易是西方发达国家利用市场机制治理水污染的最新尝试。排污权交易是在满足水环境要求的条件下，建立合法的污染物排放权即排污权（这种权利通常以排污许可证的形式表现出来），并允许这种权利像商品一样被买入和卖出，以此来进行污染物的排放控制。其一般的做法是：首先由政府部门确定出一定区域的水环境质量目标，并据此评估该地区的水环境容量。然后推算出污染物的最大允许排放量，并将最大允许排放量分割成若干个排放量，即若干排污权。政府可以选择不同的方式分配这些权利，如公开竞价拍卖，定价出售或无偿分配等，并通过建立排污权交易市场使这种权利能合法地买卖。排污权交易始于美国，该手段在美国也实施得最好。广泛利用市场融资建设污水处理设施是西方发达国家的普遍做法，这些融资方式包括BOT、TOT、BOOT、BT等，通过市场融资，极大地加快了污水处理设施的建设速度，提高了污水的处理率，同时也减轻了政府在基础设施建设上的财政压力。

对于国外的治污经验，要根据太湖流域的经济、技术等条件有选择地吸收学习。基于太湖流域的现状，现需要修订完善排污收费制度，提高征收标准。随着水环境压力的不断增大，为促使企业减少污染物排放，确保实现节能减排约束性目标，国家发展改革委、财政部、环境保护部联合发布了《关于调整排污费征收标准等有关问题的通知》(发改价格〔2014〕2008 号)，提高了 COD、氨氮和五类重金属(铅、汞、铬、镉、类金属砷)的收费标准。国家"水十条"也明确指出："修订城镇污水处理费、排污费、水资源费征收使用办法，提高征收标准"。太湖流域实施的排污征收标准远低于国家新制定的收费标准，因此建议尽快修订完善排污收费制度，提高征收标准。一是提高排污费征收标准，促进企业治污减排。科学测算企业污水治理费用，按照排污收费高于治污费用的原则，在国家排污费征收标准的基础上，结合企业污水治理的实际成本，进一步提高排污收费标准。二是实行阶梯式差别收费，建立约束激励机制。鼓励低于标准排放、惩罚超出标准排放，增强企业治污减排的积极性，根据环保部门有效审核的污染源自动监控数据，对主要污染物实行差别化排污收费政策。三是修订完善太湖流域地方排污收费制度，制定详细的实施细则和办法。对重点地区要严格按照所执行的特别排放标准征收排污费，扩大排污收费的覆盖面，使所有污水排放单位都依法缴纳排污费。进一步增加收费污染物种类，逐步实现收费污染物种类覆盖到污染物排放标准中所列全部指标。

10.4.4 其他保障措施

现有的水质标准在执行过程中存在诸多问题，难以达到有效管理和保护水环境的目标。所以太湖流域水环境标准的实施还需要一些政策来保障。具体的实施过程如下：

① 完善水污染排放许可证制度，建立污染物排放标准和排污许可证制度双重约束。排污许可证制度是我国环境管理八项基本制度之一，是保护和恢复我国流域水环境质量的根本措施之一。国家"水十条"也明确提出："严格控制入河湖排污总量，从严核定水域纳污能力"。研究将总氮、总磷、重金属等纳入水污染总量控制约束性指标体系。加强许可证管理，以水质改善为目标，将污染物排放种类、浓度、总量、环境风险等纳入许可证管理范围。目前，太湖流域污染物总量控制仍处于目标总量控制，并未实现目标总量控制向容量总量控制的彻底转变。现有的目标总量控制，往往不能达到水环境保护的要求，主要表现在质量目标与环境监管相脱节、浓度控制与总量控制相脱节、污染控制与水生态保护相脱节、排放达标控制与环境质量达标相脱节和行政区为基础的环境功能区划分与流域水污染调控脱节。《江苏省排放水污染物许可证管理办法》主要对排污许可证的申领、对排污许可证颁布机关和排污单位的监督管理以及相关法律责任进行了规定，但未涉及"水十条"中对水域纳污能力核定等内容，该办法对违法处罚的力度也较低。然而在新环

保法中明确规定:“违反法律规定,未取得排污许可证排放污染物,被责令停止排污,拒不执行的”,“尚不构成犯罪的,除依照有关法律法规规定予以处罚外,由县级以上人民政府环境保护主管部门或者其他有关部门将案件移送公安机关,对其直接负责的主管人员和其他直接责任人员,处十日以上十五日以下拘留;情节较轻的,处五日以上十日以下拘留”。因此,建议进一步完善排污许可证制度,建立污染物排放标准和排污许可证制度双重约束。一方面,核定太湖各水域纳污能力,逐步将排污许可量与环境容量相结合;另一方面,开展“一证式管理”模式。以排污许可证为核心,以污染物排放标准为依据,整合现有环评、三同时、总量控制、排污申报登记和排污收费等各项污染源环境管理制度,简化管理流程,提高管理效率和能力。以排污许可证为主线,准许、核定、规制排污单位的所有排污行为,建立污染源事前、事中和事后的全过程管理体系。将现行各项环境管理制度对排污单位环境管理的具体要求,集中通过许可证加以明确,全面覆盖项目建设审批、运行管理和后期监管等过程,实现对排污单位综合、系统、全面、长效的统一管理。完善排污许可证相关规则。其次,在太湖流域层面上建立一套统一的技术方法,用于许可量的确定以及后续的监管和评价,建立支撑排污许可证制度执行的技术方法体系。改善排污许可中的监督实施机制。建立有效的监督检查机制,保证排污企业保持其取得排污许可证时所规定的条件。完善政府实施许可证制度的行政责任追究制,保障许可证制度的长久公信力。最后,根据新环保法,对我省《江苏省排放水污染物许可证管理办法》进行修订,提高违法处罚力度。

② 进一步推进重点水污染企业的信用评价工作。目前江苏省制订了《江苏省企业环保信用评价及信用管理暂行办法》,但管理办法中所采取的评分办法和指标体系比较单一,不能突出重点水污染源企业的行业特点,评价结果针对性不强。国家“水十条”中明确规定:2017 年底前分级建立企业环境信用评价体系,采取简化信贷手续、降低贷款利率等优惠政策,加大对节水产品和环境友好产品生产企业的支持力度。因此,建议在《企业环境信用评价办法》(试行)及《江苏省企业环保信用评价及信用管理暂行办法》的基础上,修订太湖流域重点水污染源的环境信用评价评分办法,适当调整该类水污染严重企业的评价指标体系,增加涉水相关指标的评价权重。发挥环保信用体系的激励约束作用,调动企业的积极性。

③ 强化流域水环境保护中的信息公开与公众参与平台建设,形成“全民治污”氛围。环境信息与公众的生产生活、身体健康和应对危机密切相关,是政府信息公开不可缺少的内容。发达国家的实践也表明,环境信息公开是提高一个国家环境治理能力,充分动员政府、法院、企业、媒体、环保组织和公民等各界各司其职,共同推动污染减排,改善环境质量的有效工具。在信息公开方面,江苏省制定了《江苏省政府信息公开暂行办法》,但缺乏环境信息公开实施、监督考核、奖惩办法等配套

文件，同时，信息公开制度也不健全、平台不完善，公众参与力度不够、渠道不通畅。此外，新《环保法》也强化了信息公开和公众参与相关内容。因此，建议一是制定信息公开与监督管理办法，健全和完善水环境信息公开制度监督管理办法，编制太湖流域环境信息公开实施、监督考核、奖惩的实施细则，明确政府、各部门和企业在环境信息公开中的职责和分工，并对环境信息公开工作进行考核、评议；二是构建省、市、县三级环境信息公开网络，多渠道、全方位地开展政府环境信息公开；三是搭建多方面平台，不断更新和完善环境信息公开内容，建设并不断完善太湖流域重点监控企业自行监测信息发布平台，鼓励引导企业主动自愿公开企业环境相关信息、企业履行社会责任的情况；四是鼓励公众参与监督，广泛发动群众监督治水、共同护水。设立举报热线，运用“1831”平台、举报信箱、媒体曝光专栏等，为公众监督提供顺畅的渠道。

总之，根据水环境管理的实际需求，确定水质基准的优先类型和优先污染物，在各个生态分区内，制定保护各类型水体特殊用途的水质基准和控制标准，实施反降级政策，考虑上游与下游水体的水质功能和质量要求的协调关系（上游水体污染物浓度对下游水体达到标准或实现功能的影响），形成太湖流域完整的水质标准体系，以保护和改善水体的现有水质。

参考文献

[1] 韩璐，陈亚玲，高红杰，等. 国外城市水环境管理借鉴及启示[J]. 环境保护科学，2018，44(1)：56-60.

[2] 李媛媛，刘金淼，黄新皓，等. 美国湖泊水环境管理的启示[J]. 环境经济，2018,223(7)：62-65.

[3] 韩冬梅，任晓鸿. 美国水环境管理经验及对中国的启示[J]. 河北大学学报(哲学社会科学版)，2014,39 (5)：118-123.

[4] 杨兴，谢校初. 美、日、英、法等国的环境管理体制概况及其对我国的启示[J]. 城市环境与城市生态，2002,15(2)：49-51.

[5] 胡燮. 国外水资源管理体制对我国的启示[J]. 法制与社会，2008(2)：168-169.

[6] Office of Federal Register National Archives and Records Administration. Code of federal registration[M]. Washington DC：US Government Printing Office，2003：285-288.

[7] 韩冬梅. 美国流域水环境管理启示[J]. 中华环境，2016(10)：36-38.

[8] 李晓锋，王双双，孟祥芳，等. 国外水环境管理体制特征及对我国的启示[J]. 管理观察，2008(8)：29-30.

[9] US EPA Office of Wastewater Management. NPDES Permit Writer's Manual[M]. Washington DC：DIANE Publishing，2010：24-27.

[10] US EPA Office of Enforcement and Compliance Assurance. NPDES Compliance Inspection Manual[M]. Washington DC：US Environmental Protection Agency，2004：7-13.

[11] 伦纳德·奥拓兰诺. 环境管理与影响评价[M]. 郭怀成，梅凤乔，译. 北京：化学工业出版社，2004：217-221.

[12] Crowley J. Biogeography in Canada[J]. Canadian Geographer，1967，11(4)：312-326.

[13] Omemik J M. Ecoregions of the Conterminous United Stated[J]. Annals of the Association of American Geographers，1987，77(1)：118-125.

[14] 王海燕，葛建团，邢核，等. 欧盟跨界流域管理对我国水环境管理的借鉴意义[J]. 长江流域资源与环境，2008，17(6)：944-947.

[15] Directive W. Directive 2000/60/EC of the European Parliament and of the Council of 23 October 2000：Establishing a Framework for Community Action in the Field of Water Policy[J]. Official Journal of the European Communities，2000，327(1)：56-60.

[16] Common Implementation Strategy for the Water Framework Directive (2000/60/EC)： Guidance document No. 1 - 14 [M]//Common implementation strategy for the water framework directive. Luxembourg：Office for Official Publications of the European Communities，2003.

[17] Common Implementation Strategy for the Water Framework Directive (2000/60/EC)：Pilot River Basin Outcome Report，Testing of the WFD Guidance Documents[M]//Common implementation strategy for the water framework directive. Luxembourg：Office for Official Publications of the European Communities，2005.

[18] 沈鹏，傅泽强，李林子，等. 欧盟与中国环境管理战略转型比较研究[C]//中国环境科学学会学术年会论文集，2014:1408-1410.

[19] 王海燕，孟伟. 欧盟流域水环境管理体系及水质目标[J]. 世界环境，2009(2)：61-63.

[20] River Basin Management Plans REPORT on the Implementation of the Water Framework Directive(2000/60/EC)[R].

[21] Paches M，Romero I，Hermosilla Z，et al. PHYMED：An ecological classification system for the Water Framework Directive based on phytoplankton community composition[J]. Ecological Indicators，2012(19):15-23.

[22] Valinia S，Hansen H P，Futter M N，et al. Problems with the Reconciliation of Good Ecological Status and Public Participation in the Water Framework Directive[J]. Science of the Total Environment. 2012，433(1)：482-490.

[23] 王强，张晓琦. 欧洲水管理实践对中国流域水环境管理的启示[J]. 环境科学与管理，2014，39(5)：9-12.

[24] Denys L，Van W J，Packet J，et al. Implementing Ecological Potential of Lakes for the Water Framework Directive-Approach in Flanders(northern Belgium)，Limnologica[J]. 2014，45：38-49.

[25] 赵华林，郭启民，黄小赠. 日本水环境保护及总量控制技术与政策的启示——

日本水污染物总量控制考察报告[J]. 环境保护，2007，386(12B)：82-87.
[26] 陈艳卿，刘宪兵，黄翠芳. 日本水环境管理标准与法规[J]. 环境保护，2010(23)：71-72.
[27] 曾维华，张庆丰，杨志峰. 国内外水环境管理体制对比分析[J]. 重庆环境科学，2003，25，(1)：2-6.
[28] 张金锋，郭铁女. 澳大利亚、法国水资源管理经验及启示[J]. 人民长江，2012,43 (7)：89-93.
[29] 傅涛，杜鹏，钟丽锦. 法国流域水管理特点及其对中国现有体制的借鉴[J]. 水资源保护，2010，26(5)：82-86.
[30] 韩瑞光，马欢，袁媛等. 法国的水资源管理体系及其经验借鉴[J]. 水利部海河水利委员会，2012(11)：39-42.
[31] Organization of Water Management in France[R]. International Office for Water，2009.
[32] Lemly A D. Selenium Transport and Bioaccumulation in Aquatic Ecosystems：A Proposal for Water Quality Criteria Based on Hydrological Units[J]. Ecotoxicology and Environmental Safety，1999，42(2)：150-156.
[33] National Recommended Water Quality Criteria：2004[S]. Washington DC：Office of Science and Technology，2004.
[34] Guidelines for Carcinogen Risk Assessment[R]. Washington DC：Office of Science and Technology，2005.
[35] 孟伟，张远，郑丙辉. 水环境质量基准、标准与流域水污染物总量控制策略[J]. 环境科学研究，2006，19(3)：1-6.
[36] Rogers J，Digaetano R，Chu A，et al. Methods for Evaluating the Attainment of Cleanup Standards，Vol. 2：Ground Water[S]. Washington DC：US EPA，1992.
[37] US EPA. Water Quality Criteria and Standards Plan：Priorities for the Future[S]. Washington DC：US EPA，2003.
[38] US EPA. National Recommended Water Quality Criteria：2002[S]. Washington DC：Office of Science and Technology，2002.
[39] 夏青，陈艳卿，刘宪兵. 水质基准与水质标准[M]. 北京：中国标准出版社，2004.
[40] 李会仙，吴丰昌，陈艳卿，等. 我国水质标准与国外水质标准/基准的对比分析[J]. 中国给水排水. 2012，28(8)：15-18.
[41] World Health Organization. Guidelines for Drinking-water Quality (3rd

ed.)[S]. US, 2005.

[42] US EPA. National Recommended Water Quality Criteria[S]. Washington DC: Office of Water, Office of Science and Technology, 2002.

[43] 白云，王静斌. 控制水污染的有效途径——污染物排放总量控制[J]. 地域研究与开发，1990，9(2)：42-43+53.

[44] 冯金鹏，吴洪寿，赵帆. 水环境污染总量控制回顾、现状及发展探讨[J]. 南水北调与水利科技，2004，2(1)：45-48.

[45] 宋国君. 论中国污染物排放总量控制和浓度控制[J]. 法制与管理，2000(6)：11-13.

[46] 罗吉. 完善我国排污许可证制度的探讨[J]. 河海大学学报(哲学社会科学版)，2008，10(3)：32-36.

[47] 纪志博，王文杰，刘孝富，等. 排污许可证发展趋势及我国排污许可设计思路[J]. 环境工程技术学报，2016，6(4)：323-330.

[48] 宋国君，韩冬梅，王军霞. 中国水排污许可证制度的定位及改革建议[J]. 环境科学研究，2012，25(9)：1 071-1 076.

[49] 王金南，吴悦颖，雷宇，等. 中国排污许可制度改革框架研究[J]. 环境保护，2016，44(3-4)：10-16.

[50] 吴悦颖，叶维丽. 借鉴国际经验推进我国排污许可制度改革[N]. 中国环境报，2016(3).

[51] 叶维丽，吴悦颖，刘晨峰. 落实排污单位主体责任，全面推进排污许可制度改革——对《水污染防治行动计划》的解读[J]. 环境保护科学，2015，41(3)：23-26.

[52] 卢瑛莹，王高亭，冯晓飞. 浙江省排污许可证制度实践与思考[J]. 环境保护，2014，42(14)：30-32.

[53] 陈冬. 中美水污染物排放许可证制度之比较[J]. 环境保护，2005，(7B)：75-77.

[54] 人民出版社. 水污染防治行动计划[M]. 北京：人民出版社，2015.

[55] 叶维丽，吴悦颖，刘晨峰. 落实排污单位主体责任，全面推进排污许可制度改革：对《水污染防治行动计划》的解读[J]. 环境保护科学，2015，41(3)：23-26.

[56] 朱玫. 铁腕治污　科学治太：江苏省太湖流域治理体制机制实践研究[M]. 南京：江苏省人民出版社，2015.

[57] 陶长生. "河长制"：河湖长效管理的抓手[J]. 中国水利，2014(6)：20-21.

[58] 张嘉涛. 江苏"河长制"的实践与启示[J]. 中国水利，2010，(12)：13-15.

[59] 潘田明. 浙江省全面推行“河长制”和“五水共治”[J]. 水利发展研究，2014，14(10)：35+46.

[60] 姜斌. 对河长制管理制度问题的思考[J]. 中国水利,2016(21)：6-7.

[61] 刘鸿志，刘贤春，周仕凭,等. 关于深化河长制制度的思考[J]. 环境保护，2016(24)：43-46.

[62] 贾绍凤. 河长制要真正实现“首长负责制”[J]. 中国水利，2017(2)：11-12.

[63] 李云生. 从流域水污染防治看“河长制”[J]. 环境保护，2009(9)：24-25.

[64] 姜斌. 对河长制管理制度问题的思考[J]. 中国水利，2016(21)：6-7.

[65] 朱玫. 论河长制的发展实践与推进[J]. 环境保护，2017(2)：58-61.

[66] 孟伟，刘征涛，张楠,等. 流域水质目标管理技术研究(Ⅱ)——水环境基准、标准与总量控制[J]. 环境科学研究，2008，21(1)：1-8.

[67] US EPA. Ambient Water Quality Criteria (series)[R]. Washington DC：US EPA,1980.

[68] 孟伟，张远，郑丙辉. 水环境质量基准、标准与流域水污染物总量控制策略[J]. 环境科学研究，2006，19(3)：1-6.

[69] US EPA. Great Lakes Water Quality Initiative Criteria Documents for the Protection of Wildlife[R]. Washington DC：Office of Water，Office of Science and Technology，1995.

[70] 中国环境科学研究院. 水质基准的理论与方法学导论[M]. 北京:科学出版社，2010.

[71] 吴丰昌，孟伟，宋永会,等. 中国湖泊水环境基准的研究进展[J]. 环境科学学报，2008，28(12)：2385-2393.

[72] 刘征涛. 水环境质量基准方法与应用[M]. 北京:科学出版社，2012.

[73] Iowa Environmental Council. Antidegradation Overview. [EB/OL]. http://www.iaenvironment.org.

[74] 席北斗，霍守亮，陈奇,等. 美国水质标准体系及其对我国水环境保护的启示[J]. 环境科学与技术，2011，34(5)：100-103.

[75] 李会仙，吴丰昌，陈艳卿,等. 我国水质标准与国外水质标准/基准的对比分析[J]. 中国给水排水，2012，28(8)：15-18.

[76] 冯承莲，吴丰昌，赵晓丽,等. 水质基准研究与进展[J]. 中国科学：地球科学，2012，42(5)：646-656.

[77] 冯承莲，赵晓丽，侯红,等. 中国环境基准理论与方法学研究进展及主要科学问题[J]. 生态毒理学报，2015，10(1)：2-17.

[78] 王菲菲，赵永东，钱岩,等. 国际水质基准对我国水质标准制修订工作的启

示[J]. 环境工程技术学报，2016，6(4)：331-335.
[79] Marsh M C. The Effect of Some Industrial Wastes on Fishes[J]. US Geological Survey，1907(192)：337-348.
[80] Powers E B. The Goldfish(*Carassius carassius*) as a Test Animal in the Study of Toxicity[J]. Illinois Biological Monographs，1917,4(2)：1-73.
[81] Shelford V E. An Experimental Study of the Effects of Gas Wastes upon Fishes，with Especial Reference to Stream Pollution[J]. Bulletin of the Illinois State Laboratory of Natural History，1917，11(6)：381-412.
[82] Ellis M M. Detection and Measurement of Stream Pollution[J]. Bulletin of the Bureau of Fisheries，1937，48(22)：365-437.
[83] CSWPCB. Water Quality Criteria[S]. Sacramento：California State Water Pollution Control Board，1952.
[84] National Technical Advisory Committee to the Secretary of the Interior. Water Quality Criteria [S]. Washington DC：Government Printing Office，1968.
[85] National Academy of Science and National Academy of Engineering. Water Quality Criteria[S]. Washington DC：National Academy Press，1974.
[86] US EPA. Water Quality Criteria[S]. Washington DC：Office of Water Regulations and Standards，1976.
[87] US EPA. National Recommended Water Quality Criteria[S]. Washington DC：Office of Water Regulations and Standards，1986.
[88] 张瑞卿，吴丰昌，李会仙，等. 中外水质基准发展趋势和存在的问题[J]. 生态学杂志，2010，29(10)：2049-2056.
[89] US EPA. National Recommended Water Quality Criteria-Correction[S]. Washington DC：Office of Water，Office of Science and Technology，1999.
[90] US EPA. National Recommended Water Quality Criteria[S]. Washington DC：Office of Water，Office of Science and Technology，2002.
[91] US EPA. National Recommended Water Quality Criteria[S]. Washington DC：Office of Water，Office of Science and Technology，2006.
[92] US EPA. National Recommended Water Quality Criteria[S]. Washington DC：Office of Water，Office of Science and Technology，2009.
[93] US EPA. Water Quality Criteria under Development[S]. Washington DC：US EPA，2016.
[94] US EPA. Request for Scientific Views on the Draft Recommended Aquatic

Life Ambient Water Quality Criteria for Cadmium[S]. Washington DC: US EPA, 2015.

[95] US EPA. Fact Sheet: Draft Aquatic Life Criterion for Selenium [S]. Washington DC: US EPA, 2015.

[96] US EPA. Human Health Ambient Water Quality Criteria (2015 Update) [S]. Washington DC: Office of Water, US EPA, 2015.

[97] Stephan C E, Mount D I, Hansen D J, et al. Guidelines for Deriving Numerical National Water Quality Criteria for the Protection of Aquatic Organisms and Their Uses[R]. Washington DC: US EPA, 1985.

[98] US EPA. Quality Criteria for Water [S]. Washington DC: Office of Water and Hazardous Material, 1986.

[99] US EPA. Guidelines and Methodology Used in the Preparation of Health Effect Assessment Chapters of the Consent Decree Water Criteria Documents[R]. Washington DC: US EPA, 1980.

[100] US EPA. Guidelines for Neurotoxicity Risk Assessment [R]. Federal Register, 1998.

[101] US EPA. National Recommended Water Quality Criteria for the Protection of Human Health[S]. Washington DC: US EPA, 2005.

[102] US EPA. Methodology for Deriving Ambient Water Quality Criteria for the Protection of Human Health. Technical Support Document Volume 3: Development of Site-specific Bioaccumulation Factors [R]. Washington DC: Office of Water, Office of Science and Technology, 2008.

[103] 解瑞丽，周启星. 国外水质基准方法体系研究与展望[J]. 世界科技研究与发展，2012，34(6)，939-944.

[104] Van V P L A, Verbruggen E M J. Guidance for the Derivation of Environmental Risk Limits within the Framework of International and National Environmental Quality Standards for Substances in the Netherlands[R]. Netherlands: National Institute for Public Health and the Environment, 2007.

[105] 美国环境保护局. 水质评价标准[M]. 许宗仁，译. 北京：中国建筑工业出版社，1981.

[106] 张彤，金洪钧. 美国对水生态基准的研究[J]. 上海环境科学，1996，15(3)：7-9.

[107] 汪云岗，钱谊. 美国制定水质基准的方法概要[J]. 环境监测管理与技术，

1998，10(1)：23-25.
[108] 张彤，金洪钧. 丙烯腈水生态基准研究[J]. 环境科学学报，1997，17(1)：75-81.
[109] 张彤，金洪钧. 硫氰酸钠的水生态基准研究[J]. 应用生态学报，1997，8(1)：99-103.
[110] 张彤，金洪钧. 乙腈的水生态基准[J]. 水生生物学报，1997，21(3)：226-233.
[111] 周忻，刘存，张爱茜，等. 非致癌有机物水质基准的推导方法研究[J]. 环境保护科学，2005，31(1)：20-22+26.
[112] 安伟，胡建英，陶澍. 壬基酚对 *Americamysis bahia* 种群安全暴露基准浓度的确定[J]. 环境化学，2006，25(1)：80-83.
[113] 闫振广，孟伟，刘征涛，等. 我国淡水水生生物镉基准研究[J]. 环境科学学报 2009，29(11)：2393-2406.
[114] 闫振广，孟伟，刘征涛，等. 我国典型流域镉水质基准研究[J]. 环境科学研究，2010，23(10)：1221-1228.
[115] 雷炳莉，金小伟，黄圣彪，等. 太湖流域 3 种氯酚类化合物水质基准的探讨[J]. 生态毒理学报，2009，4(1)：40-49.
[116] 吴丰昌，冯承莲，曹宇静，等. 我国铜的淡水生物水质基准研究[J]. 生态毒理学报，2011，6(6)：617-628.
[117] 吴丰昌，冯承莲，曹宇静，等. 锌对淡水生物的毒性特征与水质基准的研究[J]. 生态毒理学报，2011，6(4)：367-382.
[118] 吴丰昌，孟伟，张瑞卿，等. 保护淡水水生生物硝基苯水质基准研究[J]. 环境科学研究，2011，24(1)：1-10.
[119] 武江越，许国栋，林雨霏，等. 我国淡水生物菲水质基准研究[J]. 环境科学学报，2018，38(1)：399-406.
[120] 祝凌燕，邓保乐，刘楠楠，等. 应用相平衡分配法建立污染物的沉积物质量基准[J]. 环境科学研究，2009，22(7)：762-767.
[121] 祝凌燕，刘楠楠，邓保乐. 基于相平衡分配法的水体沉积物中有机污染物质量基准的研究进展[J]. 应用生态学报，2009，20(10)：2574-2580.
[122] Antidegradation Implementation：Federal Framework and Indiana Process [EB/OL]. (2008-03-07). http：//www. in. gov/idem/files/antideg_overview. ppt.
[123] Antidegradation Policy Review Procedure[R]. 2000.
[124] Antidegradation Policy Implementation Methodology，401 KAR 5：030[EB/

基于太湖流域水生态区的水质基准研究与标准管理示范

OL]. http://www.kwalliance.org/Portals/3/pdf/401KAR5-030edited.pdf.
[125] State of Oklahoma Antidegradation Policy, Association of Central Oklahoma Governments. Water Resources Division, FY03/04 106 grant Carryover Project ＃18-North Canadian River Pathogens TMDL, 102-106[EB/OL]. http://www.acogok.org/Newsroom/Downloads06/tmdlappendixC.pdf.
[126] 汤利华，许嘉炯，许建华. 美国饮用水水质标准[J]. 净水技术，1995,51(1)：27-31.
[127] 高圣华，赵灿，叶必雄,等. 国际饮用水水质标准现状及启示[J]. 环境与健康杂志，2018，35(12)：1094-1099.
[128] US EPA. 2006 Edition of the Drinking Water Standards and Health Advisories[S]. Washington DC：Office of Water，EPA 822 - R - 06 - 013,2006.
[129] 王菲菲，赵永东，钱岩,等. 国际水质基准对我国水质标准制修订工作的启示[J]. 环境工程技术学报，2016，6(4)：331-335.
[130] 刘冬梅. 国际饮用水水质标准发展趋势[J]. 给水排水动态，2012(5)：40-42.
[131] 吕占禄，王先良，王菲菲. 国内外地表水环境质量标准制修订工作现状[C]//环境安全与生态学基准/标准国际研讨会，2013.
[132] 张岚，王丽，鄂学礼. 国际饮用水水质标准现状及发展趋势[J]. 环境与健康杂志，2007，24(6)：451-453.
[133] 陈平，朱冬梅，程洁. 日本地表水环境质量标准体系形成历程及启示[J]. 环境与可持续发展，2012(2)：76-83.
[134] 杨晶晶，赵吉，周清,等. 国内外生活饮用水水质标准比较和建议[J]. 中国给水排水，2016，32(17)：119-124.
[135] 李伟英，李富生，高乃云,等. 日本最新饮用水水质标准及相关管理[J]. 中国给水排水，2004，20(5)：104-106.
[136] Reddy J M，Kumar N D. Multiobjective Differential Evolution with Application to Reservoir System Optimization[J]. Journal of Computing in Civil Engineering，2007，21(2)：136-146.
[137] Vasan A，Simonovic S P. Optimization of Water Distribution Network Design Using Differential Evolution[J]. Journal of Water Resources Planning and Management，2010，136(2)：279-287.
[138] 夏青. 中国地表水环境质量标准修订研究[J]. 环境监测管理与技术，1998，10(2)：7-12＋28.

[139] 李贵宝，周怀东，刘晓茹. 我国生活饮用水水质标准发展趋势及特点[J]. 饮水安全，2005(9)：40-42.

[140] 张宁吓. 我国饮用水水质标准发展及与国际标准的对比[J]. 山西建筑. 2010，36(34)：175-176.

[141] 朱月海. 生活饮用水标准的发展与实施[J]. 给水排水动态，2012(5)：9-14.

[142] 黄琨，李珏涵. 我国饮用水卫生标准现状[J]. 企业科技与发展，2018(4)：228-230.

[143] 林良俊，文冬光，孙继朝，等. 地下水质量标准存在的问题及修订建议[J]. 水文地质工程地质，2009(1)：63-64.

[144] 姚普，刘华，支兵发. 珠江三角洲地区地下水污染调查内容综述[J]. 地下水，2009，31(4)：74-84.

[145] 黄冠星，孙继朝，汪珊，等. 珠江三角洲平原典型区地下水中铅的污染特征[J]. 环境化学，2008，27(4)：533-534.

[146] 黄磊，李鹏程，刘白薇. 长江三角洲地区地下水污染健康风险评价[J]. 安全与环境工程，2008，15(2)：26-29.

[147] 汪珊，孙继朝，李政红. 长江三角洲地区地下水环境质量评价[J]. 水文地质工程地质，2005(6)：30-33+37.

[148] 陈云增，李天奇，马建华，等. 淮河流域典型癌病高发区土壤和地下水重金属积累及健康风险[J]. 环境科学学报，2016，36(12)：4537-4545.

[149] 焦团理，胡波. 淮河流域(安徽段)浅层地下水有机污染特征[J]. 地下水，2016，38(2)：91-93.

[150] 马德毅，王菊英，洪鸣，等. 海洋环境质量基准研究方法学浅析[M]. 北京：海洋出版社，2011：4-6.

[151] 穆景利，王菊英，洪鸣，等. 海水水质基准的研究方法与我国海水水质基准的构建[J]. 生态毒理学报，2010，5(6)：761-768.

[152] 王菊英，穆景利，马德毅. 浅析我国现行海水水质标准存在的问题[J]. 海洋开发与管理，2013(7)：28-33.

[153] 赵庆，查金苗，许宜平，等. 中国水质标准之间的链接与差异性思考[J]. 环境污染与防治，2009，31(6)：104-108.

[154] 张媛媛，杨祝红，文高飞，等. 我国饮用水水质标准研究进展及新增项目检测[J]. 中国公共卫生，2007，23(3)：275-276.

[155] 但德忠，陈维果. 我国饮用水卫生标准的变革及特点[J]. 中国给水排水，2007，23(16)：99-104.

[156] 王剑飞. 我国饮用水卫生标准的变化与发展探讨[J]. 四川环境，2014，33(6)：49-53.

[157] 张岚，王丽，张振伟. 饮用水卫生标准及检验方法简介[J]. 食品研究与开发，2009，30(10)：182-184.

[158] 冯国斌，李强，冯志丹. 对新水质标准体系的认识与建议[J]. 中国科技信息,2005(16)：124.

[159] 李贵宝，杜霞，邹晓雯. 水环境标准(化)系列谈(二)：中国水环境质量标准的现状[J]. 中国标准化. 2002(8)：57-58.

[160] 范成新. 太湖水体生态环境历史演变[J]. 湖泊科学，1996，8(4)：297-305.

[161] 中国科学院南京地理研究所. 太湖综合调查初步报告[M]. 北京:科学出版社，1965.

[162] 孙顺才，黄漪平. 太湖[M]. 北京:海洋出版社，1993.

[163] 中国科学院南京地理研究所湖泊室. 江苏湖泊志[M]. 南京:江苏科技出版社，1982.

[164] 张圣照，千金良，王国祥，等. 东太湖水生植被及其沼泽化趋势[J]. 植物资源与环境，1999，8(2)：1-6.

[165] 黄祥飞. 湖泊生态调查观测与分析[M]. 北京:中国标准出版社，2000.

[166] 章宗涉,黄祥飞. 淡水浮游生物研究方法[M]. 北京:科学出版社，1991.

[167] 王正军,杜桂森,洪剑明. 浮游动物群落结构和多样性的研究进展[J]. 首都师范大学学报(自然科学版)，2008，29(3)：41-43+50.

[168] 杨宇峰,黄祥飞. 浮游动物生态学研究进展[J]. 湖泊科学，2000，12(1)：81-89.

[169] Brooks J L,Dodson S L. Predation，Body Size and Composition of Plankton [J]. Science，1965,150(3692)：28-35.

[170] Andronikova I N. Zooplankton Characteristics in Monitoring of Lake Ladoga[J]. Hydrobiologia，1996,322(1-3)：173-179.

[171] Müller J,Seitz A. Differences in Genetic Structure and Ecological Diversity Between Parental Forms and Hybrids in a Daphnia Species Complex[J]. Hydrobiologia，1995,307(1-3)：25-32.

[172] Loucks O L. A Forest Classification for the Maritime Provinces[J]. Proceedings of the Nova Scotian Institute of Science，1962,25(2):85-167.

[173] Crowley J M. Blogeography[J]. Canadian Geographer，1967，11(4)：312-326.

[174] Omernik J M. Ecoregions of the Conterminous United States[J]. Annals of the Association of American Geographers. 1987，77(1)：118-125.

[175] 高俊峰，高永年. 太湖流域水生态功能分区[M]. 北京：中国环境科学出版社，2012.

[176] 孟伟，张远，郑丙辉，等. 生态系统健康理论在流域水环境管理中应用研究的意义、难点和关键技术——代“流域水环境管理战略研究”专栏序言[J]. 环境科学学报，2007，27(6)：906-910.

[177] 张远，杨志峰，王西琴. 河道生态环境分区需水量的计算方法与实例分析[J]. 环境科学学报，2005，25(4)：429-435.

[178] 何萍，王家骥，苏德毕力格，等. 河海流域生态功能区域划分研究[J]. 海河水利，2002(2)：8-11.

[179] 李艳梅，曾文炉，周启星. 水生态功能分区的研究进展[J]. 应用生态学报，2009，20(12)：3101-3108.

[180] Omernik J M, Bailey R G. Distinguishing between Watershed and Ecoregion[J]. Journal of American Water Resources Association，1997，33(5)：935-949.

[181] Hughes R M, Whittier T R, Rohm C M, et al. A Regional Framework for Establishing Recovery Criteria[J]. Environmental Management，1990，14(5)：673-683.

[182] 高永年，高俊峰. 太湖流域水生态功能分区[J]. 地理研究，2010，29(1)：113-119.

[183] 张红举，臧贵敏. 太湖流域水功能区划与管理措施建议[C]//2011 中国环境科学学会学术年会论文集(第一卷)，2011.

[184] 王海花，叶亚平. 江苏省流域水生态功能分区[J]. 城市环境与城市生态，2014，27(2)：42-46.

[185] 朱琳，姚庆帧，冯剑丰，等. 流域水环境生态学基准值推导方法：以太湖、大辽河和辽河口为例[C]// 中国海洋湖沼学会水环境分会、中国环境科学学会海洋环境保护专业委员会 2012 年学术年会论文集，2012.

[186] 赵芊渊，侯俊，王超，等. 应用概率物种敏感度分布法研究太湖重金属水生生物水质基准[J]. 生态毒理学报，2015，10(6)：121-128.

[187] 石小荣，李梅，崔益斌，等. 以太湖流域为例探讨我国淡水生物氨氮基准[J]. 环境科学学报，2012，32(6)：1406-1414.

[188] 陈艳卿，孟伟，武雪芳，等. 美国水环境质量基准体系[J]. 环境科学研究，2011，24(4)：467-474.

[189] Reckhow K H, Arhonditsis G B, Kenney M A, et al. A Predictive Approach to Nutrient Criteria[J]. Environmental Science & Technology, 2005, 39(9): 2913-2919.

[190] Slooff W. Benthic Macroinvertebrates and Water Quality Assessment, some Toxicological Considerations[J]. Aquatic Toxicology, 1983, 4(1): 73-82.

[191] 王业耀，张铃松，孟凡生，等. 水生生物水质基准研究进展及建立我国氨氮水质基准的探讨[J]. 南水北调与水利科技，2012，10(5)：108-113.

[192] 闫振广，刘征涛，孟伟. 水生生物水质基准理论与应用[M]. 北京：化学工业出版社，2014.

[193] 中国环境科学研究院，环境基准与风险评估国家重点实验室. 中国水环境质量基准绿皮书[M]. 北京：科学出版社，2014.

[194] 水利部太湖流域管理局. 太湖流域水资源及其开发利用[M]. 南京：河海大学出版社，2011.

[195] 沈炳岗. 渭河流域关中段基于限制排污总量的污染物削减成本估算及对策建议[J]. 地下水，2013，35(4)：57-59.

[196] 杨文龙，杨常亮. 滇池水环境容量模型研究及容量计算结果[J]. 云南环境科学，2002，21(3)：20-23.

[197] 李卫平，李畅游，王丽，等. 不同数学模型下的乌梁素海水环境氮磷容量模拟计算[C]// 第二届全国农业环境科学学术研讨会，2007.

[198] 申萌萌，苏保林，黄宁波，等. 太湖周边农村生活污染调查及入湖系数估算[J]. 北京师范大学学报(自然科学版)，2013，49(2/3)：261-265.

[199] 张珂，欧阳讷，张健. 关于工业污染物排放标准可行性分析评价方法的探讨[J]. 环境科学，1986，7(3)：61-65.

[200] 张美玲，孙然然，王学昌. 胶州湾近岸海域污染物削减的效益分析[J]. 海岸工程，2014，33(1)：60-66.

[201] 王佳伟，张天柱，陈吉宁. 污水处理厂 COD 和氨氮总量削减的成本模型[J]. 中国环境科学，2009，29(4)：443-448.

[202] 李烨楠，卢培利，宋福忠，等. 排污权交易定价下的 COD 和氨氮削减成本分析研究[J]. 环境科学与管理，2014，39(3)：50-53.